建筑工程施工技术与项目管理研究

赵三欣　马元洁　乔　聪　著

吉林科学技术出版社

图书在版编目（CIP）数据

建筑工程施工技术与项目管理研究 / 赵三欣，马元洁，乔聪著. -- 长春 : 吉林科学技术出版社，2024.5

ISBN 978-7-5744-1403-7

Ⅰ. ①建… Ⅱ. ①赵… ②马… ③乔… Ⅲ. ①建筑工程－施工技术－研究②建筑工程－项目管理－研究 Ⅳ. ① TU74 ② TU71

中国国家版本馆 CIP 数据核字（2024）第 102394 号

建筑工程施工技术与项目管理研究

著　　赵三欣　马元洁　乔　聪
出 版 人　宛　霞
责任编辑　鲁　梦
封面设计　树人教育
制　　版　树人教育
幅面尺寸　185mm×260mm
开　　本　16
字　　数　360 千字
印　　张　16.25
印　　数　1~1500 册
版　　次　2024 年 5 月第 1 版
印　　次　2024 年10月第 1 次印刷

出　　版　吉林科学技术出版社
发　　行　吉林科学技术出版社
地　　址　长春市福祉大路5788 号出版大厦A 座
邮　　编　130118
发行部电话/传真　0431-81629529 81629530 81629531
81629532 81629533 81629534
储运部电话　0431-86059116
编辑部电话　0431-81629510
印　　刷　廊坊市印艺阁数字科技有限公司

书　　号　ISBN 978-7-5744-1403-7
定　　价　90.00元

前 言

随着时代的不断发展，人们开始追求更好的居住环境和工作环境，期待通过拓展建筑物的功能来满足自己对安全性、舒适度和使用率的需求，艺术和科技也逐渐向建筑靠拢。建筑工程师在继承人类建筑历史文化的同时，积极运用新科技，建造出充满时代气息的智能化建筑，为现代建筑赋予了新的内涵，不仅极大地提升了建筑品质，改善了人们的工作和生活空间，还展现出了更为广阔的发展前景。

随着建筑业市场日新月异的变化，建筑技术、施工科技知识跟不上时代的步伐，尤其是老建筑行业的新老交替、大量的农民工参加、纯理论教育的模式，建筑行业急需注入新的血液和采取与时俱进的教育方式。建筑工程施工技术是建筑工程专业的一门主要专业课程，它的任务是研究建筑工程施工的工艺原理、施工方法、操作技术、施工机械选用等方面的一般规律，在内容上力求符合国家现行规范、标准的要求；力求拓宽专业面、扩大知识面，以适应市场经济的需要，满足建筑工程专业教学的要求；力求运用有关专业理论和技能，解决工程实际问题；力求通过对施工新技术、新工艺的学习，培养学生的创新意识以及解决工程实践问题的能力。

目前，随着我国社会经济的不断发展和产业结构的转型升级，我国建筑施工企业参与国际建设市场竞争的机会越来越多，建设工程项目的规模和技术难度随之增加，施工企业都必将面对一个难题：工程项目管理者将如何管理工程项目才能在新经济的微利时代立于不败之地？因此，对工程项目进行科学管理是提高投资效益、节约社会有限资源的关键环节，培养工程项目管理专业人才是我国经济建设新形势的迫切需要。

由于笔者水平有限，本书难免存在不妥甚至谬误之处，敬请广大学界同人与读者朋友批评指正。

目　录

第一章　地基与基础工程施工

第一节　土方工程

一、概述

（一）土方工程的内容及施工要求

1. 内容

（1）场地平整：将天然地面改造成所要求的设计平面时所进行的土石方施工全过程。（厚度在 3 m 以内的土方挖填和找平工作）

特点：工作量大，劳动繁重，施工条件复杂。

施工准备：详细分析、核对各种技术资料——实测地形图、工程地质及水文勘察资料，原有地下管道、电缆和地下构筑物资料，土石方施工图。

（2）地下工程的开挖：指开挖宽度在 3 m 以内且长度大于（或等于）宽度 3 倍，或开挖底面积在 20 m² 且长为宽 3 倍以内的土石方工程，是为浅基础、桩承台及沟等施工而进行的土石方开挖。

特点：开挖的标高、断面、轴线要准确，土石方量少，受气候影响较大。

（3）大型地下工程的开挖：指人防工程、大型建筑物的地下室、深基础等施工时进行的地下大型土石方开挖。（宽度大于 3 m，开挖底面积大于 20 m²，场地平整土厚大于 3 m）

特点：涉及降低地下水位、边坡稳定与支护、地面沉降与位移、邻近建筑物的安全与防护等一系列问题。

（4）土石方填筑：将低洼处用土石方分层填平，回填分为夯填和松填两种。

特点：要求严格选择土质，分层回填压实。

2. 施工要求

标高、断面准确，土体有足够的强度和稳定性，工程量小，工期短，费用省。

3. 资料准备

建设单位应向施工单位提供场地实测地形图，原有地下管线、构筑物竣工图，土石方施工图，工程地质、水文、气象等技术资料，以便编制施工组织设计（或施工方案），并应提供平面控制桩和水准点，作为工程测量和验收的依据。

4. 施工方案

（1）根据工程条件，选择适宜的施工方案和效率高、费用低的机械。

（2）合理调配土石方，使工程量最小。

（3）合理组织机械施工，保证机械发挥最大的使用效率。

（4）安排好道路、排水、降水、土壁支撑等一切准备工作和辅助工作。

（5）合理安排施工计划，尽量避免雨季施工。

（6）保证工程质量，对施工中可能遇到的问题，如流砂、边坡失稳等进行技术分析，并提出解决措施。

（7）有确保施工安全的措施。

（二）土的工程分类

土的分类方法较多，如根据土的颗粒级配或塑性指数、沉积年代和工程特点等分类。根据土的坚硬程度和开挖方法将土分为八类，依次为松软土、普通土、坚土、砂砾坚土、软石、次坚石、坚石、特坚石。前四类属一般土，后四类属岩石，见表 1-1。

表 1–1　土的工程分类

分类	级别	名称	坚实系数	密度 Kg/m^3	开挖方法及工具
一类土（松软土）	Ⅰ	砂土、粉土、冲击砂土层、疏松的种植土、淤泥（泥炭）	0.5 ~ 0.6	600 ~ 1500	用锹、锄头挖掘
二类土（普通土）	Ⅱ	粉质黏土、潮湿的黄土、夹有碎石或卵石的砂、粉土混卵石种植土、填土	0.6 ~ 0.8	1100 ~ 1600	用锹、锄头挖掘，少许用镐翻松
三类土（坚土）	Ⅲ	软及中等密实黏土、重粉质黏土、砾石土、干黄土、含有碎石及卵石的黄土、粉质黏土压实填土	0.8 ~ 1.0	1750 ~ 1900	主要用镐挖掘，少许用锹、锄头，部分用撬棍
四类土（砂砾坚土）	Ⅳ	坚硬密实的黏性土或黄土、含碎石及卵石的中等密实黏性土或黄土、粗卵石、天然级配碎石、软泥灰岩	1.0 ~ 1.5	1800 ~ 1950	用镐、撬棍翻松，然后用锹挖掘，部分用楔子及大锤
五类土（软石）	Ⅴ ~ Ⅵ	硬质黏土、中等密实页岩、泥灰岩、白垩土、胶质不坚密砾岩、软石灰岩、贝壳石灰岩	1.5 ~ 4.0	1200 ~ 2700	用镐或撬棍、大锤挖掘，部分使用爆破方法开挖
六类土（次坚石）	Ⅶ ~ Ⅸ	泥岩、砂岩、砾岩、坚实页岩、泥灰岩、密实石灰岩、风化花岗岩、片麻岩、正常岩	4.4 ~ 10.0	2200 ~ 2900	用爆破方法开挖，部分用风镐

续表

分类	级别	名称	坚实系数	密度 Kg/m^3	开挖方法及工具
七类土（坚石）	X ~ XIII	大理岩、辉绿岩、玢岩、粗及中粒花岗岩、坚实白云岩、砂岩、砾岩、片麻岩、石灰岩、微风化安山岩、玄武岩	10.0 ~ 18.0	2500 ~ 2900	用爆破方法开挖
八类土（特坚石）	XIV ~ XVI	安山岩、玄武岩、花岗片麻岩、坚实细粒花岗岩、闪长岩、石英岩、辉长岩、辉绿岩、玢岩、角山岩	18.0 ~ 25.0	2700 ~ 3300	用爆破方法开挖

注：土石级别按照 16 级土石分类法，坚实系数 f 为岩石普氏系数。

（三）土的基本性质

1. 土的组成

土由土颗粒（固相）、水（液相）和空气（气相）三部分组成，可用三相图表示。

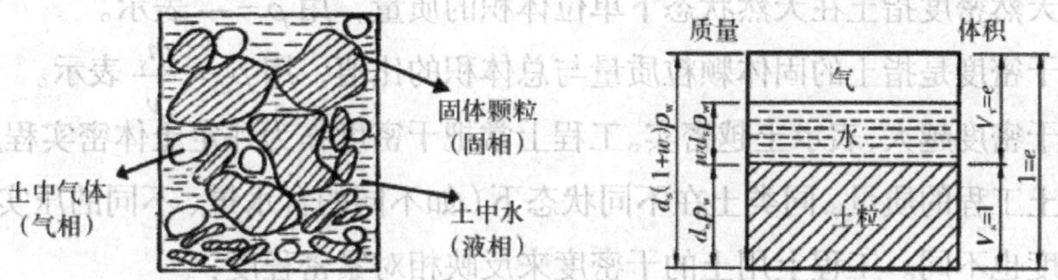

图 1–1　土体三相图

2. 土的物理性质

（1）土的可松性与可松性系数

天然土经开挖后，其体积因松散而增加，虽经振动夯实，仍不能完全恢复原状，这种现象称为土的可松性。土的可松性用可松性系数表示：

$$K_S = \frac{V_1}{V_2} \qquad K_S^{'} = \frac{V_3}{V_1}$$

式中，K_S——土的最初可松性系数；

$K_S^{'}$——土的最终可松性系数；

V_1——土在天然状态下的体积；

V_2——土被挖出后松散状态下的体积；

V_3——土经压（夯）实后的体积。

（2）土的天然含水量

在天然状态下，土中水的含水量（ω）指土中水的质量与固体颗粒的质量之比，用百分率表示。

$$\omega = \frac{m_w}{m_s} \times 100\%$$

式中，m_w——土中水的质量；

m_s——土中固体颗粒经烘干后（105℃）的质量。

土的含水量测定方法：将土样称量后放入烘箱内进行烘干（100 ~ 105℃），直至重量不再减少时称量。第一次称量结果为含水状态下土的质量 m_w，第二次称量结果为烘干后土的质量 m_s，利用公式可计算出土的含水量。

一般土的干湿程度用含水量表示：含水量< 5% 为干土，含水量在 5% ~ 30% 为潮湿土，含水量> 30% 为湿土。

在一定含水量的条件下，用同样的机具，可使回填土达到最大干密度，此含水量称为最佳含水量。一般砂土为 8%~12%，粉土为 9%~15%，粉质黏土为 12%~15%，黏土为 19%~23%。

（3）土的天然密度（ρ）和干密度（ρ_d）

土的天然密度指土在天然状态下单位体积的质量，用 $\rho=\dfrac{m}{v}$ 表示。

土的干密度是指土的固体颗粒质量与总体积的比值，用 $\rho_d=\dfrac{m_s}{v}$ 表示。

土的干密度越大,表示土越密实。工程上常把干密度作为评定土体密实程度的标准，以控制填土工程的质量。同类土在不同状态下（如不同的含水量、不同的压实程度等），其紧密程度也不同。工程上用土的干密度来反映相对紧密程度：

$$\lambda_c=\frac{\rho_d}{\rho_{d\max}}$$

式中，λ_c——土的密实度（压实系数）；

ρ_d——土的实际干密度；

$\rho_{d\max}$——土的最大干密度。

土的实际干密度可用环刀法测定。先用环刀取样，测出土的天然密度（ρ），后烘干测出含水量（ω），用下式计算土的实际干密度。

$$\rho_d=\frac{\rho}{1+0.01\omega}$$

土的最大干密度用击实试验测定。

（4）土的孔隙比和孔隙率

土的孔隙比和孔隙率反映了土的密实程度。孔隙比和孔隙率越小，土越密实。

孔隙比 e 是土的孔隙体积 V_v 与固体体积 V_s 的比值，用 $e=V_v/V_s$ 表示。

孔隙率 n 是土的孔隙体积 V_v 与总体积 V 的比值，用 $n=V_v/V\times100\%$ 表示。

（5）土的渗透系数

土的渗透系数表示单位时间内水穿透土层的能力。

$$v=k\cdot i$$

式中，k——渗透系数（m/d）；

v——渗流速度（m/d）；

i——水力梯度。

当 i=1 时，v=k。

土的渗透系数见表 1-2。

表 1-2　土的渗透系数

土的种类	$k/m \cdot d^{-1}$	土的种类	$k/m \cdot d^{-1}$
黏土、亚黏土	< 0.1	含黏土的中砂及纯细砂	20 ~ 25
亚黏土	0.1 ~ 0.5	含黏土的细砂及纯中砂	35 ~ 50
含黏土的粉砂	0.5 ~ 1	纯细砂	50 ~ 75
纯粉砂	1.5 ~ 5	细砂夹卵石	50 ~ 100
含黏土的细砂	10 ~ 15	卵石	100 ~ 200

二、土方工程量计算

（一）基槽与基坑土方量计算

1. 基槽

沿长度方向分段计算 V_i，$V=\sum V_i$。

（1）断面尺寸不变的槽段：$V_i=A$（断面面积）$\times L_i$

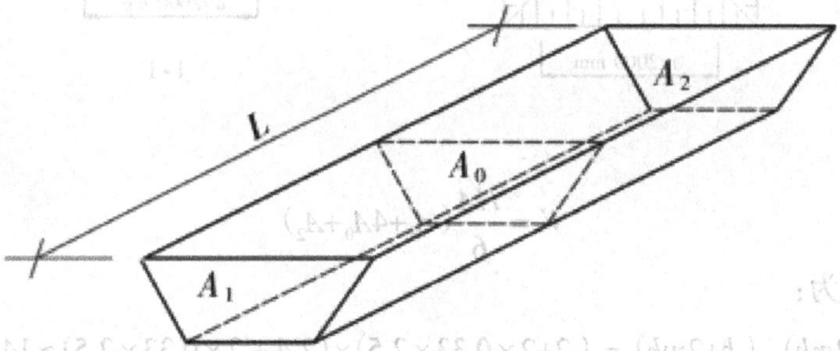

图 1-2　基槽示意图

（2）断面尺寸变化的槽段：$V=H/6\ (A_1+4A_0+A_2)$

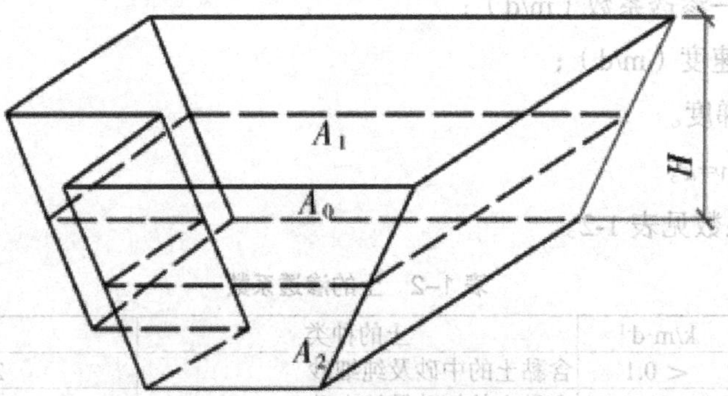

图 1-3　基槽示意图

2. 基坑

【例题】如图所示，计算其工程量。

外墙基槽长度以外墙中心线计算，内墙基槽长度以内墙净长计算。

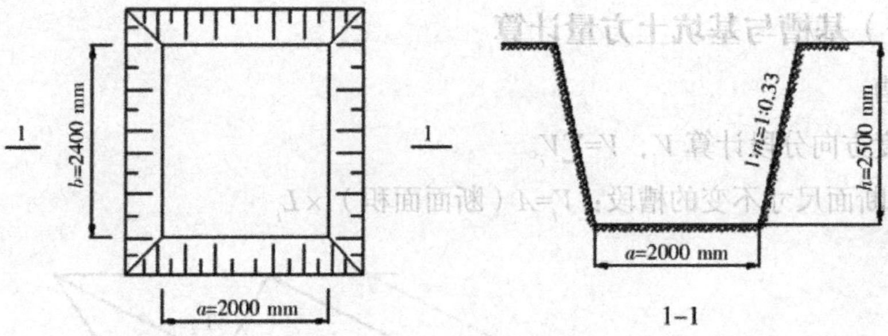

解:

$$V=\frac{HA}{6}(A_1+4A_0+A_2)$$

上口面积为:

$A_1=(a+2mh)(b+2mh)=(2+2\times0.33\times2.5)\times(2.4+2\times0.33\times2.5)\approx14.78(\mathrm{m}^2)$

代入上式得:

$$V=\frac{H}{6}(A_1+4A_0+A_2)=\frac{2.5}{6}\times(14.78+4\times9.11+4.80)\approx23.34(\mathrm{m}^2)$$

（二）场地平整土方量计算

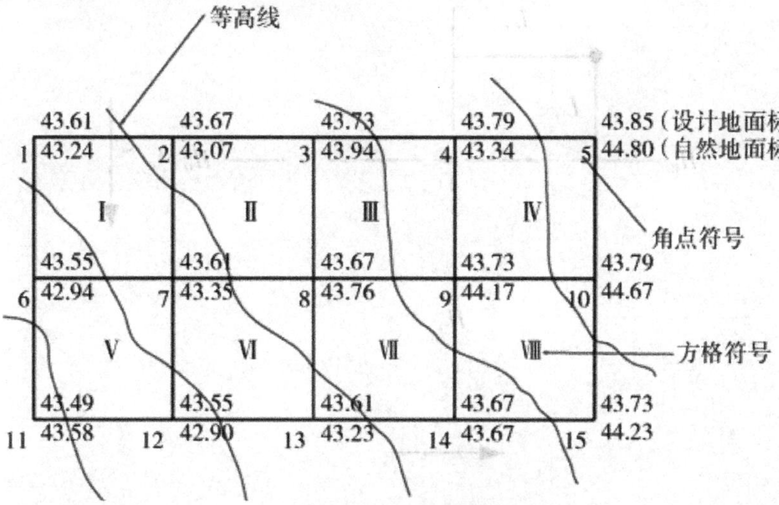

图 1–4　方格网示意图

1. 确定场地设计标高

（1）确定原则

①充分利用地形（分区或分台阶布置），尽量使挖填方平衡，以减少土方量。

②要有一定的泄水坡度（≥ 2‰），使之能满足排水要求。

③应满足生产工艺和运输的要求。

④要考虑最高洪水位的影响。

（2）确定步骤

①初步确定场地设计标高 H_0。

$$H_0=\frac{1}{4n(\text{方格个数})}\left(\sum H_1+2\sum H_2+3\sum H_3+4\sum H_4\right)$$

H_2、H_3、H_4 分别为 2、3、4 个方格所共用的角点标高。

②调整场地设计标高。

根据土的性质，需考虑 3 个因素，即土的可松性（$H_1'=H_0-\Delta h$）、借土或弃土、泄水坡度对设计标高的影响。

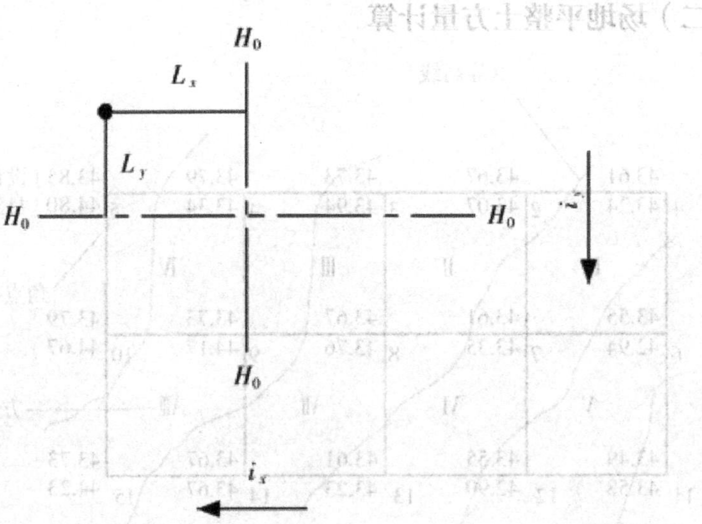

2. 计算施工高度

施工高度 = 设计地面标高 — 自然地面标高

3. 计算零点、绘制零线

方格网一边相邻施工高度一正一负就有零点存在，相邻零点连接起来就是零线。

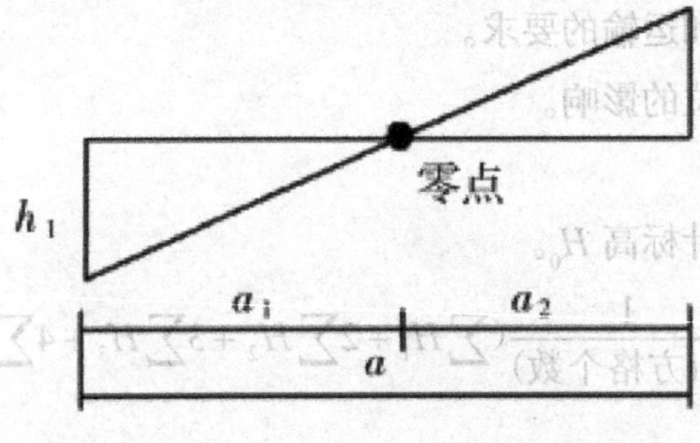

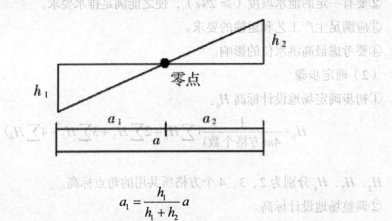

$$a_1 = \frac{h_1}{h_1 + h_2} a$$

$$a_2 = \frac{h_2}{h_1 + h_2} a$$

4. 用平均高度法计算场地的挖、填土方量

一点（三点）挖填，二点挖填，四点全挖全填。

5. 计算场地边坡土方量

（1）标出场地 4 个角点 A、B、C、D 的挖、填高度和零线位置。

（2）确定挖、填边坡坡率 m[1]、m[2]。

（3）算出 4 个角点的放坡宽度。

（4）绘出边坡图。

（5）计算边坡土方量。

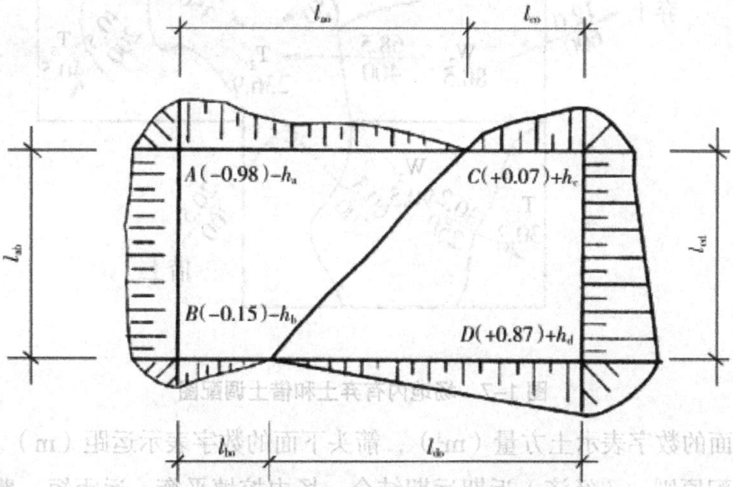

图 1–5　场地边坡土方量计算示意图

6. 土方调配

确定挖、填方区土方的调配方向和数量，使土方运输量（m^6-m）或土方施工成本（元）最小。

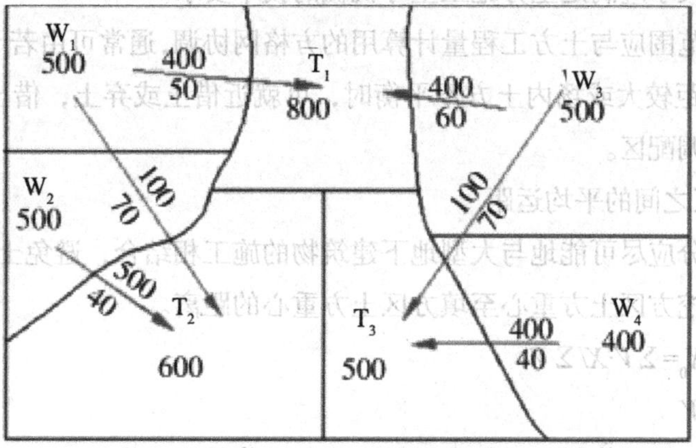

图 1–6　场地内挖填平衡调配图

箭头上面的数字表示土方量（m^3），箭头下面的数字表示运距（m）。

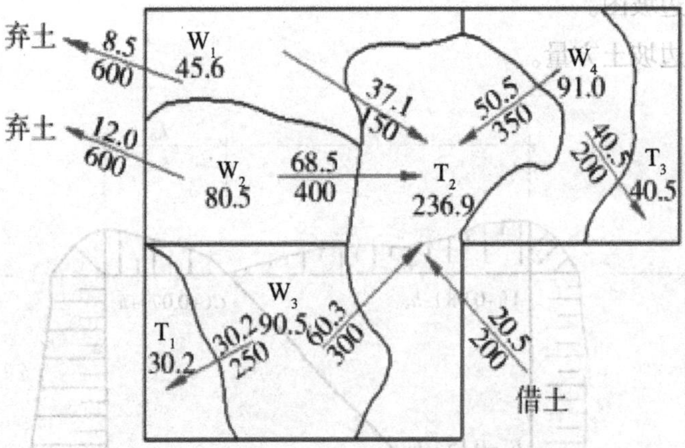

图 1–7 场地内有弃土和借土调配图

箭头上面的数字表示土方量（m³），箭头下面的数字表示运距（m）。

土方调配原则：（经济）近期远期结合，场内挖填平衡，运距短，费用省，避免重复挖填和运输。

（1）调配区的划分

①调配区的划分应与房屋和构筑物的平面位置相协调，并考虑其开工顺序、工程的分期施工顺序。

②调配区的大小应满足土方施工主导机械的技术要求。

③调配区的范围应与土方工程量计算用的方格网协调，通常可由若干个方格组成。

④当土方运距较大或场内土方不平衡时，可就近借土或弃土，借土区或弃土区可作为一个独立的调配区。

（2）调配区之间的平均运距

调配区的划分应尽可能地与大型地下建筑物的施工相结合，避免土方重复开挖。

平均运距：挖方区土方重心至填方区土方重心的距离。

重心位置：$X_0=\Sigma V \cdot X/\Sigma V$

$Y_0=\Sigma V \cdot Y/\Sigma V$

为简化计算，可用作图法近似求出形心位置以代替重心位置。

重心位置求出后，标于相应的调配区图上，求出每对调配区的平均运距。

$$C_{ij}=\sum E_s/P+E_0/V$$

式中，C_{ij}——由挖方区 i 到填方区 j 的土方施工单价（元 | m³）；

E_s——参加综合施工过程的各土方施工机械的台班费用（元 | 台班）；

P——由挖方区 i 到填方区 j 的综合施工过程的生产率（m³| 台班）；

E_0——参加综合施工过程的所有机械的一次性费用（元）；

V——该套机械在施工期内应完成的土方量（m^3）。

（3）最优调配方案的确定

对于土方运输问题，可以求出土方运输量最小值，此为最优调配方案。将最优方案绘成土方调配图，图上标明填方区、挖方区、调配区、调配方向、土方量及平均运距。

三、土方工程的机械化施工

土（石）方工程有人工开挖、机械开挖和爆破三种开挖方法。人工开挖只适用于小型基坑（槽）、管沟及土方量少的场所，土方量大时一般选择机械开挖。当开挖难度很大时，如冻土、岩石土的开挖，也可采用爆破技术进行爆破。土方工程的施工过程主要包括土方开挖、运输、填筑与压实等。常用的施工机械有推土机、铲运机、单斗挖掘机、装载机等，施工时应正确选用施工机械，加快施工进度。

（一）推土机施工

1. 特点

推土机操纵灵活，运转方便，所需工作面较小，行驶速度快，易于转移，能爬30° 左右的缓坡，因此应用较广。推土机多用于场地清理和平整，开挖深度 1.5 m 以内的基坑，填平沟坑，配合铲运机、挖掘机工作等。此外，在推土机后面可安装松土装置，也可拖挂羊足辗进行土方压料工作。推土机可以推挖一类至三类土，运距在 100 m 以内的平土或移挖作填宜采用推土机，尤其是当运距在 30 ~ 60 m 时效率最高。

2. 作业方法

推土机可以完成铲土、运土和卸土三个工作行程和空载回驶行程。铲土时应根据土质情况，尽量采用最大切土深度并在最短距离（6 ~ 10 m）内完成，以便缩短低速运行时间，然后直接推运到预定地点。回填土和填沟渠时，铲刀不得超出土坡边沿。上下坡坡度不得超过 35° ，横坡不得超过 10° 。几台推土机同时作业时，前后距离应大于 8 m。

3. 生产率计算

（1）推土机的小时生产率

$$P_b = \frac{3600q}{T_V K_S}(\mathrm{m^2/h})$$

式中，T_V——从推土到将土送到填土地点的循环延续时间（s）；

q——推土机每次的推土量（m^3）；

K_S——土的可松性系数。

2）推土机的台班生产率

$$P_d = 8P_hK_B(m^2/台班)$$

式中，K_B一般在 0.72 ~ 0.75。

（二）铲运机施工

1. 特点

铲运机能综合完成铲土、运土、平土或填土等全部土方施工工序，对行驶道路要求较低，操纵灵活，运转方便，生产率高。铲运机常应用于大面积场地平整，开挖大基坑、沟槽以及填筑路基、堤坝等工程。铲运机适合铲运含水率不大于 27% 的松土和普通土，不适合在砾石层、冻土地带及沼泽区工作，当铲运三、四类较坚硬的土时，宜用推土机助铲或用松土机配合将土翻松 0.2 ~ 0.4 m，以减少机械磨损，提高生产率。

2. 开行路线

铲运机的基本作业是铲土、运土、卸土三个工作行程和一个空载回驶行程。在施工中，由于挖、填区的分布情况不同，为了提高生产效率，应根据不同的施工条件（工程大小、运距长短、土的性质和地形条件等），选择合理的开行路线和施工方法。铲运机的开行路线有环形路线、大环形路线、8 字形路线等。

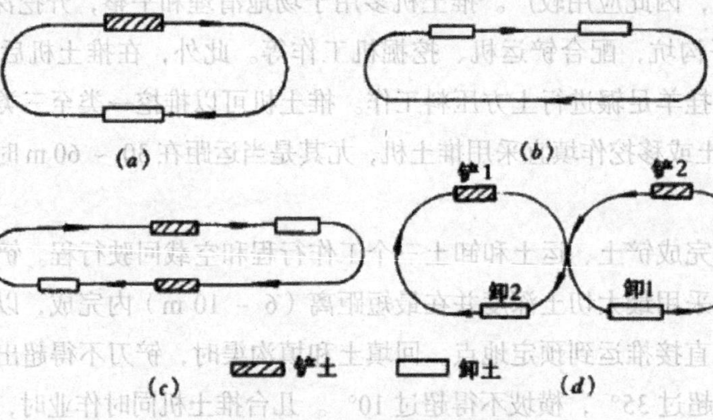

图 1-8 铲运机运行路线

3. 生产率计算

（1）铲运机的小时生产率

$$P_h = \frac{3600qK_C}{T_VK_S}(m^3/h)$$

式中，q——铲斗容量（m^3）；

K_C——铲斗装土的充盈系数（一般砂土为 0.75，其他土为 0.85 ~ 1.00，最高可达 1.5）；

K_S——土的可松性系数；

T_V——从挖土开始到卸土完毕的循环延续时间（s），可按下式计算：

$$T_V = t_1 + \frac{2L}{V_C} + t_2 + t_3$$

式中，t_1——装土时间，一般取 60 ~ 90 s；

L——平均运距（m），由开行路线决定；

V_C——运土与回程的平均速度，一般取 1 ~ 2 m/s；

t_2——卸土时间，一般取 15 ~ 30 s；

t_3——换挡和调头时间，一般取 30 s。

（2）铲运机的台班生产率

$$P_d = 8P_h K_B (\mathrm{m}^3/\text{台班})$$

式中，K_B 一般在 0.7 ~ 0.9。

（三）单斗挖掘机施工

1. 正铲挖掘机

正铲挖掘机挖掘能力强，生产率高，适用于开挖停机面以上的一类至四类土，它与运输汽车配合能完成整个挖运任务，可用于开挖大型干燥基坑以及土丘等。

（1）适用范围

①含水率不大于 27% 的一类至四类土和经爆破后的岩石与冻土碎块。

②大型场地整平土方。

③工作面狭小且较深的大型管沟和基槽、路堑。

④独立基坑。

⑤边坡开挖。

（2）开挖方式

正铲挖掘机的挖土特点是“前进向上，强制切土”。根据开挖路线与运输汽车相对位置的不同，一般有以下两种开挖方式。

①正向开挖，侧向卸土：正铲向前进方向挖土，汽车位于正铲的侧向装土。本法铲臂卸土回转角度小于 90°，装车方便，循环时间短，生产效率高，用于开挖工作面较大、深度不大的边坡、基坑（槽）、沟渠和路堑等，为最常用的开挖方法。

②正向开挖，后方卸土：正铲向前进方向挖土，汽车停在正铲的后面。本法开挖工作面较大，但铲臂卸土回转角度较大，约 180°，且汽车要侧向行车，增加循环时间，降低生产效率（回转角度 180°，效率降低约 23%；回转角度 130°，效率降低约 13%），用于开挖工作面较大且较深的基坑（槽）、管沟和路堑等。

2. 反铲挖掘机

反铲挖掘机的特点是操作灵活，挖土、卸土均在地面作业，不用开运输道。

适用范围：

①含水率大的一类至三类砂土或黏土。

②管沟和基槽。

③独立基坑。

④边坡开挖。

3. 拉铲挖掘机

拉铲挖掘机的挖土特点是“后退向下，自重切土”。其挖土半径和挖土深度较大，能开挖停机面以下的一、二类土。工作时，利用惯性将铲斗甩出去，挖得比较远，但不如反铲灵活准确，宜用于开挖大而深的基坑或水下挖土。

4. 抓铲挖掘机

抓铲挖掘机的挖土特点是“直上直下，自重切土”。挖掘力较小，适用于开挖停机面以下的一、二类土，如挖窄而深的基坑、疏通旧有渠道以及挖淤泥等，或用于装卸碎石、矿渣等松散材料。在软土地基的地区，常用于开挖基坑等。

5. 生产率计算

（1）单斗挖掘机的小时生产率

$$Q_h = \frac{3600qk}{t}(\mathrm{m^3/h})$$

式中，t——挖掘机每一工作循环延续时间（s），根据经验数字确定，W1-100 正铲挖掘机为 25 ~ 40 s，W1-100 拉铲挖掘机为 45 ~ 60 s；

q——铲斗容量（m^3）；

k——铲斗利用系数，与土的可松性系数和铲斗装土的充盈系数有关，砂土为 0.8 ~ 0.9，黏土为 0.85 ~ 0.95。

（2）单斗挖掘机的台班生产率

$$Q_d = 8Q_h K_B(\mathrm{m^3}/\text{台班})$$

式中，K_B 指工作时间利用系数，向汽车装土时为 0.68 ~ 0.72，侧向推土时为 0.78 ~ 0.88，挖爆破后的岩石时为 0.60。

（3）单斗挖掘机需用数量

单斗挖掘机需用数量根据土方工程量和工期要求并考虑合理的经济效果，按下式计算：

$$N = \frac{Q}{Q_d TCK_t}$$

式中，Q——土方工程量（m^3）；

Q_d——单斗挖掘机的台班生产率（m^3/ 台班）；

T——工期（d）；

C——每天作业班数（台班）；

K_t——时间利用系数，一般为 0.8 ~ 0.85，或查机械定额。

6. 选择机械原则

（1）土的含水率较小，可结合运距长短、挖掘深浅，分别采用推土机、铲运机或正铲挖掘机配合自卸汽车进行施工。当基坑深度在 1 ~ 2 m、基坑不太长时可采用推土机；深度在 2 m 以内、长度较大的线状基坑，宜由铲运机开挖；当基坑较大、工程量集中时，可选用正铲挖掘机挖土。

（2）如地下水位较高，又不采用降水措施，或土质松软，可能造成正铲挖掘机和铲运机陷车时，则采用反铲、拉铲或抓铲挖掘机配合自卸汽车较为合适，挖掘深度见有关机械的性能表。

总之，土方工程综合机械化施工就是根据土方工程工期要求，适量选取完成该施工过程的土方机械，并以此为依据，合理配备完成其他辅助施工过程的机械，做到土方工程各施工过程均实现机械化施工。主导机械与所配备的辅助机械的数量及生产率应尽可能地协调一致，以充分发挥施工机械的效能。

四、土方填筑与压实

（一）土料的选择及填筑要求

一般设计要求素土夯实，当设计无要求时，应满足规范和施工工艺的要求。碎石类土、砂土和爆破石渣可用作表层以下的填料，当填方土料为黏土时，填筑前应检查其含水量是否在控制范围内。含水量大的黏土不宜作为填土。含有大量有机杂质的土，吸水后容易变形，承载能力降低；含水溶性硫酸盐大于 5% 的土，在地下水的作用下，硫酸盐会逐渐溶解消失，形成孔洞，影响土的密实度。这两种土以及淤泥、冻土、膨胀土等均不应作为填土。填土应分层进行，并尽量采用同类土填筑。如采用不同类土填筑时，应将透水性同较大的土层置于透水性较小的土层之下，不能将各种土混杂在一起使用，以免填方内形成水囊。

碎石类土或爆破石渣用作填料时，其最大粒径不得超过每层铺土厚度的 2/3，使用振动碾时，不得超过每层铺土厚度的 3/4；铺填时，大块料不应集中，且不得填在分段接头处或填方与山坡连接处。

填方基底处理应符合设计要求。当设计无要求时，应符合规范和施工工艺要求。

填方前，应根据工程特点、填料种类、设计压实系数、施工条件等合理选择压实机具，并确定填料含水量控制范围、铺土厚度和压实遍数等参数。对于重要的填方工程或采用新型压实机具时，上述参数应通过填土压实试验确定。

填土施工应接近水平状态，并分层填土、压实和测定压实后土的干密度，检验其压实系数和压实范围，符合设计要求后，才能填筑上层。

在施工现场，土方一般分层回填，机械为蛙式打夯机，铺土厚度控制在250 mm以内。分段填筑时，每层接缝处应做成斜坡形，碾迹重叠0.5 ～ 1 m。上下层错缝距离不应小于1m。

（二）填土压实方法

填土压实方法有碾压、夯实和振动三种，此外还可利用运土工具压实。

1. 碾压法

碾压法是由沿着表面滚动的鼓筒或轮子的压力压实土壤。一切拖动和自动的碾压机具，如平碾、羊足碾和气胎碾等都属于同一工作原理。

适用范围：主要用于大面积填土。

（1）平碾：适用于碾压黏性土和非黏性土。平碾机又叫压路机，是一种以内燃机为动力的自行式压路机。

平碾的运行速度决定其生产率，在压实填方时，碾压速度不宜过快，一般不超过2 km/h。

（2）羊足碾：羊足碾和平碾不同，其碾轮表面装有许多羊蹄形的碾压凸脚，一般用拖拉机牵引作业。

羊足碾有单筒和双筒之分，筒内根据要求可分为空筒、装水筒、装砂筒，以提高单位面积的压力，增强压实效果。由于羊足碾单位面积压力较大，压实效果、压实深度均较同重量的光面压路机高，但工作时羊足碾的羊蹄压入土中，又从土中拔出，致使上部土翻松，不宜用于非黏性土、砂及面层的压实。一般羊足碾适用于压实中等深度的粉质黏土、粉土、黄土等。

2. 夯实法

夯实法是利用夯锤自由下落的冲击力来夯实土壤，主要用于压实小面积的回填土。夯实机具类型较多，有木夯、石夯、蛙式打夯机以及利用挖土机或起重机装上夯板后的夯土机等。其中蛙式打夯机轻巧灵活，构造简单，在小型土方工程中应用最广。

夯实法的优点是可以夯实较厚的土层。采用重型夯土机（如1 t以上的重锤）时，其夯实厚度可达1.0 ～ 1.5 m。但木夯、石夯或蛙式打夯机等夯土工具，夯实厚度较小，一般均在200 mm以内。

人力打夯前应将填土初步整平，打夯要按一定方向进行，一夯压半夯，夯夯相接，行行相连，两遍纵横交叉，分层夯打。夯实基槽及地坪时，行夯路线应由四边开始，然后再夯向中间。

用蛙式打夯机等小型机具夯实时，一般填土厚度不宜大于25 cm，打夯之前应将填土初步整平，打夯机应依次夯打，均匀分布，不留间隙。

基槽（坑）应在两侧或四周同时回填与夯实。

3. 振动法

振动法是将重锤放在土层表面或内部，借助振动设备使重锤振动，土壤颗粒即发生相对位移从而达到紧密状态。此法用于振实非黏性土效果较好。

近年来，又将碾压和振动结合而设计和制造出振动平碾、振动凸块碾等新型压实机械，振动平碾适用于填料为爆破碎石渣、碎石类土、杂填土或粉土的大型填方，振动凸块碾则适用于粉质黏土或黏土的大型填方。当压实爆破石渣或碎石类土时，可选用 8 ~ 15 t 重的振动平碾，铺土厚度为 0.6 ~ 1.5 m，宜先静压、后振压，碾压遍数应由现场试验确定，一般为 6 ~ 8 遍。

填土压实的质量检查，填土压实后要达到一定的密实度要求。填土的密实度要求和质量指标通常以压实系数 λ_c 表示。压实系数 λ_c 是土的施工控制干密度 ρ_d 和土的最大干密度 $\rho_{d\,max}$ 的比值。压实系数一般根据工程结构性质、使用要求以及土的性质确定。如未做规定，可采用表 1-3 中的数值。

填土必须具有一定的密实度，以避免建筑物的不均匀沉陷。填土密实度以设计规定的控制干密度 ρ_d 或规定压实系数 λ_c 作为检查标准。利用填土作为地基时，设计规范规定了各种结构类型、填土部位的压实系数值（见表 1-3）。各种填土的最大干密度乘以设计的压实系数即得到施工控制干密度，即 $\rho_d=\lambda_c\,\rho_{d\,max}$。

表 1–3　填土压实系数

结构类型	填土位置	压实系数
砌体承重结构和框架结构	在地基主要持力层范围内	＞0.96
	在地基主要持力层范围以下	0.93 ~ 0.96
简支结构和排架结构	在地基主要持力层范围内	0.94 ~ 0.97
	在地基主要持力层范围以下	0.91 ~ 0.93
一般工程	基础四周或两侧一般回填土	0.9
	室内地坪、管道地沟回填土	0.9
	一般堆放物件场地回填土	0.85

填土压实后的实际干密度应有 90% 以上符合设计要求，其余 10% 的最低值与设计值的差不得大于 0.08 g/cm³，且差值应较为分散。

（三）影响填土压实质量的因素

1. 压实功

填土压实后的密度与压实机械在其上所施加的功有一定的关系。土的密度与所消耗的功的关系见图 1-9。当土的含水量一定，在开始压实时，土的密度急剧增加，待接近土的最大密度时，压实功虽然增加许多，但土的密度变化甚小。在实际施工中，砂土只需碾压 2 ~ 3 遍，亚砂土只需 3 ~ 4 遍，亚黏土或黏土只需 5 ~ 6 遍。

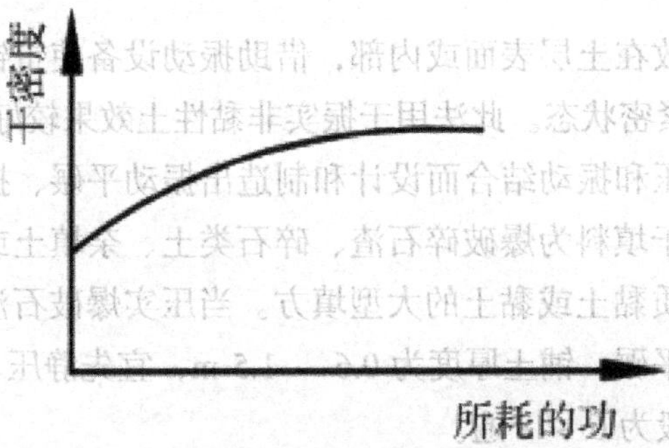

图 1-9　土的密度与压实功的关系

2. 土的含水量

当土具有适当含水量时，水起润滑作用，土颗粒之间的摩阻力减少，易压实。

压实过程中土应处于最佳含水量状态，当土过湿时，应预先翻松晾干，也可掺入同类干土或吸水性材料；当土过干时，则应预先洒水润湿。各种土的最佳含水量和最大干密度可参考表 1-4。

表 1-4　土的最佳含水量和最大干密度参考表

土的种类	变动范围	
	最佳含水量（质量比）/%	最大干密度 /kN·m^{-3}
砂土	8 ~ 12	18.0 ~ 18.8
黏土	19 ~ 23	15.8 ~ 17.0
粉质黏土	12 ~ 15	18.5 ~ 19.5
粉土	16 ~ 22	16.1 ~ 18.0

注：表中土的最大干密度应以现场实际达到的数字为准，一般性的回填可不做此项测定。

3. 铺土厚度

土在压实功的作用下，其应力随深度增加而逐渐减小，其影响深度与压实机械、土的性质和含水量等有关。

填方每层铺土厚度和压实遍数见表 1-5。

表 1-5　填方每层铺土厚度和压实遍数

压实机具	每层铺土厚度 /mm	每层压实遍数 / 遍
平碾	200 ~ 300	6 ~ 8
羊足碾	200 ~ 350	8 ~ 16
蛙式打夯机	200 ~ 250	3 ~ 4
推土机	200 ~ 300	6 ~ 8
拖拉机	200 ~ 300	8 ~ 16
人工打夯	不大于 200	3 ~ 4

注：人工打夯时，土块的粒径不应大于 30 mm。

五、基坑（槽）施工

（一）放线

放线可分基槽放线和柱基放线。其主要控制开挖边界线，定轴线，设龙门板，用石灰撒开挖边界线。

（二）基坑（槽）开挖

建筑物基坑面积较大及较深时，如地下室、人防防空洞等，在施工中会涉及边坡稳定、基坑稳定、基坑支护、防止流砂、降低地下水位、土方开挖方案等一系列问题。

1. 基坑边坡及其稳定

$$\text{基坑（土方）边坡坡度}=\frac{H}{B}=\frac{1}{B/H}=1/m$$

式中，m 指坡度系数。

边坡可做成直线形、折线形、阶梯形。当地质条件良好、土质均匀且地下水位低于基坑底面标高时，挖方边坡可做成直立壁而不加支撑，但深度不超过下列规定：

密实、中密的砂土和碎石类土为 1 m，硬塑、可塑的粉土及粉质黏土为 1.25 m，硬塑、可塑的黏土及碎石类土（填充物为黏性土）为 1.5 m，坚硬的黏土为 2 m。

挖土深度超过上述规定时，应考虑放坡或做成直立壁加支撑。

当地质条件良好、土质均匀且地下水位低于基坑（槽）或管沟底面标高时，挖方深度在 5 m 以内不加支撑的边坡的最陡坡度应符合表 1-6 的规定。

表 1–6　深度在 5 m 内的基坑（槽）、管沟边坡的最陡坡度（不加支撑）

土的类别	边坡坡度（高：宽）		
	坡顶无荷载	坡顶有静载	坡顶有动载
中密的砂土	1 ： 1.00	1 ： 1.25	1 ： 1.50
中密的碎石类土（填充物为砂土）	1 ： 0.75	1 ： 1.00	1 ： 1.25
硬塑的粉土	1 ： 0.67	1 ： 0.75	1 ： 1.00
中密的碎石类土（填充物为黏性土）	1 ： 0.50	1 ： 0.67	1 ： 0.75
硬塑的粉质黏土、黏土	1 ： 0.33	1 ： 0.50	1 ： 0.67
老黄土	1 ： 0.10	1 ： 0.25	1 ： 0.33
软土（经井点降水后）	1 ： 1.00	—	—

注：静载指堆土或堆放材料等，动载指机械挖土或汽车运输作业等。静载或动载距挖方边缘的距离应保证边坡和直立壁的稳定，应距挖方边缘 0.8 m 以外，且高度不超过 1.5 m。

2. 边坡稳定分析

边坡的滑动一般是指土方边坡在一定范围内整体沿某一滑动面向下或向外移动而丧失稳定性，主要原因是土体剪应力增加或抗剪强度降低。

引起土体剪应力增加的主要因素有：坡顶堆物、行车；基坑边坡太陡；开挖深度过大；雨水或地面水渗入土中，使土的含水量增加而造成土的自重增加，地下水的渗流产生一定的动水压力，土体竖向裂缝中的积水产生侧向静水压力等。

引起土体抗剪强度降低的主要因素有：土质本身较差或因气候影响使土质变软，土体内含水量增加而产生润滑作用，饱和细砂、粉砂受振动而液化等。

边坡稳定安全系数：K > 1.0，边坡稳定；

K=1.0，边坡处于极限平衡状态；

K < 1.0，边坡不稳定。

一级基坑（H > 15 m），K=1.43；二级基坑（8 m < H < 15 m），K=1.30；三级基坑（H < 8 m），K=1.25。

3. 深基坑支护结构

（1）重力式支护结构：通过加固基坑周边土形成一定厚度的重力式墙，以达到挡土目的。宜用于场地开阔、挖深不大于 7 m、土质承载力标准值小于 140 kPa 的软土或较软土中。

（2）桩墙式支护结构：由围护墙和支撑系统组成。

采用支护结构的基坑开挖的原则：开槽支撑，先撑后挖，分层开挖，严禁超挖，并做好监测，对出现的异常情况，要采取针对性措施。

第二节　施工排水

为了保持基坑干燥，防止由于水浸泡发生边坡塌方和地基承载力下降问题，必须做好基坑的排水、降水工作，常采用的方法是明沟排水法和井点降水法。

一、施工排水

在基坑开挖过程中，当基底低于地下水位时，由于土的含水层被切断，地下水会不断渗入坑内。雨期施工时，地面水也会不断流入坑内。如果不采取降水措施，把流入基坑内的水及时排出或降低地下水位，不仅施工条件会恶化，而且地基土被水泡软后，容易造成边坡塌方并使地基的承载力下降。另外，当基坑下遇有承压含水层时，若不降水减压，则基底可能被冲溃破坏。因此，为了保证工程质量和施工安全，在基坑开挖前或开挖过程中，必须采取措施，控制地下水位，使地基土在开挖及基础施工时保持干燥。

影响：地下水渗入基坑，挖土困难；边坡塌方；地基浸水，影响承载力。

方法：集水井降水，轻型井点降水。

（一）集水井降水

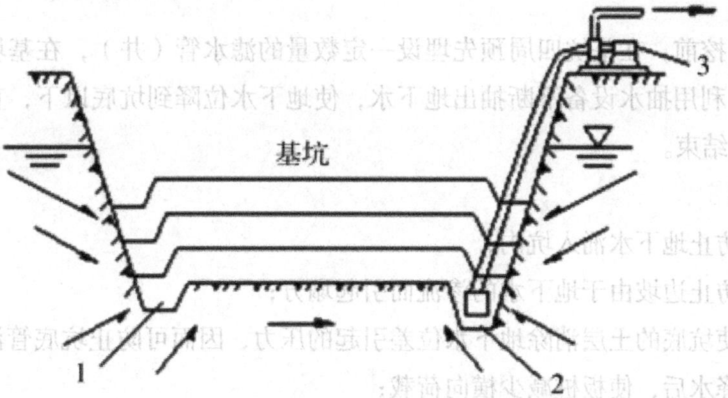

1. 排水沟；2. 集水井；3. 水泵

图 1-10 集水井降水

方法：沿坑壁边缘设排水沟，隔段设集水井，由水泵将井中水抽出坑外。

1. 水坑设置

平面：设在基础范围外，地下水上游。

排水沟：宽 0.2 ~ 0.3 m，深 0.3 ~ 0.6 m，沟底设纵坡 0.2% ~ 0.5%，始终比挖土面低 0.4 ~ 0.5 m。

集水井：宽径 0.6 ~ 0.8 m，低于挖土面 0.7 ~ 1 m，每隔 20 ~ 40 m 设置一个；当基坑挖至设计标高后，集水井底应低于基坑底面 1 ~ 2 m，并铺设碎石滤水层（0.2 ~ 0.3 m 厚），或下部砾石（0.05 ~ 0.10 m 厚）、上部粗砂（0.05 ~ 0.10 m 厚）的双层滤水层，以免由于抽水时间过长而将泥沙抽出，并防止坑底土被扰动。

2. 泵的选用

（1）离心泵：离心泵依靠叶轮在高速旋转时产生的离心力将叶轮内的水甩出，形成真空状态，河水或井水在大气压力下被压入叶轮，如此循环往复，水源源不断地被甩出去。离心泵的叶轮分为封闭式、半封闭式和敞开式三种。封闭式叶轮的相邻叶片和前后轮盖的内壁构成一系列弯曲的叶槽，其抽水效率高，多用于抽送清水。半封闭式叶轮没有前盖板，目前较少使用。敞开式叶轮没有轮盘，叶片数目亦少，多用于抽送浆类液体或污水。

（2）潜水泵：潜水泵是一种将立式电动机和水泵直接装在一起的配套水泵，具有防水密封装置，可以在水下工作，故称为潜水泵。按照所采用的防水技术措施，潜水泵可分为干式、充油式和湿式三种。潜水泵由于体积小、质量轻、移动方便和安装简便，在农村井水灌溉、牧场和渔场输送液体饲料、建筑施工等方面得到了广泛应用。

（二）井点降水

1. 原理

基坑开挖前，在基坑四周预先埋设一定数量的滤水管（井），在基坑开挖前和开挖过程中，利用抽水设备不断抽出地下水，使地下水位降到坑底以下，直至土方和基础工程施工结束。

2. 作用

（1）防止地下水涌入坑内；

（2）防止边坡由于地下水的渗流而引起塌方；

（3）使坑底的土层消除地下水位差引起的压力，因而可防止坑底管涌现象；

（4）降水后，使板桩减少横向荷载；

（5）消除地下水的渗流，防止流砂现象；

（6）降低地下水位后，还能使土壤固结，增加地基土的承载能力。

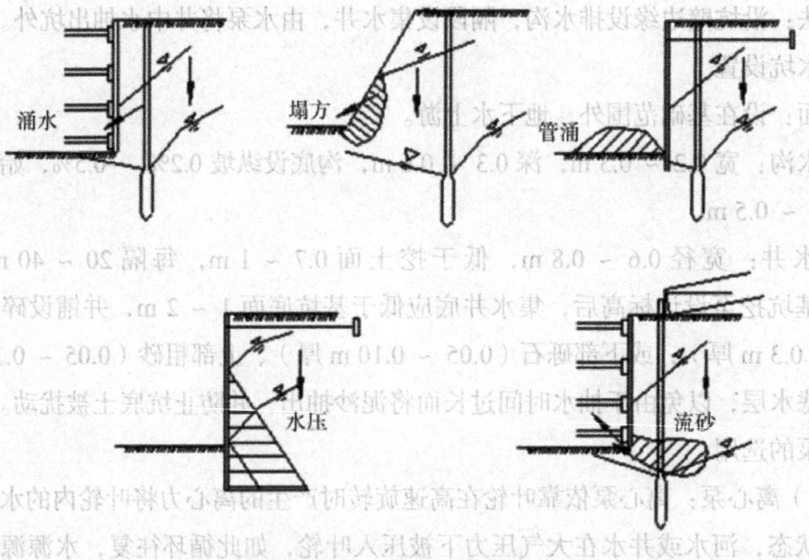

图 1–11　井点降水的作用

3. 分类

降水井点有两大类：轻型井点和管井类。一般根据土的渗透系数、降水深度、设备条件及经济条件等因素确定，可参照表 1-7 选择。

表 1–7　各种井点的适用范围

类型	适用范围	
	土的渗透系数 /cm·s^{-1}	可能降低的水位深度 /m
一级轻型井点	10^{-2} ～ 10^{-5}	3 ～ 6
多级轻型井点	10^{-2} ～ 10^{-5}	6～ 12
喷射井点	10^{-3} ～ 10^{-6}	8 ～ 20
电渗井点	$< 10^{-6}$	宜配合其他类型降水井点使用
井管井点	$\geqslant 10^{-5}$	> 10

（1）轻型井点：轻型井点就是沿基坑周围或一侧以一定间距将井点管（下端为滤管）埋入蓄水层内，将井点管上部与总管连接，利用抽水设备使地下水经滤管进入井管，经总管不断抽出，从而将地下水位降至坑底以下。

轻型井点适用于土壤渗透系数为 0.1 ～ 50.0 m/d 的土层中。降低水位深度：一级轻型井点 3 ～ 6 m，二级轻型井点可达 6 ～ 9 m。

①轻型井点设备

轻型井点设备由管路系统和抽水设备组成。管路系统包括滤管、井点管、弯联管及总管。

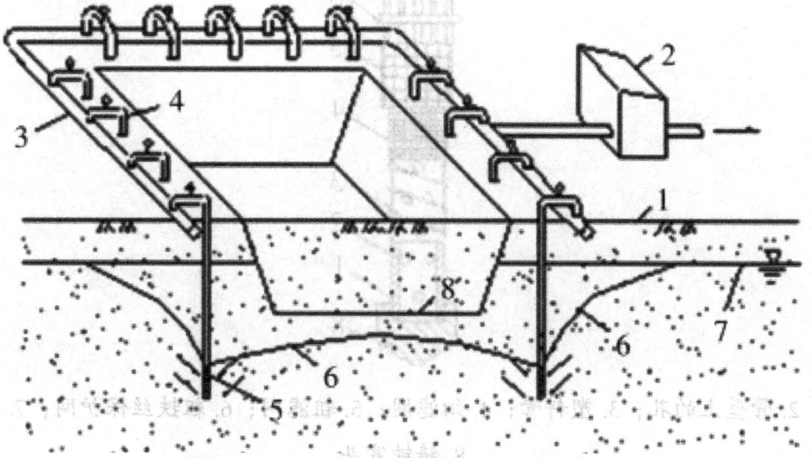

1. 地面；2. 水泵；3. 总管；4. 井点管；5. 滤管；6. 降落后的水位；7. 原地下水位；8. 基坑底

图 1–12　轻型井点设备

A. 管路系统：滤管为进水设备，通常采用长 1.0 ～ 1.5 m、直径 38 mm 或 51 mm 的无缝钢管，管壁钻有直径为 12 ～ 19 mm 的滤孔。骨架管外面包以两层孔径不同的生丝布或塑料布滤网。为使流水畅通，在骨架管与滤网之间用塑料管或梯形铅丝隔开，塑料管沿骨架绕成螺旋形。滤网外面再绕一层粗铁丝保护网，滤管下端为一铸铁塞头，滤管上端与井点管连接。

井点管为直径 38 mm 和 51 mm、长 5 ～ 7 m 的钢管。井点管的上端用弯联管与总管相连。

总管为直径 100 ～ 127 mm 的无缝钢管，每段长 4 m，其上端有与井点管连接的短接头，间距 0.8 m 或 1.2 m。

B. 抽水设备：常用的抽水设备有干式真空泵、射流泵等。

干式真空泵由真空泵、离心泵和水气分离器（又叫集水箱）等组成。抽水时先开动真空泵，将水气分离器内部抽成一定程度的真空，使土中的水分和空气受真空吸力作用而被吸出，进入水气分离器。当进入水气分离器内的水达到一定高度后，即可开动离心泵。水气分离器内水和空气向两个方向流去：水经离心泵排出；空气集中在上部由真空泵排出，少量由空气中带来的水从放水口排出。

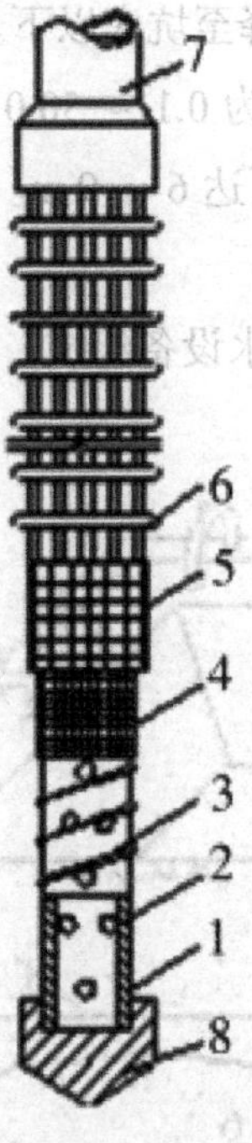

1. 钢管；2. 管壁上的孔；3. 塑料管；4. 细滤网；5. 粗滤网；6. 粗铁丝保护网；7. 井点管；8. 铸铁塞头

图 1–13　滤管构造

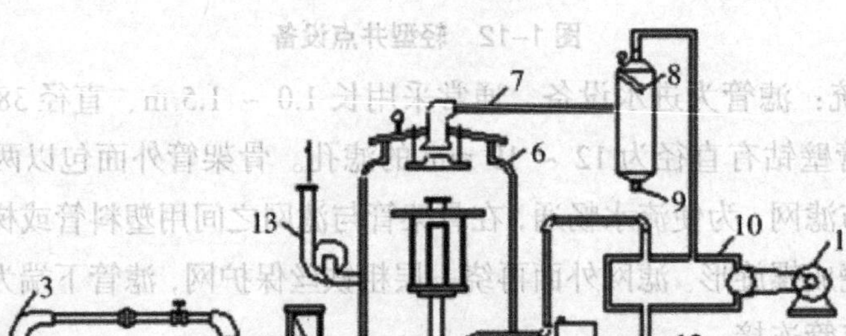

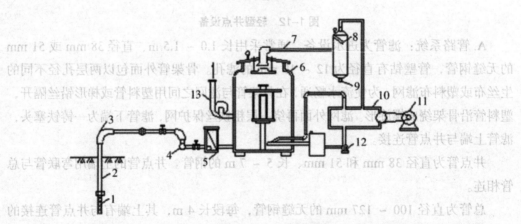

1. 滤管；2. 井点管；3. 弯联管；4. 集水总管；5. 过滤室；6. 水气分离器；7. 进水管；8. 副水气分离器；9. 放水口；10. 真空泵；11. 电动机；12. 循环水泵；13. 离心水泵

图 1–14　干式真空泵构造

一套抽水设备的负荷长度（集水总管长度）为 100 m 左右。常用的 W5、W6 型干式真空泵，最大负荷长度分别为 80 m 和 100 m，有效负荷长度为 60 m 和 80 m。

②轻型井点设计

A. 平面布置：根据基坑（槽）形状，轻型井点可采用单排布置、双排布置、环形布置，当土方施工机械需进出基坑时，也可采用 U 形布置。

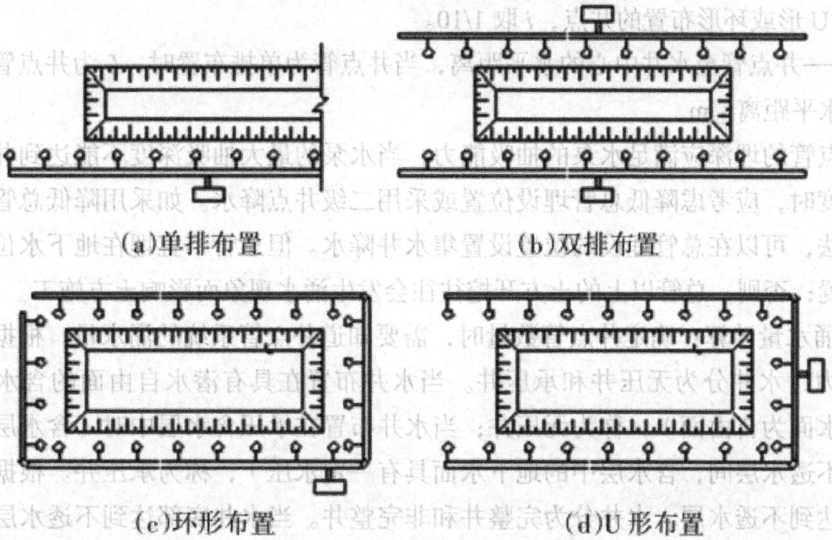

图 1–15　轻型井点的平面布置

单排布置适用于基坑（槽）宽度小于 6 m，且降水深度不超过 5 m 的情况，井点管应布置在地下水的上游一侧，两端的延伸长度不宜小于基坑（槽）的宽度。

双排布置适用于基坑宽度大于 6 m 或土质不良的情况。

环形布置适用于大面积基坑，如采用 U 形布置，则井点管不封闭的一段应在地下水的下游方向。

B. 高程布置：高程布置要确定井点管埋深，即滤管上口至总管埋设面的距离，主要考虑降低后的水位应控制在基坑底面标高以下，保证坑底干燥。

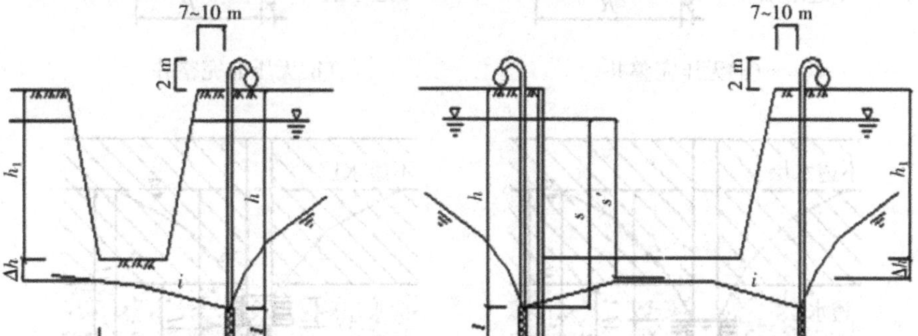

井点高程可按下式计算：

图 1–16　井点高程布置

$$h \geqslant h_1+\Delta h+iL$$

式中，h——井点管埋深，m；

h_1——总管埋设面至基底的距离，m；

Δh——基底至降低后的地下水位线的距离，m；

i——水力坡度，对单排布置的井点，i 取 1/4 ~ 1/5；对双排布置的井点，i 取 1/7；对 U 形或环形布置的井点，i 取 1/10。

L——井点管至水井中心的水平距离，当井点管为单排布置时，L 为井点管至对边坡角的水平距离，m。

井点管的埋深应满足水泵的抽吸能力，当水泵的最大抽吸深度不能达到井点管的埋设深度时，应考虑降低总管埋设位置或采用二级井点降水。如采用降低总管埋设深度的方法，可以在总管埋设的位置设置集水井降水。但总管不宜埋在地下水位以下过深的位置；否则，总管以上的土方开挖往往会发生涌水现象而影响土方施工。

C. 涌水量计算：确定井点管数量时，需要知道井点管系统的涌水量。根据地下水有无压力，水井分为无压井和承压井。当水井布置在具有潜水自由面的含水层中时（地下水面为自由面），称为无压井；当水井布置在承压含水层中时（含水层中的水在两层不透水层间，含水层中的地下水面具有一定水压），称为承压井。根据水井底部是否达到不透水层，水井分为完整井和非完整井。当水井底部达到不透水层时称为完整井，否则称为非完整井。因此，井分为无压完整井、无压非完整井、承压完整井、承压非完整井四大类。各类井的涌水量计算方法不同，实际工程中应分清水井类型，采用相应的计算方法。

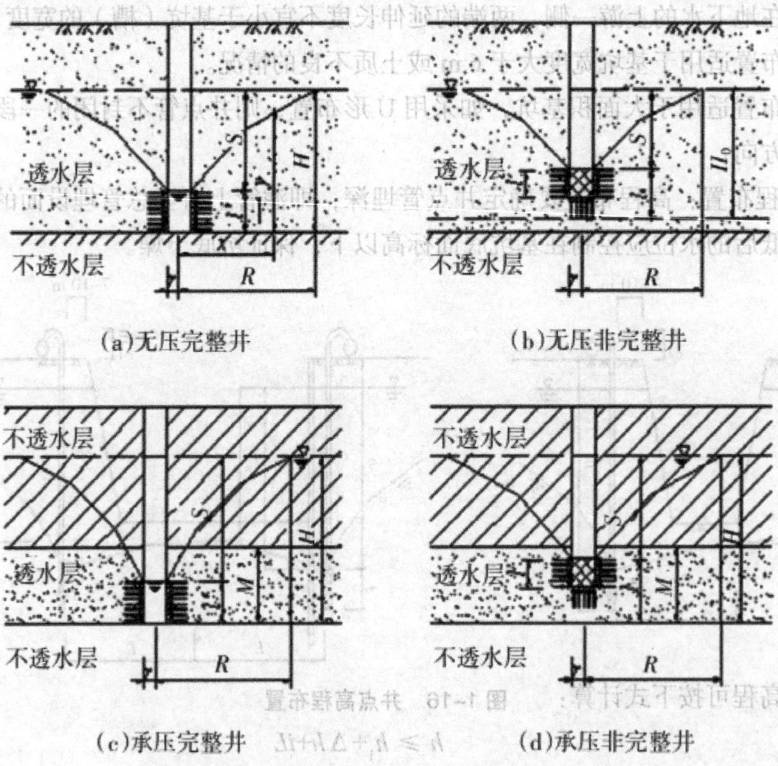

图 1-17　水井的分类

a. 无压完整井涌水量计算。

$$Q = 1.366K\frac{(2H-S)S}{\lg R - \lg X_n}$$

式中，Q——井点系统涌水量；

K——土壤渗透系数（m/d）；

H——含水层厚度；

S——降水深度；

X_0——环状井点系统的假想半径，$X_0=F\div\pi F$（井点管所围成的面积）；

R——抽水影响半径，$R=1.95\times S\times H\times K$（$M$）。

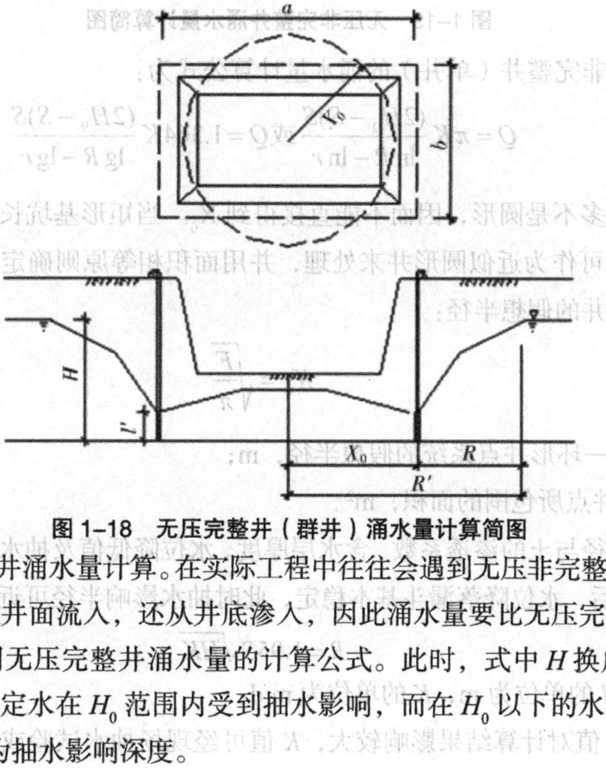

图 1-18　无压完整井（群井）涌水量计算简图

b. 无压非完整井涌水量计算。在实际工程中往往会遇到无压非完整井的井点系统，这时地下水不仅从井面流入，还从井底渗入，因此涌水量要比无压完整井大。为了简化计算，仍可采用无压完整井涌水量的计算公式。此时，式中 H 换成有效含水深度 H_0，其意义是，假定水在 H_0 范围内受到抽水影响，而在 H_0 以下的水不受抽水影响，因而也可将 H_0 视为抽水影响深度。

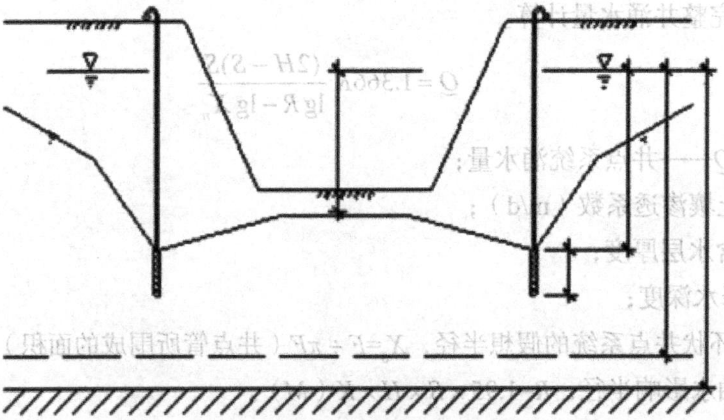

图 1–19　无压非完整井涌水量计算简图

于是，无压非完整井（单井）的涌水量计算公式为：

$$Q=\pi K\frac{(2H_0-S)S}{\ln R-\ln r}\text{或}Q=1.364K\frac{(2H_0-S)S}{\lg R-\lg r}$$

由于基坑大多不是圆形，因而不能直接得到 X_0。当矩形基坑长宽比不大于 5 时，环形布置的井点可作为近似圆形井来处理，并用面积相等原则确定，此时将近似圆的半径作为矩形水井的假想半径：

$$X_0=\sqrt{\frac{F}{\pi}}$$

式中，X_0——环形井点系统的假想半径，m；

F——环形井点所包围的面积，m^2。

抽水影响半径与土的渗透系数、含水层厚度、水位降低值及抽水时间等因素有关。在抽水 2 ~ 5 d 后，水位降落漏斗基本稳定，此时抽水影响半径可近似地按下式计算：

$$R=1.95S\sqrt{HK}$$

式中，S、H 的单位为 m，K 的单位为 m/d。

渗透系数 K 值对计算结果影响较大，K 值可经现场抽水试验或实验室测定，对重大工程宜采用现场抽水试验以获得较准确的值。

承压井的涌水量计算较为复杂，在此不一一分析。

D. 井点管数量计算

井点管最少数量由下式确定：

$$n'=\frac{Q}{q}(\text{根})$$

式中，q 为单根井点管的最大出水量，由下式确定：

$$q=65\pi dl^3\sqrt{K}(m^3/d)$$

式中，d、l 分别为滤管的直径及长度，m；其他符号同前。

根据布置的井点总管长度及井点管数量，便可得出井点管间距。

实际采用的井点管间距应当与总管上接头尺寸相适应，即尽可能采用 0.8 m、1.2 m、1.6 m、2.0 m，实际采用的井点管数量一般应当增加 10% 左右，以防井点管堵塞等影响抽水效果。

（2）喷射井点：当基坑较深而地下水位又较高时，采用轻型井点要用多级井点，这样会增加基坑挖土量、延长工期并增加设备数量，显然不经济。因此，当降水深度超过 8 m 时，宜采用喷射井点，降水深度可达 8 ~ 20 m。喷射井点的设备主要由喷射井管、高压水泵和管路系统组成。

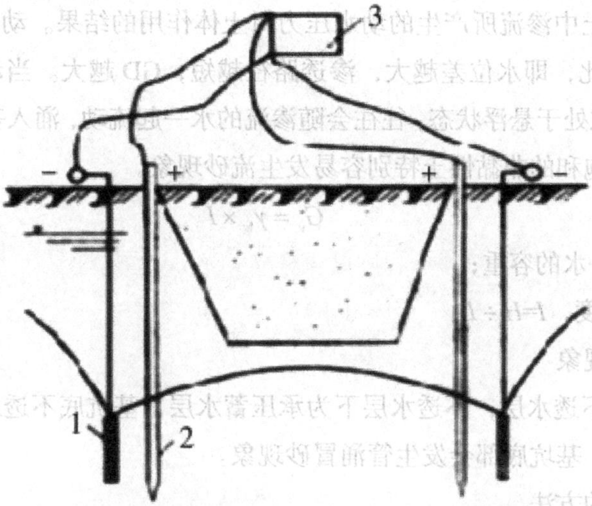

1. 井点管；2. 电极；3. ＜60 V 的直流电源

图 1-20　电渗井点

（3）电渗井点。电渗井点是将井点管作为阴极，在其内侧相应地插入钢筋或钢管作为阳极。通入直流电后，在电场的作用下，土中的水流加速向阴极渗透，流向井点管。这种方法适用于渗透系数很小的土（$K < 0.1$ m/d），但耗电量大，只在特殊情况下使用。

（4）管井井点。

原理：基坑每隔 20 ~ 50 m 设一个管井，每个管井单独用一台水泵不断抽水，从而降低地下水位。

适用于 K=20 ~ 200 m/d、地下水量大的土层。当降水深度较大，在管井井点内采用一般离心泵或潜水泵不能满足要求时，可采用特制的深井泵，其降水深度大于 15 m，故又称深井泵法。

二、流砂的防止

1. 流砂现象及其危害

（1）流砂现象：指粒径很小、无塑性的土壤，在动水压力推动下，极易失去稳定，而随地下水流动的现象。

（2）流砂的危害：土完全丧失承载能力，土边挖边冒，且施工条件恶劣，难以达到设计深度，严重时会造成边坡塌方及附近建筑物下沉、倾斜、倒塌。

2. 产生流砂的原因

流砂是水在土中渗流所产生的动水压力对土体作用的结果。动水压力 GD 的大小与水力坡度成正比，即水位差越大，渗透路径越短，GD 越大。当动水压力大于土的浮重度时，土颗粒处于悬浮状态，往往会随渗流的水一起流动，涌入基坑内，形成流砂。细颗粒、松散、饱和的非黏性土特别容易发生流砂现象。

$$G_v = \gamma_w \times I$$

式中，γ_w——水的容重；

I——水力坡度，$I=H \div L$。

3. 管涌冒砂现象

基坑底位于不透水层，不透水层下为承压蓄水层，基坑底不透水层的重量小于承压水的顶托力时，基坑底部会发生管涌冒砂现象。

4. 防止流砂的方法

（1）途径

减小或平衡动水压力，截住地下水流（消除动水压力），改变动水压力的方向。

（2）具体措施

①枯水期施工法：枯水期地下水位较低，基坑内外水位差小，动水压力小，不易产生流砂。

②抢挖土方并抛大石块法：分段抢挖土方，使挖土速度超过冒砂速度，在挖至标高后立即铺竹席、芦席，并抛大石块，以平衡动水压力，将流砂压住。此法适用于治理局部或轻微的流砂。

③设止水帷幕法：将连续的止水支护结构（如连续板桩、深层搅拌桩、密排灌筑桩等）打入基坑底面以下一定深度，形成封闭的止水帷幕，从而使地下水只能从支护结构下端向基坑渗流，增加地下水从坑外流入基坑内的渗流路径，减小水力坡度，从而减小动水压力，防止流砂产生。

④冻结法：将出现流砂区域的土进行冻结，阻止地下水渗流，从而防止流砂产生。

⑤人工降低地下水位法：采用井点降水法（如轻型井点、管井井点、喷射井点等），

使地下水位降低至基坑底面以下，地下水的渗流向下，则动水压力的方向也向下，水不渗入基坑内，可有效防止流砂产生。

第三节　土壁支护

一、深层搅拌水泥土桩挡墙

深层搅拌法是利用特制的深层搅拌机在边坡土体需要加固的范围内，将软土与固化剂强制拌和，使软土硬结成具有整体性、水稳性和足够强度的水泥加固土。

深层搅拌法利用的固化剂为水泥浆或水泥砂浆，水泥的掺量为加固土重的7% ~ 15%，水泥砂浆的配合比为1 ∶ 1或1 ∶ 2。

（一）深层搅拌水泥土桩挡墙的施工工艺流程

1. 定位

用起重机悬吊搅拌机到达指定桩位，对中。

2. 预拌下沉

待深层搅拌机的冷却水循环正常后，启动搅拌机，放松起重机钢丝绳，使搅拌机沿导向架搅拌切土下沉。

3. 制备水泥浆

待深层搅拌机下沉到一定深度时，按设计确定的配合比拌制水泥浆，压浆前将水泥浆倒入集料斗中。

4. 提升、喷浆、搅拌

待深层搅拌机下沉到设计深度后，开启灰浆泵将水泥浆压入地基，且边喷浆边搅拌，同时按设计确定的提升速度提升深层搅拌机。

5. 重复上下搅拌

为使土和水泥浆搅拌均匀，可再次将搅拌机边旋转边沉入土中，至设计深度后再提升出地面。桩体要互相搭接200 mm，以形成整体。

6. 清洗、移位

向集料斗中注入适量清水，开启灰浆泵，清除全部管路中残存的水泥浆，并将黏附在搅拌头的软土清洗干净。移位后进行下一根桩的施工。

（二）提高深层搅拌水泥土桩挡墙支护能力的措施

深层搅拌水泥土桩挡墙属重力式支护结构，主要由抗倾覆、抗滑移和抗剪强度控制截面和入土深度。目前这种支护的体积都较大，可采取以下措施提高其支护能力。

1. 卸荷

如条件允许，可将顶部的土挖去一部分，以减少主动土压力。

2. 加筋

可在新搅拌的水泥土桩内压入竹筋等，有助于提高其稳定性，但加筋与水泥土的共同作用问题有待研究。

3. 起拱

将水泥土桩挡墙做成拱形，在拱脚处设钻孔灌注桩，可大大提高支护能力，减小挡墙的截面。或对于边长大的基坑，于边长中部适当起拱以减少变形。目前，这种形式的水泥土桩挡墙已在工程中应用。

4. 挡墙变厚度

对于矩形基坑，由于边角效应，角部的主动土压力有所减小，可将角部水泥土桩挡墙的厚度适当减薄，以节约投资。

二、非重力式支护墙

（一）H 型钢支柱挡板支护挡墙

这种支护挡墙支柱按一定间距打入土中，支柱之间设木挡板或其他挡土设施（随开挖逐步加设），支护和挡板可回收使用，较为经济。它适用于土质较好、地下水位较低的地区。

（二）钢板桩

1. 槽形钢板桩

这是一种简易的钢板桩支护挡墙，由槽钢正反扣搭接组成。槽钢长 6 ~ 8 m，型号通过计算确定。由于抗弯能力较弱，一般用于深度不超过 4 m 的基坑，顶部设一道支撑或拉锚。

2. 热轧锁口钢板桩

形式有 U 型、Z 型（又叫“波浪型”或“拉森型”）、一字型（又叫“平板桩”）、组合型。

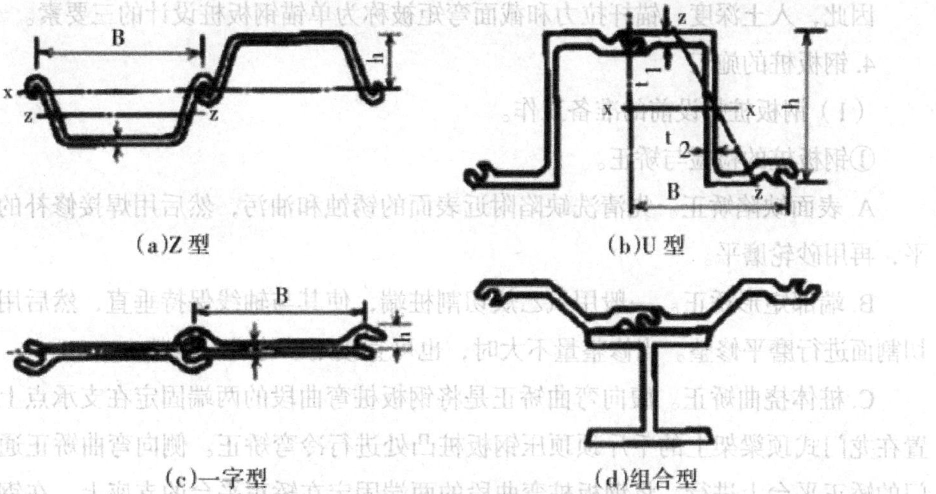

图 1–21　常用钢板桩截面形式

常用者为 U 型和 Z 型两种，基坑深度很大时才用组合型。一字型在建筑施工中基本上不用，在水工等结构施工中有时用来围成圆形墩隔墙。U 型钢板桩可用于开挖深度 5 ~ 10 m 的基坑。在软土地基地区钢板桩打设方便，有一定的挡水能力，施工迅速，且打设后可立即开挖，当基坑深度不太大时往往是考虑的方案之一。

3. 单锚钢板桩常见的工程事故及其原因

（1）钢板桩的入土深度不够。当钢板桩长度不足或挖土超深或基底土过于软弱，在土压力作用下，钢板桩入土部分可能向外移动，使钢板桩绕拉锚点转动失效，坑壁滑坡。

（2）钢板桩本身刚度不足。钢板桩截面太小，刚度不足，在土压力作用下失稳而弯曲破坏。

（3）拉锚的承载力不够或长度不足。拉锚承载力过低被拉断，或锚碇位于土体滑动面内而失去作用，使钢板桩在土压力作用下向前倾倒。

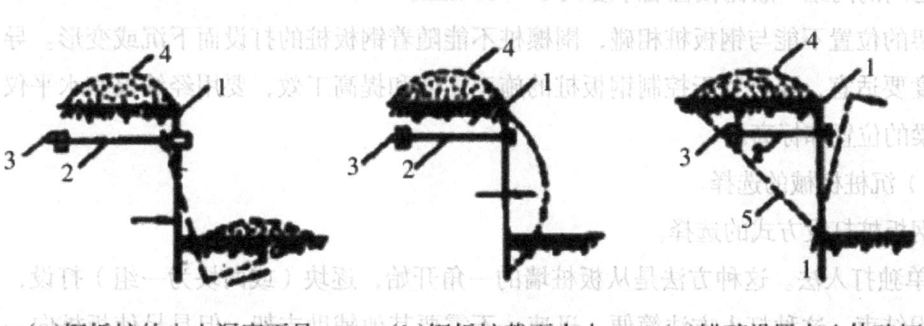

(a)钢板桩的入土深度不足　(b)钢板桩截面太小　(c)锚碇设置在土体破坏棱体以内

1. 板桩；2. 拉杆；3. 锚碇；4. 堆土；5. 破坏面

图 1–22　单锚钢板桩破坏情况及原因

因此，入土深度、锚杆拉力和截面弯矩被称为单锚钢板桩设计的三要素。

4. 钢板桩的施工

（1）钢板桩打设前的准备工作。

①钢板桩的检验与矫正。

A. 表面缺陷矫正。先清洗缺陷附近表面的锈蚀和油污，然后用焊接修补的方法补平，再用砂轮磨平。

B. 端部矩形矫正。一般用氧乙炔切割桩端，使其与轴线保持垂直，然后用砂轮对切割面进行磨平修整。当修整量不大时，也可直接用砂轮进行修整。

C. 桩体挠曲矫正。腹向弯曲矫正是将钢板桩弯曲段的两端固定在支承点上，用设置在龙门式顶梁架上的千斤顶顶压钢板桩凸处进行冷弯矫正。侧向弯曲矫正通常在专门的矫正平台上进行，将钢板桩弯曲段的两端固定在矫正平台的支座上，在钢板桩弯曲段侧面的矫正平台上间隔一定距离设置千斤顶，用千斤顶顶压钢板桩凸处进行冷弯矫正。

D. 桩体扭曲矫正。这种矫正较复杂，可视扭曲情况，采用桩体挠曲矫正的方法矫正。

E. 桩体截面局部变形矫正。对局部变形处用千斤顶顶压、大锤敲击与氧乙炔焰热烘相结合的方法进行矫正。

F. 锁口变形矫正。用标准钢板桩作为锁口整形胎具，采用慢速卷扬机牵拉的方法进行调整处理，或采用氧乙炔焰热烘和大锤敲击胎具推进的方法进行调直处理。

②导架安装。

为保证沉桩轴线位置的正确和桩的竖直，控制桩的打入精度，防止板桩屈曲变形和提高桩的灌入能力，一般都需要设置一定刚度的、坚固的导架，亦称“施工围檩”。

导架通常由导梁和围檩桩等组成。导架在平面上有单面和双面之分，在高度上有单层和双层之分，一般常用的是单层双面导架。围檩桩的间距一般为 2.5 ~ 3.5 m，双面围檩之间的间距一般比板桩墙厚度大 8 ~ 15 mm。

导架的位置不能与钢板桩相碰，围檩桩不能随着钢板桩的打设而下沉或变形。导梁的高度要适宜，要有利于控制钢板桩的施工高度和提高工效，要用经纬仪和水平仪控制导梁的位置和标高。

（2）沉桩机械的选择。

①钢板桩打设方式的选择。

A. 单独打入法。这种方法是从板桩墙的一角开始，逐块（或两块为一组）打设，直至工程结束。这种打入方法简便、迅速，不需要其他辅助支架，但是易使板桩向一侧倾斜，且误差积累后不易纠正。为此，这种方法只适用于板桩墙要求不高且板桩长度较小（如小于 10 m）的情况。

B. 屏风式打入法。这种方法是将 10 ~ 20 根钢板桩成排插入导架内，呈屏风状，然后分批施打。施打时先将屏风墙两端的钢板桩打至设计标高或一定深度，成为定位板桩，然后在中间按顺序分 1/3、1/2 板桩高度呈阶梯状打入。

这种打桩方法的优点是可以减少倾斜误差积累，防止过度倾斜，而且易于实现封闭合拢，能保证板桩墙的施工质量；缺点是插桩的自立高度较大，要注意插桩的稳定和施工安全。一般情况下多用这种方法打设板桩墙，它耗费的辅助材料不多，但能保证质量。

钢板桩打设允许误差：桩顶标高 ±100 mm，板桩轴线偏差 ±100 mm，板桩垂直度 ±1%。

②钢板桩的打设。

先用吊车将钢板桩吊至插桩点进行插桩，插桩时锁口要对准，每插入一块即套上桩帽轻轻锤击。在打桩过程中，为保证钢板桩的垂直度，用两台经纬仪在两个方向加以控制。为防止锁口中心线平面位移，可在打桩方向的钢板桩锁口处设卡板，阻止板桩位移。同时在围檩上预先算出每块钢板桩的位置，以便随时检查矫正。

钢板桩分几次打入，如第一次由 20 m 高打至 15 m，第二次打至 10 m，第三次打至导梁高度，待导架拆除后第四次才打至设计标高。

打桩时，开始打设的第一、二块钢板桩的打入位置和方向要确保精度，它可以起样板导向作用，一般每打入 1 m 应测量一次。

③钢板桩的拔除。

基坑回填后，要拔除钢板桩，以便重复使用。拔除钢板桩前，应仔细研究拔桩顺序、拔桩时间及土孔处理。否则，拔桩的振动影响以及拔桩带土过多引起的地面沉降和位移，会给已施工的地下结构带来危害，并影响临近原有建筑物、构筑物或底下管线的安全。设法减少拔桩带土十分重要，目前主要采用灌水、灌砂措施。

拔桩起点和顺序：对封闭式钢板桩墙，拔桩起点应离开角桩 5 根以上。可根据沉桩时的情况确定拔桩起点，必要时也可用跳拔的方法。拔桩的顺序最好与打桩时相反。

振打与振拔：拔桩时，可先用振动锤将板桩锁口振松以减少土的黏附，然后边振边拔。对较难拔除的板桩可先用柴油锤将桩振下 100 ~ 300 mm，再与振动锤交替振打、振拔。有时，为及时回填拔桩后的土孔，当把板桩拔至比基础底板略高时暂停引拔，用振动锤振动几分钟，尽量让土孔填实一部分。

（三）钢筋水泥桩排桩挡墙

双排式灌注桩支护结构一般采用直径较小的灌注桩做双排布置，桩顶用圈梁连接，形成门式结构以增强挡土能力。当场地条件许可且单排桩悬臂结构刚度不足时，可采用双排桩支护结构，如图 1-23 所示。这种结构的特点是水平刚度大，位移小，施工方便。

双排桩在平面上可按三角形布置，也可按矩形布置。前后排桩距 δ =1.5 ~ 3.0 m（中心距），桩项连梁宽度为（6+d+20）m，即比双排桩稍宽一点。

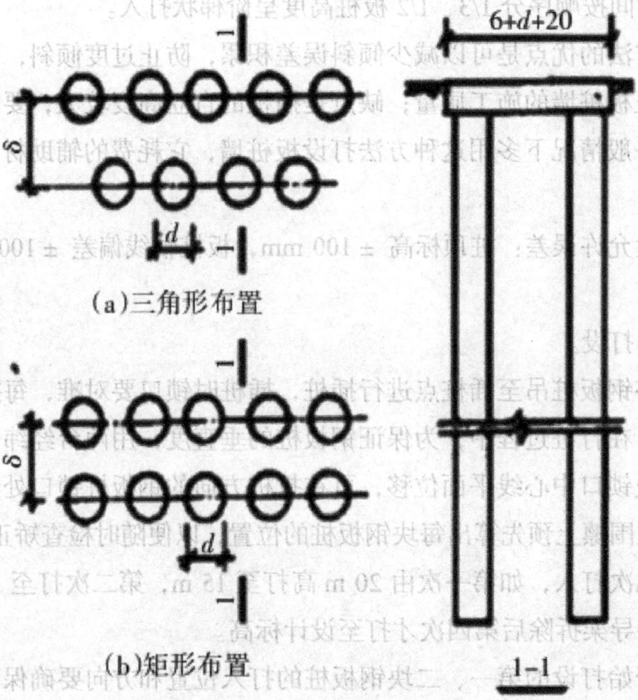

图 1–23　双排桩

（四）地下连续墙

地下连续墙施工工艺，即在土方开挖前，用特制的挖槽机械在泥浆护壁的情况下每次开挖一定长度（一个单元槽段）的沟槽，待开挖至设计深度并清除沉淀下来的泥渣后，将在地面上加工好的钢筋骨架（一般称为钢筋笼）用起重机械吊放入充满泥浆的沟槽内，用导管向沟槽内浇筑混凝土。由于混凝土是由沟槽底部开始逐渐向上浇筑，所以泥浆随着混凝土的浇筑被置换出来，待混凝土浇至设计标高后，一个单元槽即施工完毕。各个单元槽之间由特制的接头连接，形成连续的地下钢筋混凝土墙。

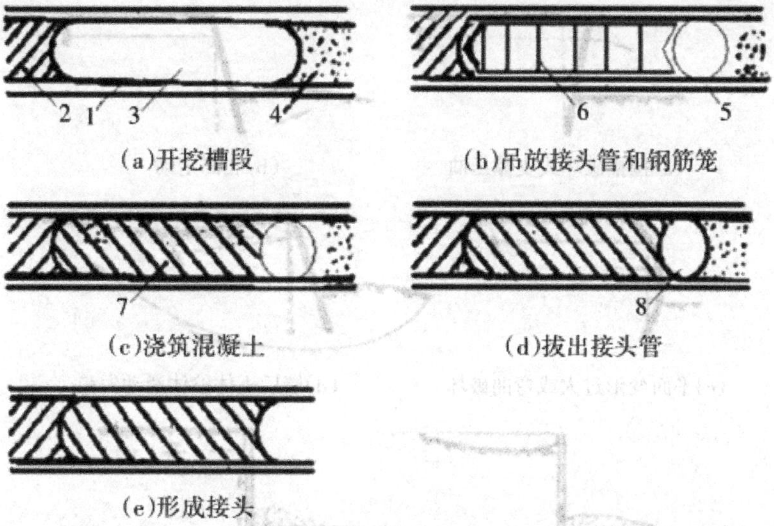

1. 导墙；2. 已浇筑混凝土的单元槽段；3. 开挖的槽段；4. 未开挖的槽段；5. 接头管；
6. 钢筋笼；7. 正浇筑混凝土的单元槽段；8. 接头管拔出后的孔洞

图 1–24 接头管接头的施工程序

三、支护结构的破坏形式

（一）非重力式支护结构的破坏

1. 非重力式支护结构的强度破坏

（1）拉锚破坏或支撑压曲。

（2）支护墙底部走动。

（3）支护墙的平面变形过大或弯曲破坏。

2. 非重力式支护结构的稳定性破坏

（1）墙后土体整体滑动失稳。

（2）坑底隆起。

（3）管涌。

（二）重力式支护结构的破坏

重力式支护结构的破坏亦包括强度破坏和稳定性破坏两方面。其强度破坏只有水泥土抗剪强度不足，产生剪切破坏，为此需验算最大剪应力处的墙身应力。其稳定性破坏包括倾覆、滑移、土体整体滑动失稳、坑底隆起、管涌。

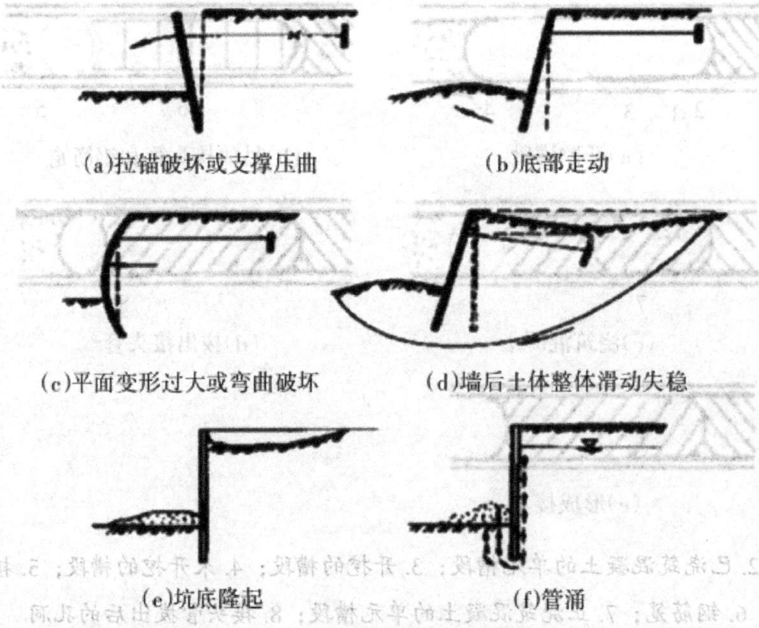

图 1–25　非重力式支护结构的破坏形式

（三）拉锚

拉锚是将钢筋或钢丝绳一端固定在支护板的腰梁上，另一端固定在锚碇上，中间设置花篮螺丝以调整拉杆长度。

锚碇的做法：当土质较好时，可埋设混凝土梁或横木做锚碇；当土质不好时，则在锚碇前打短桩。拉锚的间距及拉杆直径要经过计算确定。

拉锚式支撑在坑壁上只能设置一层，锚碇应设置在坑壁主动滑移面之外。当需要设多层拉杆时，可采用土层锚杆。

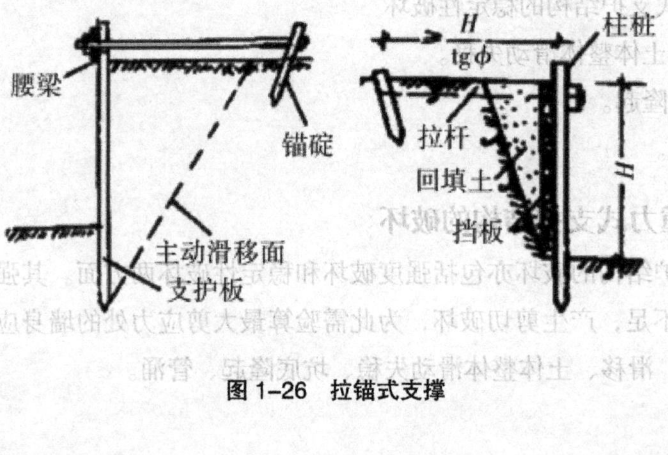

图 1–26　拉锚式支撑

（四）土层锚杆

1. 土层锚杆的构造

土层锚杆通常由锚头、锚头垫座、支护结构、钻孔、防护套管、拉杆（拉索）、锚固体、锚底板（有时无）等组成。

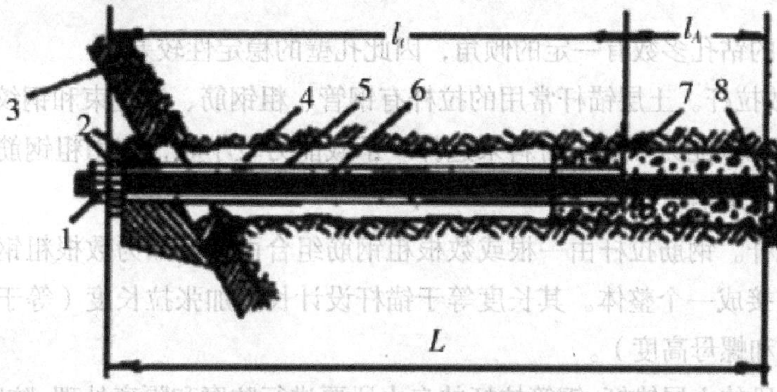

1. 锚头；2. 锚头垫座；3. 支护结构；4. 钻孔；5. 防护套管；6. 拉杆（拉索）；7. 锚固体；8. 锚底板

图 1-27 土层锚杆的构造

2. 土层锚杆的类型

（1）一般灌浆锚杆。钻孔后放入受拉杆件，然后用砂浆泵将水泥浆或水泥砂浆注入孔内，经养护后，即可承受拉力。

（2）高压灌浆锚杆（又称预压锚杆）。其与一般灌浆锚杆的不同点是，在灌浆阶段对水泥砂浆施加一定的压力，使水泥砂浆在压力下压入孔壁四周的裂缝并在压力下固结，从而使锚杆具有较大的抗拔力。

（3）预应力锚杆。先对锚固段进行一次压力灌浆，然后对锚杆施加预应力后锚固，并在非锚固段进行不加压二次灌浆，也可一次灌浆（加压或不加压）后施加预应力。这种锚杆可穿过松软地层而锚固在稳定土层中，使结构物变形减小。我国目前大都采用预应力锚杆。

（4）扩孔锚杆。用特制的扩孔钻头扩大锚固段的钻孔直径，或用爆扩法扩大钻孔端头，从而形成扩大的锚固段或端头，可有效提高锚杆的抗拔力。扩孔锚杆主要用在松软地层中。

在灌浆材料上，可使用水泥浆、水泥砂浆、树脂材料、化学浆液等作为锚固材料。

3. 土层锚杆施工

土层锚杆施工包括钻孔、安放拉杆、灌浆和张拉锚固，在正式开工之前还需进行必要的准备工作。

（1）选择钻孔机械。土层锚杆钻孔用的钻孔机械，按工作原理分为旋转式钻孔机、冲击式钻孔机和旋转冲击式钻孔机三类，主要根据土质、钻孔深度和地下水情况进行选择。

（2）土层锚杆钻孔应达到的要求。

孔壁要平直，以便安放钢拉杆和灌注水泥浆。

孔壁不得塌陷和松动，否则影响钢拉杆安放和土层锚杆的承载能力。

钻孔时不得使用膨润土循环泥浆护壁，以免在孔壁上形成泥皮，减少锚固体与土壁间的摩阻力。

土层锚杆的钻孔多数有一定的倾角，因此孔壁的稳定性较差。

（3）安放拉杆。土层锚杆常用的拉杆有钢管、粗钢筋、钢丝束和钢绞线，主要根据土层锚杆的承载能力和现有材料来选择。承载能力较小时，多用粗钢筋；承载能力较大时，我国多用钢绞线。

①钢筋拉杆。钢筋拉杆由一根或数根粗钢筋组合而成，如为数根粗钢筋，则需绑扎或用电焊连接成一个整体。其长度等于锚杆设计长度加张拉长度（等于支撑围檩高度加锚座厚度和螺母高度）。

对有自由段的土层锚杆，钢筋拉杆的自由段要进行防腐和隔离处理。防腐层施工时，宜先清除拉杆上的铁锈，再涂一度环氧防腐漆冷底子油，待其干燥后，再涂二度环氧玻璃钢（或聚氨酯预聚体等），待其固化后，再缠绕两层聚乙烯塑料薄膜。

对于钢筋拉杆，国外常用的几种防腐蚀方法如下：

A. 将经润滑油浸渍过的防腐带用粘胶带绕在涂有润滑油的钢筋上。

B. 将半刚性聚氯乙烯管或厚 2 ~ 3 mm 的聚乙烯管套在涂有润滑油（厚度大于 2 mm）的钢筋拉杆上。

C. 将聚丙烯管套在涂有润滑油的钢筋拉杆上，制造时这种聚丙烯管的直径为钢筋拉杆直径的 2 倍左右，装好后加以热处理则收缩紧贴在钢筋拉杆上。

钢筋拉杆的防腐一般采用将防腐系统和隔离系统结合起来的办法。

土层锚杆的长度一般在 10 m 以上，有的达 30 m 甚至更长。为了将拉杆安置在钻孔的中心，防止自由段产生过大的挠度和插入钻孔时不搅动土壁，同时增加拉杆与锚固体的握裹力，需在拉杆表面设置定位器（或撑筋环）。钢筋拉杆的定位器用细钢筋制作，在钢筋拉杆轴心按 120° 夹角布置，间距一般 2 ~ 2.5 m。定位器的外径宜小于钻孔直径 10 mm。

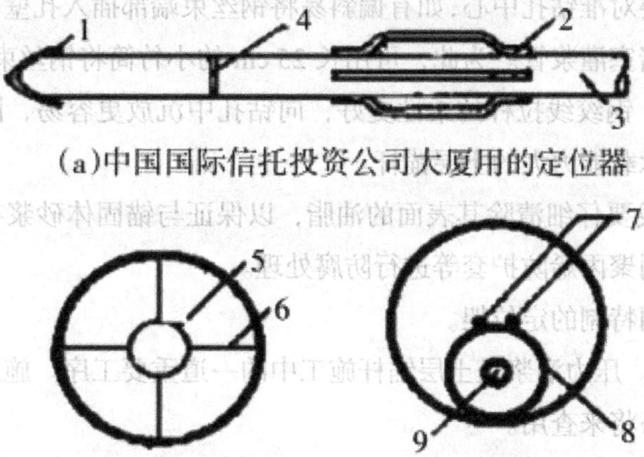

(a)中国国际信托投资公司大厦用的定位器

(b)美国用的定位器　(c)北京地下铁道用的定位器

1. 挡土板；2. 支承滑条；3. 拉杆；4. 半圆环；5. φ38 钢管内穿 φ32 拉杆；6.35×3 钢带；7. φ32 钢筋；8. φ65 钢管；9. 灌浆胶管

图 1–28　粗钢筋拉杆用的定位器

②钢丝束拉杆。钢丝束拉杆可以制成通长一根，它的柔性较好，向钻孔中沉放较方便。但施工时应将灌浆管与钢丝束绑扎在一起同时沉放，否则放置灌浆管有困难。

钢丝束拉杆的自由段需理顺扎紧，然后进行防腐处理。防腐方法：用玻璃纤维布缠绕两层，外面再用粘胶带缠绕，亦可将钢丝束拉杆的自由段插入特制护管内，护管与孔壁间的空隙可与锚固段同时进行灌浆。

钢丝束拉杆的锚固段亦需用定位器，该定位器为撑筋环，如图 1-29 所示。钢丝束的钢丝分为内外两层，外层钢丝绑扎在撑筋环上，撑筋环的间距为 0.5 ~ 1 m，这样锚固段就形成一连串的菱形，使钢丝束与锚固体砂浆的接触面积增大，增强黏结力；内层钢丝则从撑筋环的中间穿过。

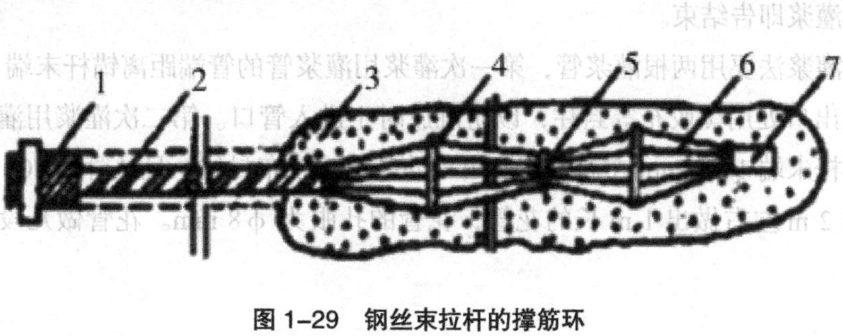

图 1–29　钢丝束拉杆的撑筋环

1. 锚头；2. 自由段及防腐层；3. 锚固体砂浆；4. 撑筋环；5. 钢丝束结；6. 锚固段的外层钢丝；7. 小竹筒

钢丝束拉杆的锚头要能保证各根钢丝受力均匀，常用镦头锚具等，可按预应力结构锚具选用。

沉放钢丝束时要对准钻孔中心，如有偏斜易将钢丝束端部插入孔壁内，既破坏孔壁，造成坍孔，又可能堵塞灌浆管。为此，可用长 25 cm 的小竹筒将钢丝束下端套起来。

③钢绞线拉杆。钢绞线拉杆的柔性更好，向钻孔中沉放更容易，因此在国内外应用得比较多，用于承载能力大的土层锚杆。

锚固段的钢绞线要仔细清除其表面的油脂，以保证与锚固体砂浆有良好的黏结。自由段的钢绞线要用聚丙烯防护套等进行防腐处理。

钢绞线拉杆需用特制的定位架。

（4）压力灌浆。压力灌浆是土层锚杆施工中的一道重要工序。施工时，应将有关数据记录下来，以备将来查用。

灌浆的作用是：形成锚固段，将锚杆锚固在土层中；防止钢拉杆腐蚀；充填土层中的孔隙和裂缝。

灌浆的浆液为水泥砂浆（细砂）或水泥浆，水泥一般不宜用高铝水泥。由于氯化物会引起钢拉杆腐蚀，因此其含量不应超过水泥重的 0.1%。由于水泥水化时会生成 SO3，所以硫酸盐的含量不应超过水泥重的 4%。我国多用普通硅酸盐水泥。

拌和水泥浆或水泥砂浆所用的水，一般应避免采用含高浓度氯化物的水，因为它会加速钢拉杆的腐蚀。若对水质有疑问，应事先进行化验。

选定最佳水灰比亦很重要，要使水泥浆有足够的流动性，以便用压力泵将其顺利注入钻孔和钢拉杆周围，同时还应使灌浆材料收缩小和耐久性好，所以一般常用的水灰比为 0.4 ~ 0.45。

灌浆方法有一次灌浆法和二次灌浆法两种。一次灌浆法只用一根灌浆管，利用泥浆泵进行灌浆，灌浆管管端距孔底 20 cm 左右，待浆液流出孔口时，用水泥袋等捣塞入孔口，并用湿黏土封堵孔口，严密捣实，再以 2 ~ 4 MPa 的压力进行补灌，要稳压数分钟，灌浆即告结束。

二次灌浆法要用两根灌浆管，第一次灌浆用灌浆管的管端距离锚杆末端 50 mm 左右，管底出口处用黑胶布等封住，以防沉放时土进入管口。第二次灌浆用灌浆管的管端距离锚杆末端 1000 mm 左右，管底出口处亦用黑胶布封住，且从管端 500 m 处开始向上每隔 2 m 左右做出 1 m 长的花管，花管的孔眼为 ϕ8 mm。花管做几段视锚固段长度而定。

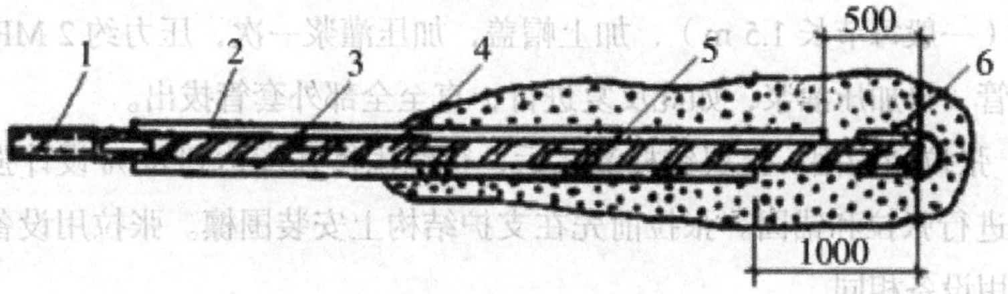

1. 锚头；2. 第一次灌浆用灌浆管；3. 第二次灌浆用灌浆管；4. 粗钢筋锚杆；5. 定位器；6. 塑料瓶

图 1-30　二次灌浆法灌浆管的布置

第一次灌浆是灌注水泥砂浆，利用普通的单缸活塞式压浆机，其压力为 0.3 ~ 0.5 MPa，流量为 100 L/min。水泥砂浆在上述压力作用下冲破封口的黑胶布流向钻孔。钻孔后曾用清水洗孔，孔内可能残留有部分水和泥浆，但由于灌入的水泥砂浆相对密度较大，因此能够将残留在孔内的泥浆等置换出来。第一次灌浆量根据孔径和锚固段的长度而定。第一次灌浆后把灌浆管拔出，可以重复使用。

待第一次灌注的浆液初凝后再进行第二次灌浆，利用泥浆泵，控制压力在 2 MPa 左右，稳压 2 min，浆液冲破第一次灌浆体，向锚固体与土的接触面之间扩散，使锚固体直径扩大，增加径向压应力。由于挤压作用，锚固体周围的土压缩，孔隙比减小，含水量减少，土的内摩擦角增大。因此，二次灌浆法可以显著提高土层锚杆的承载能力。

国外对土层锚杆进行二次灌浆多采用堵浆器。我国采用上述方法进行二次灌浆，由于第一次灌入的水泥砂浆已初凝，在钻孔内形成“塞子”，借助这个“塞子”的堵浆作用，可以提高第二次灌浆的压力。

对于二次灌浆，国内外都尝试用化学浆液（如聚氨酯浆液等）代替水泥浆，这些化学浆液渗透能力强，且遇水后产生化学反应，体积可膨胀数倍，既可提高土的抗剪能力，又可形成树根样的脉状渗透网。

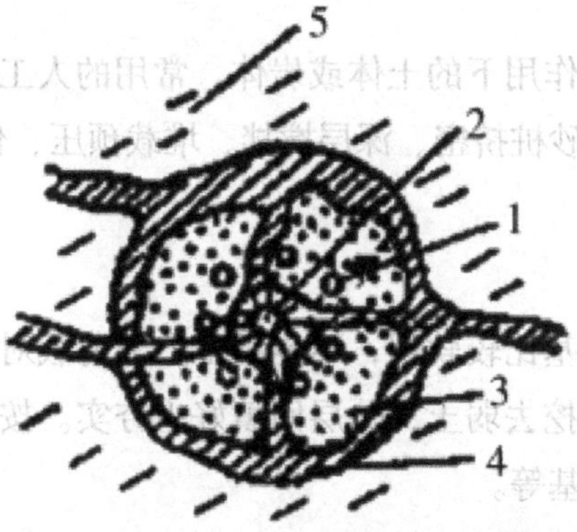

1. 钢丝束；2. 灌浆管；3. 第一次灌浆体；4. 第二次灌浆体；5. 土体

图 1-31　第二次灌浆后锚固体的截面

如果钻孔时利用了外套管，还可利用外套管进行高压灌浆。其顺序是：向外拔几节外套管（一般每节长 1.5 m），加上帽盖，加压灌浆一次，压力约 2 MPa；再向外拔几个外套管，再加压灌浆，如此反复进行，直至全部外套管拔出。

（5）张拉和锚固。土层锚杆灌浆后，待锚固体强度达到 80% 设计强度以上，便可对锚杆进行张拉和锚固。张拉前先在支护结构上安装围檩。张拉用设备与预应力结构张拉所用设备相同。

从我国目前的情况来看，钢拉杆为变形钢筋者，其端部加焊一螺丝端杆，用螺母锚固。钢拉杆为光圆钢筋者，可直接在其端部攻丝，用螺母锚固。如用精轧钢纹钢筋，可直接用螺母锚固。张拉粗钢筋用一般千斤顶。

钢拉杆和钢丝束者，锚具多为镦头锚，亦用一般千斤顶张拉。

预加应力的锚杆，要正确估算预应力损失，导致预应力损失的因素主要有以下几种：

①张拉时由摩擦造成的预应力损失；

②锚固时由锚具滑移造成的预应力损失；

③钢材松弛产生的预应力损失；

④相邻锚杆施工引起的预应力损失；

⑤支护结构（板桩墙等）变形引起的预应力损失；

⑥土体蠕变引起的预应力损失；

⑦温度变化造成的预应力损失。

上述七种预应力损失，应结合工程具体情况进行计算。

第四节　地基处理及加固

地基是指建筑物荷载作用下的土体或岩体。常用的人工地基的处理方法有换土、重锤夯实、强夯、振冲、砂桩挤密、深层搅拌、堆载预压、化学加固等。

一、换土地基

当建筑物基础下的地基比较软弱，不能满足上部荷载对地基的要求时，常用换土地基来处理。具体方法是挖去弱土，分层回填好土夯实。按回填材料不同分砂地基、碎（砂）石地基、灰土地基等。

（一）砂地基和碎（砂）石地基

这种地基承载力强，可减少沉降，加速软弱土排水固结，防止冻胀，消除膨胀土的胀缩等。常用于处理透水性强的软弱黏性土，但不适用于湿陷性黄土地基和不透水的黏性土地基。

1. 构造要求

其尺寸按计算确定，厚度 0.5 ~ 3 m，比基础宽 200 ~ 300 mm。

2. 材料要求

土料宜用级配良好、质地坚硬的中砂、粗砂、砂砾、碎石等。

3. 施工要点

（1）验槽处理。

（2）分层回填，应先深后浅，保证质量。

（3）降水及冬期施工。

4. 质量检查

方法有环刀取样法、贯入测定法。

（二）灰土地基

灰土地基是将软土挖去，用一定体积比的石灰和黏性土拌和均匀，在最佳含水量情况下分层回填夯实或压实而成的处理地基。灰土最小干密度一般为：黏土 1.45 t/m³，粉质黏土 1.50 t/m³，粉土 1.55 t/m³。

1. 构造要求

其尺寸按计算确定。

2. 材料要求

配合比一般为 2 ∶ 8 或 3 ∶ 7，土质良好，级配均匀，颗粒直径符合要求等。

3. 施工要点

（1）验槽处理。

（2）材料准备，控制好含水量。

（3）控制每层铺土厚度。

（4）采用防冻措施。

4. 质量检查

用环刀法检查土的干密度。质量标准用压实系数鉴定。

表 1–8　灰土最大虚铺厚度

夯实机具	重量 /t	厚度 /mm	备注
石夯、木夯	0.04 ~ 0.08	200 ~ 250	人力送夯，落距 400 ~ 500mm，一夯搭接半夯
轻型夯实机械	0.12 ~ 0.4	200 ~ 250	蛙式打夯机或柴油打夯机
压路机	6 ~ 10	200 ~ 300	双轮

表 1–9 各土体处理最佳含水量一览表

压实方法	每层铺筑厚度 /mm	施工时最佳含水量 /%	施工说明	备注
平碾法	200 ~ 250	15 ~ 20	用平板式振捣器往复振捣	不适用于干细砂或含泥量较大的砂铺筑的砂地基
插振法	振捣器插入深度	饱和	1. 用插入式振捣器 2. 插入点间距可根据机械振幅大小决定 3. 不应插至下铺黏性土层 4. 振捣完毕后所留的孔洞应用砂填实	不适用于细砂或含泥量较大的砂铺筑的砂地基
水撼法	250	饱和	1. 注水高度应超过每次铺筑面层 2. 用钢叉摇撼捣实，插入点间距为 100mm 3. 钢叉分四齿，齿的间距为 80mm，长 300mm	—
夯实法	150 ~ 200	8 ~ 12	1. 用木夯或机械夯 2. 木夯重 40kg，落距 400 ~ 500mm 3. 一夯压半夯，全面夯实	—
碾压法	150 ~ 350	8 ~ 12	6 ~ 12t 压路机往复碾压	适用于大面积施工的砂和砂石地基

二、重锤夯实地基

重锤夯实地基是用起重机械将重锤提升到一定高度后，利用自由下落时的冲击力来夯实地基，适用于地下水位以上稍湿的黏性土、砂土、湿陷性黄土、杂填土等地基的加固处理。

1. 机具设备

起重机械和夯锤。

2. 施工要点

（1）试夯确定夯锤重量、底面积、最后下沉量、遍数、总下沉量、落距等。

（2）每层铺土厚度以锤底直径为宜，一般铺设不少于两层。

（3）土以最佳含水量为准，且夯扩面积比基础底面均大 300 mm² 以上。

（4）夯扩方法：基坑或条形基础应一夯接一夯进行；独基应先周边后中间进行；当底面不同高时应先深后浅；最后进行表面处理。

3. 质量检查

检查施工记录应符合最后下沉量、总下沉量（以不小于试夯总下沉量 90% 为合格），详见《建筑地基基础工程施工质量验收标准》（GB 50202—2018）。

三、强夯地基

强夯地基是用起重机械将重锤（8 ~ 30 t）吊起使其从高处（6 ~ 30 m）自由落下，给地基以冲击和振动，从而提高地基土的强度并降低其压缩性，适用于碎石土、砂土、黏性土、湿陷性黄土及填土地基的加固处理。

1. 机具设备

主要有起重机械、夯锤、脱钩装置。

2. 施工要点

（1）试夯确定技术参数。

（2）场地平整、排水，布置夯点、测量定位。

（3）按试夯确定的技术参数进行。

（4）注意排水与防冻，做好施工记录等。

3. 质量检查

采用标准贯入、静力触探等方法。

四、振冲地基

振冲地基可采用振冲置换法和振冲密实法两类。

1. 机具设备

主要有振冲器、起重机械、水泵及供水管道、加料设备、控制设备等。

2. 施工要点

（1）振冲试验确定水压、水量、成孔速度、填料方法、密实电流、填料量和留振时间。

（2）确定冲孔位置并编号。

（3）振冲、排渣、留振、填料等。

3. 质量检查

（1）位置准确，允许偏差符合有关规定。

（2）在规定的时间内进行试验检验。

五、地基局部处理及其他加固方法

（一）地基局部处理

1. 松土坑的处理

（1）当松土坑的范围在基槽范围内时，挖除坑中松软土，使坑底及坑壁均见天然土为止，然后用与天然土压缩性相近的材料回填。

当天然土为砂土时，用砂或级配砂石分层回填夯实；当天然土为较密实的黏性土时，用3 ∶ 7灰土分层回填夯实；如为中密可塑的黏性土或新近沉积的黏性土时，可用1 ∶ 9或2 ∶ 8灰土分层回填夯实。每层回填厚度不大于200 mm。

（2）当松土坑的范围超过基槽边沿时，将该范围内的基槽适当加宽，采用与天然土压缩性相近的材料回填；用砂土或砂石回填时，基槽每边均应按 1 ∶ 1 坡度放宽；用 1 ∶ 9 或 2 ∶ 8 灰土回填时，基槽每边均应按 0.5 ∶ 1 坡度放宽。

（3）较深的松土坑（如深度大于槽宽或大于 1.5 m 时），槽底处理后，还应适当考虑加强上部结构的强度和刚度。

处理方法：在灰土基础上 1 ~ 2 皮砖处（或混凝土基础内）、防潮层下 1 ~ 2 皮砖处及首层顶板处各配置 3 ~ 4 根直径为 8 ~ 12 mm 的钢筋，跨过该松土坑两端各 1 m；或改变基础形式，如采用梁板式跨越松土坑、桩基础穿透松土坑等方法。

2. 砖井或土井的处理

当井在基槽范围内时，应将井的井圈拆至地槽下 1 m 以上，井内用中砂、砂卵石分层夯填处理，在拆除范围内用 2 ∶ 8 或 3 ∶ 7 灰土分层回填夯实至槽底。

3. 局部软硬土的处理

尽可能挖除，采用与其他部分压缩性相近的材料分层回填夯实，或将坚硬物凿去 300 ~ 500 mm，再回填土砂混合物并夯实。

将基础以下基岩或硬土层挖去 300 ~ 500 mm，填以中砂、粗砂或土砂混合物做垫层，或加强基础和上部结构的刚度来克服地基的不均匀变形。

（二）地基加固的其他方法

1. 砂桩法

砂桩法是利用振动或冲击荷载，在软弱地基中成孔后，填入砂并将其挤压入土中，形成较大直径的密实砂桩的地基处理方法，主要包括砂桩置换法、挤密砂桩法等。

2. 水泥土搅拌法

水泥土搅拌法是一种用于加固饱和黏土地基的常用软基处理技术。该法将水泥作为固化剂与软土在地基深处强制搅拌，固化剂和软土产生一系列物理化学反应，使软土硬结成一定强度的水泥加固体，从而提高地基土承载力并增大变形模量。水泥土搅拌法按施工工艺可分为湿法和干法两种。

3. 预压法

预压法指的是为提高软土地基的承载力和减少构造物建成后的沉降量，预先在拟建构造物的地基上施加一定静荷载，使地基土压密后再将荷载卸除的压实方法。该法对软土地基预先加压，使大部分沉降在预压过程中完成，相应地提高了地基强度。预压法适用于淤泥质黏土、淤泥与人工冲填土等软弱地基。预压的方法有堆载预压和真空预压两种。

4. 注浆法

注浆法指用气压、液压或电化学原理把某些能固化的浆液通过压浆泵、灌浆管均匀地注入各种裂缝或孔隙中，以填充、渗进和挤密等方式，驱除裂缝、孔隙中的水分和气体，并填充其位置，硬化后将土体胶结成一个整体，形成一个强度大、压缩性低、抗渗性高和稳定性良好的新整体，从而改善地基的物理化学性质，主要用于截水、堵漏和加固地基。

第五节　桩基础施工

桩基础是一种高层建筑物和重要建筑物工程中广泛采用的基础形式。桩基础的作用是将上部结构较大的荷载通过桩穿过软弱土层传递到较深的坚硬土层上，以解决浅基础承载力不足和变形较大的问题。

桩基础具有承载力高、沉降量小而均匀、沉降速率缓慢等特点。它能承受垂直荷载、水平荷载、上拔力及机器的振动或动力作用，广泛应用于房屋地基、桥梁、水利等工程中。

一、桩基础的作用和分类

1. 作用

桩基础可以将上部荷载直接传递到下部较好持力层上。

2. 分类

（1）按承台位置高低分类

①高承台桩基础。承台底面高于地面，一般用在桥梁、码头工程中。

②低承台桩基础。承台底面低于地面，一般用于房屋建筑工程中。

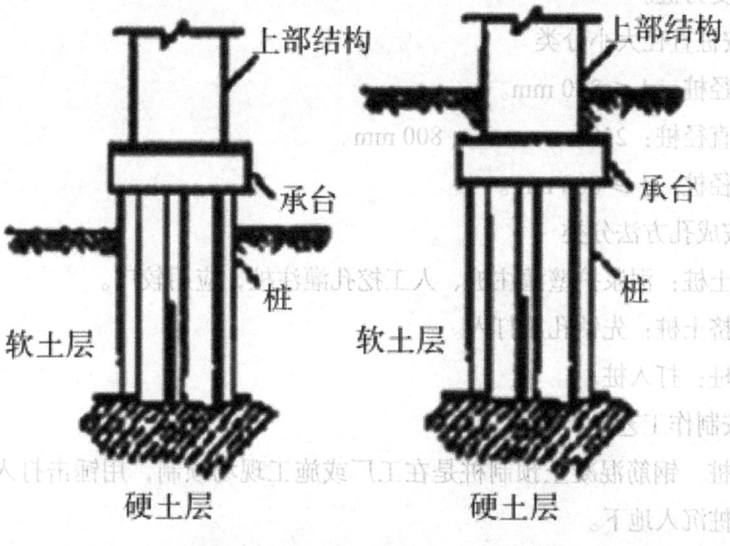

（a）高承台桩基础　（b）低承台桩基础

图 1-32　桩基础

（2）按承载性质分类

①端承桩。端承桩指穿过软弱土层并将建筑物的荷载通过桩传递到桩端坚硬土层或岩层上。桩侧较软弱土对桩身的摩擦作用很小，其摩擦力可忽略不计。

②摩擦桩。摩擦桩指沉入软弱土层一定深度后通过桩侧土的摩擦作用，将上部荷载传递扩散于桩周围土中，桩端土也起一定的支承作用，桩尖支承的土不甚密实，桩相对于土有一定的相对位移时，即具有摩擦桩的作用。

（3）按桩身材料分类

①钢筋混凝土桩。钢筋混凝土桩可以预制，也可以现浇。根据设计，桩的长度和截面尺寸可任意选择。

②钢桩。常用的有直径 250 ~ 1200 mm 的钢管桩和宽翼“工”字形钢桩。钢桩的承载力较大，起吊、运输、沉桩、接桩都较方便，但消耗钢材多，造价高。我国目前只在少数重点工程中使用。

③木桩。目前已很少使用，只在某些加固工程或能就地取材的临时工程中使用。在地下水位以下时，木材有很好的耐久性，而在干湿交替的环境下，极易腐蚀。

④砂石桩。砂石桩主要用于地基加固，挤密土壤。

⑤灰土桩。灰土桩主要用于地基加固。

（4）按桩的使用功能分类

①竖向抗压桩。

②竖向抗拔桩。

③水平荷载桩。

④复合受力桩。

（5）按桩直径大小分类

①小直径桩：$d \leqslant 250$ mm。

②中等直径桩：250 mm $< d <$ 800 mm。

③大直径桩：$d \geqslant 800$ mm。

（6）按成孔方法分类

①非挤土桩：泥浆护壁灌注桩、人工挖孔灌注桩，应用较广。

②部分挤土桩：先钻孔后打入。

③挤土桩：打入桩。

（7）按制作工艺分类

①预制桩。钢筋混凝土预制桩是在工厂或施工现场预制，用锤击打入、振动沉入等方法，使桩沉入地下。

②灌注桩。灌注桩又叫现浇桩，直接在设计桩位的地基上成孔，在孔内放置钢筋笼或不放钢筋，后在孔内灌注混凝土而成桩。

与预制桩相比，灌注桩可节省钢材，在持力层起伏不平时，桩长可根据实际情况设计。

（8）按截面形式分类

①方形截面桩。制作、运输和堆放比较方便，截面边长一般为 250 ～ 550 mm。

②圆形空心桩。用离心旋转法在工厂中预制，具有用料省、自重轻、表面积大等特点。国内铁道部门已有定型产品，直径有 300 mm、450 mm 和 550 mm，管壁厚 80mm，每节长度 2~12m 不等。

二、静力压桩施工工艺

（一）特点及原理

静力压桩法是在软土地基上，利用静力压桩机以无振动的静压力（自重和配重）将预制桩压入土中的一种沉桩工艺。

（二）机械设备

机械设备主要有机械压桩机、液压静力压桩机两种。

（三）施工工艺

静力压桩施工，采取分段压入、逐段接长的方法。施工程序如下：施工准备→测量定位→压桩机就位→吊桩、插桩→桩身对中调直→静压沉桩→接桩→再静压沉桩→送桩→终止压桩→切割桩头。

整平场地，清除作业范围内的高空、地面、地下障碍物；架空高压线距离压桩机不得小于 10 m；修设桩机进出行走道路，做好排水设施。

按照图纸布置测量放线，定出桩基轴线（先定出中心，再引出两侧），并将桩的准确位置测设到地面上，每个桩位打一个小木桩；测出每个桩位的实际标高，场地外设 2 ～ 3 个水准点，以便随时检查用。

检查桩的质量，将需要的桩按平面布置图堆放在压桩机附近，不合格的桩不能运至压桩现场。

检查压桩机设备及起重机械；铺设水电管网，进行设备架立组装并试压桩。

准备好桩基工程沉降记录和隐蔽工程验收记录表格，并做好记录。

（四）施工要点

压桩时，应始终保持桩轴心受压，若有偏移应立即纠正。接桩应保证上下节桩轴线一致，并应尽量减少每根桩的接头个数，一般不宜超过 4 个接头。施工中，若压阻力超过压桩能力，使桩架上抬倾斜时，应立即停压，查明原因。

当桩压至接近设计标高时，不可过早停压，应使压桩一次成功，以免发生压不下或超压现象。工程中有少数桩不能压至设计标高，此时可将桩顶截去。

三、现浇混凝土灌注桩施工工艺

灌注桩按成孔方法可分为泥浆护壁成孔灌注桩、沉管灌注桩、干作业成孔灌注桩、爆破成孔灌注桩和人工挖孔灌注桩。

灌注桩施工准备工作一般包括以下几点：

（1）确定成孔施工顺序。一般结合现场条件，采用下列方法确定成孔顺序：间隔1个或2个桩位成孔；在相邻混凝土初凝前或终凝后成孔；一个承台下桩数在5根以上时，中间的桩先成孔，外围的桩后成孔。

（2）成孔深度的控制。

摩擦桩：桩管入土深度以标高控制为主，以贯入度控制为辅。

端承桩：沉管深度以贯入度控制为主，以设计持力层标高对照为辅。

（3）钢筋笼的制作。主筋和箍筋直径及间距、主筋保护层、加筋箍的间距等应符合设计要求和规范要求。分段制作接头采用焊接法并使接头错开50%，放置时不得碰撞孔壁。

（4）混凝土的配制。粗骨料可选用卵石或碎石，其最大粒径不得大于钢筋净距的1/3，其他类型的灌注桩或素混凝土见相关规定。混凝土强度等级不小于C15。

（一）钻孔灌注桩

钻孔灌注桩是先成孔，然后吊放钢筋笼，再浇灌混凝土。依据地质条件不同，分为干作业成孔和泥浆护壁（湿作业）成孔两类。

1. 干作业成孔灌注桩施工

成孔时若无地下水或地下水很少，基本上不影响工程施工，称为干作业成孔。主要适用于北方地区和地下水位低的土层。

（1）施工工艺流程。场地清理→测量放线，定桩位→桩机就位→钻孔，取土成孔→清除孔底沉渣→成孔质量检查验收→吊放钢筋笼→浇筑孔内混凝土。

（2）施工注意事项。干作业成孔一般采用螺旋钻成孔，还可采用机扩法扩底。为了确保成桩后的质量，施工中应注意以下几点：

①开始钻孔时，应保持钻杆垂直、位置正确，防止因钻杆晃动导致孔径扩大及孔底虚土增多。

②发现钻杆摇晃、移动、偏斜或难以钻进时，应提钻检查，排除地下障碍物，避免桩孔偏斜和钻具损坏。

③钻进过程中应随时清理孔口黏土，遇到地下水、塌孔、缩孔等异常情况，应停止钻孔，同有关单位研究处理。

④钻头进入硬土层时易造成钻孔偏斜，可提起钻头上下反复扫钻几次，以便削去硬土。若纠正无效，可在孔中局部回填黏土至偏孔处 0.5 m 以上，再重新钻进。

⑤成孔达到设计深度后，应保护好孔口，按规定验收，并做好施工记录。

⑥孔底虚土尽可能清除干净，可用夯锤夯击孔底虚土或进行压注水泥浆处理，然后吊放钢筋笼，并浇筑混凝土。混凝土应分层浇筑，每层高度不大于 1.5 m。

2. 泥浆护壁成孔灌注桩施工

泥浆护壁成孔灌注桩是利用泥浆护壁，钻孔时通过循环泥浆将钻头切削下的土渣排出孔外而成孔，后吊放钢筋笼，水下灌注混凝土而成桩。成孔方式有正（反）循环回转钻成孔、正（反）循环潜水钻成孔、冲击钻成孔、冲抓锥成孔、钻斗钻成孔等。

泥浆护壁成孔灌注桩施工工艺流程如下：

（1）测定桩位。平整清理好施工场地后，设置桩基轴线定位点和水准点，根据桩位平面布置施工图，确定每根桩的位置，并做好标记。施工前，桩位要检查复核，以防被外界因素影响而造成偏移。

（2）埋设护筒。护筒的作用是固定桩孔位置，防止地面水流入，保护孔口，提高桩孔内水压力，防止塌孔，成孔时引导钻头方向。护筒用 4 ~ 8 mm 厚的钢板制成，内径比钻头直径大 100 ~ 200 mm，顶面高出地面 0.4 ~ 0.6 m，上部开 1 ~ 2 个溢浆孔。埋设护筒时，先挖去桩孔处表土，将护筒埋入土中，其埋设深度在黏土中不宜小于 1 m，在砂土中不宜小于 1.5 m。其高度要满足孔内泥浆面高度的要求，孔内泥浆面应保持高出地下水位 1 m 以上。挖坑埋设时，坑的直径应比护筒外径大 0.8 ~ 1 m。护筒中心与桩位中心线偏差不应大于 50 mm，对位后应在护筒外侧填入黏土并分层夯实。

（3）泥浆制备。泥浆的作用是护壁、携砂排土、切土润滑、冷却钻头等，其中以护壁为主。泥浆制备方法应根据土质条件确定：在黏土和粉质黏土中成孔时，可注入清水，以原土造浆，排渣泥浆的密度应控制在 1.1 ~ 1.3 g/cm³；在其他土层中成孔时，泥浆可选用高塑性（$I_p \geq 17$）的黏土或膨润土；在砂土和较厚夹砂层中成孔时，泥浆密度应控制在 1.1 ~ 1.3 g/cm³；在穿过砂夹卵石层或容易塌孔的土层中成孔时，泥浆密度应控制在 1.3 ~ 1.5 g/cm³。施工中应经常测定泥浆密度，并定期测定黏度、含砂率和胶体率。泥浆的控制指标为黏度 18 ~ 22 s、含砂率不大于 8%、胶体率不小于 90%。为了提高泥浆质量，可加入外掺料，如增重剂、增黏剂、分散剂等。施工中废弃的泥浆、泥渣应按环保有关规定处理。

（4）成孔方法。

①回转钻成孔。回转钻成孔是国内灌注桩施工中最常用的方法之一。按排渣方式不同分为正循环回转钻成孔和反循环回转钻成孔两种。

正循环回转钻成孔由钻机回转装置带动钻杆和钻头回转切削破碎岩土，由泥浆泵往钻杆输送泥浆，泥浆沿孔壁上升，从溢浆孔溢出流入泥浆池，经沉淀处理返回循环池（如图 1-33 所示）。正循环成孔泥浆的上返速度低，携带土粒直径小，排渣能力差，岩土重复破碎现象严重，适用于填土、淤泥、黏土、粉土、砂土等地层，卵砾石含量不大于 15%、粒径小于 10 mm 的部分砂卵砾石层、软质基岩及较硬基岩也可使用。桩孔直径不宜大于 1000 mm，钻孔深度不宜超过 40 m。正循环钻进主要参数有冲洗液量、转速和钻压，保持足够的冲洗液（指泥浆或水）量是提高正循环钻进效率的关键。一般砂土层用硬质合金钻头钻进时，转速取 40 ~ 80 r/min，较硬或非均质地层中转速可适当调慢；用钢粒钻头钻进时，转速取 50 ~ 120 r/min，大桩取小值，小桩取大值；用牙轮钻头钻进时，转速一般取 60 ~ 180 r/min。在松散地层中钻进时，应以冲洗液畅通和钻渣清除及时为前提，灵活确定钻压；在基岩中钻进时，可以通过配置加重铤或重块来提高钻压；对于硬质合金钻钻进成孔，钻压应根据地质条件、钻杆与桩孔的直径差、钻头形式、切削具数目、设备能力和钻具强度等因素综合确定。

反循环回转钻成孔是指由钻机回转装置带动钻杆和钻头回转切削破碎岩土，利用泵吸、气举、喷射等措施抽吸循环护壁泥浆，挟带钻渣从钻杆内腔抽吸出孔外（如图 1-34 所示）。根据抽吸原理可分为泵吸反循环、气举反循环和喷射（射流）反循环三种施工工艺。泵吸反循环是直接利用砂石泵的抽吸作用使钻杆的水流上升而形成反循环；喷射反循环是利用射流泵射出的高速水流产生的负压使钻杆内的水流上升而形成反循环；气举反循环是利用送入压缩空气使水循环。钻杆内水流上升速度与钻杆内外液柱高度差有关，随孔深增大，效率提高。当孔深小于 50 m 时，宜选用泵吸或射流反循环；当孔深大于 50 m 时，宜选用气举反循环。

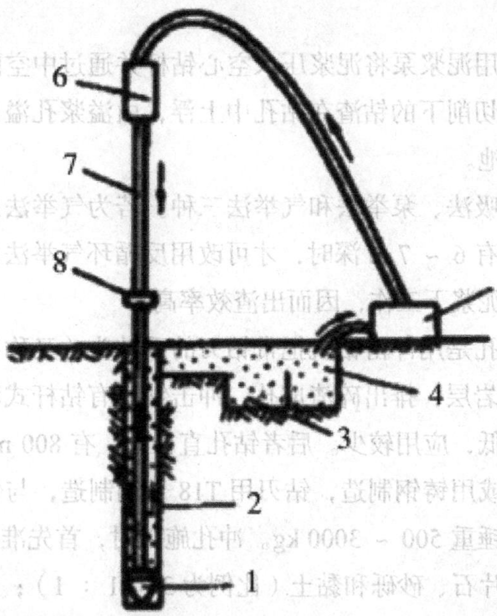

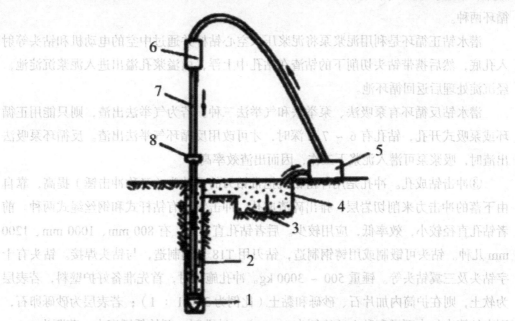

1. 钻头；2. 泥浆循环方向；3. 沉淀池；4. 泥浆池；5. 泥浆泵；6. 水龙头；7. 钻杆；8. 钻机回转装置

图 1–33　正循环回转钻成孔工艺原理图

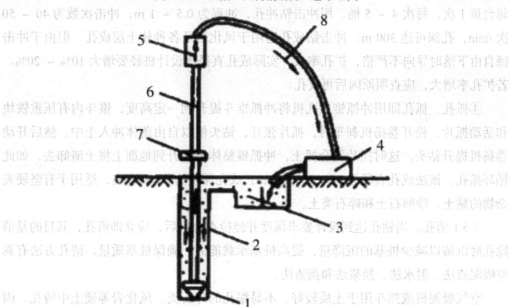

1. 钻头；2. 新泥浆流向；3. 沉淀池；4. 砂石泵；5. 水龙头；6. 钻杆；7. 钻机回转装置；8. 混合液流向

图 1–34　反循环回转钻成孔工艺原理图

②潜水钻成孔。潜水电钻同样使用泥浆护壁成孔。其排渣方式也分为正循环和反

循环两种。

潜水钻正循环是利用泥浆泵将泥浆压入空心钻杆并通过中空的电动机和钻头等射入孔底，然后携带钻头切削下的钻渣在钻孔中上浮，由溢浆孔溢出进入泥浆沉淀池，经沉淀处理后返回循环池。

潜水钻反循环有泵吸法、泵举法和气举法三种。若为气举法出渣，则只能用正循环或泵吸式开孔，钻孔有 6 ~ 7 m 深时，才可改用反循环气举法出渣。反循环泵吸法出渣时，吸浆泵可潜入泥浆下工作，因而出渣效率高。

③冲击钻成孔。冲孔是用冲击钻机把带钻刃的重钻头（又称冲击锤）提高，靠自由下落的冲击力来削切岩层，排出碎渣成孔。冲击钻机有钻杆式和钢丝绳式两种。前者钻孔直径较小，效率低，应用较少。后者钻孔直径大，有 800 mm、1000 mm、1200 mm 几种。钻头可锻制或用铸钢制造，钻刃用 T18 号钢制造，与钻头焊接。钻头有十字钻头及三翼钻头等。锤重 500 ~ 3000 kg。冲孔施工时，首先准备好护壁料，若表层为软土，则在护筒内加片石、砂砾和黏土（比例为 3 ∶ 1 ∶ 1）；若表层为砂砾卵石，则在护筒内加小石子和黏土（比例为 1 ∶ 1）。冲孔时，开始低锤密击，落距为 0.4 ~ 0.6 m，直至开孔深度达护筒底以下 3 ~ 4 m 时，将落距提高至 1.5 ~ 2 m。掏渣采用抽筒，用以掏取孔内岩屑和石渣，也可进入稀软土、流砂、松散土层排土和修平孔壁。掏渣每台班 1 次，每次 4 ~ 5 桶。用冲击钻冲孔，冲程为 0.5 ~ 1 m，冲击次数为 40 ~ 50 次 /min，孔深可达 300 m。冲击钻成孔适用于风化岩及各种软土层成孔。但由于冲击锤自由下落时导向不严格，扩孔率大，实际成孔直径比设计桩径要增大 10% ~ 20%。若扩孔率增大，应查明原因后再成孔。

④抓孔。抓孔即用冲抓锥成孔机将冲抓锥斗提升到一定高度，锥斗内有压重铁块和活动抓片，松开卷扬机刹车时，抓片张开，钻头便以自由落体冲入土中，然后开动卷扬机提升钻头，这时抓片闭合抓土，冲抓锥整体被提升到地面上将土渣卸去，如此循环抓孔。该法成孔直径为 450 ~ 600 mm，成孔深度为 10 m 左右，适用于有坚硬夹杂物的黏土、砂卵石土和碎石类土。

（5）清孔。当钻孔达到设计要求深度并经检查合格后，应立即清孔，其目的是清除孔底沉渣以减少桩基的沉降量，提高桩基承载能力，确保桩基质量。清孔方法有真空吸泥渣法、射水法、换浆法和掏渣法。

空气吸泥机或抓斗用于土质较好、不易塌孔的碎石类、风化岩等硬土中清孔。因孔底沉渣颗粒大，采用空气吸泥机或抓斗可将颗粒较大的沉渣吸出或抓出。

射水法是在孔口接清孔导管，分段连接后吊入孔内。清孔靠抽水机和空气压缩机进行。空气压缩机使导管内压力达 0.6 ~ 0.7 MPa，在导管内形成强大中气流，同时向孔内注入清水，使孔底的泥渣、杂物被喷翻、搅动，随高压气流上涌，从喷嘴喷出。这样可将孔底沉渣清出，直到孔口喷出清水为止。清孔后，泥浆容重为 1 ∶ 1 左右为清孔合格。该法适用于在原土造浆的黏土及制浆的碎石类土和风化岩土层中清孔。

换浆法又叫置换法，是用新搅拌的泥浆置换孔底泥浆，即用泥浆循环方法清孔。清孔后泥浆容重应控制在 1.15 ~ 1.25 之间，泥浆取样均应选在距孔底 0.2 ~ 0.5 m 处。置换法适用于在孔壁土质较差的软土、砂土及黏土中清孔。

清孔应达到如下标准才算合格：一是孔内排出或抽出的泥浆，用手捻应无粗粒感，孔底 500 mm 以内的泥浆密度小于 1.25 g/cm³（原土造浆的孔则应小于 1.1 g/cm³）；二是在浇筑混凝土前，孔底沉渣允许厚度符合标准规定，即端承桩≤ 50 mm，摩擦端承桩、端承摩擦桩≤ 100 mm，摩擦桩≤ 300 mm。

（6）吊放钢筋笼。清孔后应立即安放钢筋笼，浇混凝土。钢筋笼一般都在工地制作，制作时要求主筋环向均匀布置，箍筋直径及间距、主筋保护层、加筋箍的间距等均应符合设计要求。分段制作的钢筋笼，其接头采用焊接法且应符合施工及验收规范的规定。钢筋笼主筋净距必须大于 3 倍的骨料粒径，加筋箍宜设在主筋外侧，钢筋保护层厚度不应小于 35 mm（水下混凝土不得小于 50 mm）。可在主筋外侧安设钢筋定位器，以确保钢筋保护层厚度。为了防止钢筋笼变形，可在钢筋笼上每隔 2 m 设置一道加强箍，并在钢筋笼内每隔 3 ~ 4 m 装一个可拆卸的十字形临时加筋架，在吊放入孔后拆除。吊放钢筋笼时应垂直，缓缓放入，防止碰撞孔壁。

若造成塌孔或安放钢筋笼时间太长，应进行二次清孔后再浇筑混凝土。

（7）水下浇筑混凝土。泥浆护壁成孔灌注桩的水下混凝土浇筑常用导管法，混凝土强度等级不低于 C20，坍落度为 18 ~ 22 cm，所用设备有金属导管、承料漏斗和提升机具等。

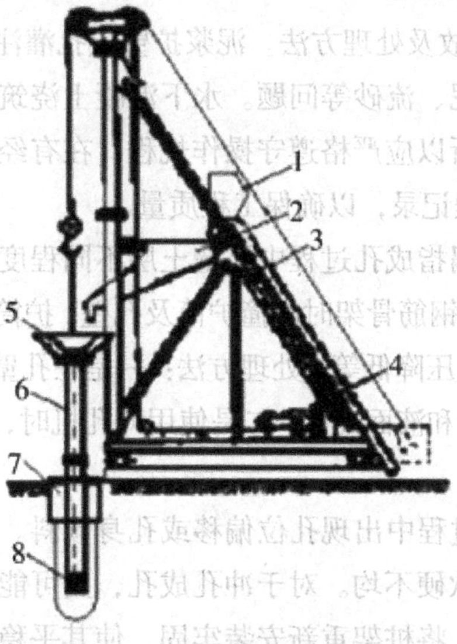

1. 上料斗；2. 储料斗；3. 滑道；4. 卷扬机；5. 漏斗；6. 导管；7. 护筒；8. 隔水栓

图 1–35　水下浇筑混凝土

导管一般用无缝钢管制作，直径为 200 ~ 300 mm，每节长度为 2 ~ 3 m，最下一节为脚管，长度不小于 4 m，各节管用法兰盘和螺栓连接。承料漏斗利用法兰盘安装在导管顶端，其容积应大于保证管内混凝土必须保持的高度和开始浇筑时导管埋置深度所要求的混凝土的体积。

隔水栓（球塞）用来隔开混凝土与泥浆（或水），可用木球或混凝土圆柱塞等，其直径宜比导管内径小 20 ~ 25 mm。用 3 ~ 5 mm 厚的橡胶圈密封，其直径宜比导管内径大 5 ~ 6 mm。

导管使用前应试拼装、过球和进行封闭水压试验，试验压力为 0.6 ~ 1 MPa，不漏水者方可使用。浇筑时，用提升机具将承料漏斗和导管悬吊起来后，沉至孔底，往导管中放隔水栓，隔水栓用绳子或铁丝吊挂，然后向导管内灌一定数量的混凝土，并使其下口距地基面约 300 mm，迅速剪断吊绳（水深在 10 m 内可用此法），或让球塞下滑至管的中部或接近底部再剪断吊绳，使混凝土靠自重推动球塞下落，冲向基底，并向四周扩散。球塞被推出导管后，混凝土则在导管下部包围住导管，形成混凝土堆，这时可将导管再下降至基底 100 ~ 200 mm 处，使导管下部能有更多的部分埋入首批浇筑的混凝土中。然后将混凝土通过承料漏斗浇入导管内，管外混凝土面不断被挤压上升。随着管外混凝土面的上升，相应地逐渐提升导管。导管应缓缓提升，每次 200 mm 左右，严防提升过度，务必保证导管下端埋入混凝土中的深度不小于规定的最小埋置深度。一般情况下，在泥浆中浇混凝土时，导管最小埋置深度不能小于 1 m，适宜的埋置深度为 2 ~ 4 m，但也不宜过深，以免混凝土的流动阻力太大，造成堵管。混凝土浇筑过程应连续进行，不得中断。混凝土浇筑的最终标高应比设计标高高出 0.5 m。

（8）常见工程质量事故及处理方法。泥浆护壁成孔灌注桩施工时常易发生孔壁坍塌、偏孔、孔底隔层、夹泥、流砂等问题。水下混凝土浇筑属隐蔽工程，一旦发生质量事故难以观察和补救，所以应严格遵守操作规程，在有经验的工程技术人员指导下认真施工，并做好隐蔽工程记录，以确保工程质量。

①孔壁坍塌。孔壁坍塌指成孔过程中孔壁土层不同程度坍落。塌孔的主要原因是提升下落冲击锤、掏渣筒或钢筋骨架时碰撞护筒及孔壁；护筒周围未用黏土紧密填实，孔内泥浆液面下降，孔内水压降低等。处理方法：一是在孔壁坍塌段投入石子、黏土，重新开钻，并调整泥浆容重和液面高度；二是使用冲孔机时，填入混合料后低锤密击，使孔壁坚固后再正常冲击。

②偏孔。偏孔指成孔过程中出现孔位偏移或孔身倾斜。偏孔的主要原因是桩架不稳固、导杆不垂直或土层软硬不均。对于冲孔成孔，则可能是导向不严格或遇到探头石及基岩倾斜。处理方法：将桩架重新安装牢固，使其平稳垂直。如孔的偏移过大，应填入石子黏土，重新成孔；如有探头石，可用取岩钻将其除去或低锤密击将石击碎；如遇基岩倾斜，可以投毛石于低处，再开钻或密打。

③孔底隔层。孔底隔层指孔底残留石渣过厚、孔脚涌进泥砂或塌壁泥土落底。造成孔底隔层的主要原因是清孔不彻底，清孔后泥浆浓度降低或浇筑混凝土、安放钢筋骨架时碰撞孔壁造成塌孔落土。主要防止方法是做好清孔工作，注意泥浆浓度及孔内水位变化，施工时注意保护孔壁。

④夹泥或软弱夹层。夹泥或软弱夹层指桩身混凝土混进泥土或形成浮浆泡沫软弱夹层。其形成的主要原因是浇筑混凝土时孔壁坍塌或导管下口埋入混凝土深度太小，泥浆被喷翻，掺入混凝土中。其防止方法为是经常观察混凝土表面标高变化，保持导管下口埋入混凝土的深度，并在钢筋笼下放孔内 4 h 内浇筑混凝土。

⑤流砂。流砂指成孔时发现大量流砂涌塞孔底。流砂产生的原因是孔外水压力比孔内水压力大，孔壁土松散。流砂严重时可抛入碎砖石、黏土，用锤冲入流砂层，防止流砂涌入。

（二）沉管灌注桩

施工方法：锤击沉管灌注桩、振动沉管灌注桩、静压沉管灌注桩、沉管夯扩灌注桩和振动冲击沉管灌注桩等。

施工工艺：使用锤击式桩锤或振动式桩锤将一定直径的钢管沉入土中，形成桩孔，然后放入钢筋笼，浇筑混凝土，最后拔出钢管，形成所需要的灌注桩。

1. 锤击沉管灌注桩

锤击沉管灌注桩适用于一般黏性土、淤泥质土、砂土和人工填土地基。

（1）施工设备：桩架、桩锤及动力设备等。

（2）施工方法：有单打法和复打法两种。

①桩管上端扣上桩帽，检查桩管与桩锤是否在同一垂直线上，桩管偏斜 $\leq 0.5\%$ 时，可锤击桩管。

②拔管要均匀，第一次拔管不宜过高，应保持桩管内有不少于 2 m 高的混凝土，然后灌注混凝土。

③拔管时应保持连续密锤低击不停，并控制拔出速度，对一般土层，以不大于 1 m/min 为宜；在软弱土层及软硬土层交界处，应控制在 0.8 m/min。

（3）质量要求：成孔、下钢筋笼和灌注混凝土是灌注桩质量的关键工序，每一道工序完成时，均应进行质量检查，上道工序不合格，严禁下道工序施工。

2. 振动沉管灌注桩

（1）施工设备：桩架、激振器、动力设备等。

（2）施工方法：有单振法和复振法两种。

①单振法施工：在沉人土中的桩管内灌满混凝土，开动激振器，振动 5 ~ 10 s，开始拔管，边振边拔。

②复振法施工：施工方法与单振法相同，施工时要注意前后两次沉管的轴线应重合，复振施工必须在第一次灌注的混凝土初凝之前进行，钢筋笼应在第二次沉管后放入；混凝土强度不低于C20，坍落度、钢筋保护层厚度、桩位允许偏差等见混凝土结构规范。

振动沉管灌注桩适用于砂土、稍密及中密的碎石土地基，边振边拔是其主要特征。

3. 施工中常见问题及处理方法

（1）断桩：桩距小，受施打时的挤压影响，软硬土层间传递水平力大小不同。

处理方法：将断桩拔去，增大桩截面积或加筋后重新浇筑。

（2）瓶颈桩：在含水量较大的软弱土层中沉管时，土受挤压产生很高的孔隙水压，拔管后挤向新灌的混凝土，产生缩颈。

处理方法：施工时应保持管内混凝土略高于地面，拔管时采用复打法或反插法。

（3）吊脚桩：桩身刚度不够，沉管被破坏变形，造成水或泥砂进入桩管。

处理方法：拔出桩管，填砂后重打，或密振慢拔。

（4）桩尖进水进泥。

处理方法：可将桩管拔出，修复改正桩靴缝隙或将桩管与预制桩尖接合处用草绳、麻袋垫紧后，用砂回填桩孔后重打；如果只受地下水的影响，则当桩管沉至接近地下水位时，将水泥砂浆灌入管内约0.5 m做封底，并再灌1 m高的混凝土，然后继续沉桩。若管内进水不多（小于200 mm），可不做处理，只在灌第一槽混凝土时酌情减少用水量即可。

（三）人工挖孔灌注桩

人工挖孔灌注桩是指采用人工挖掘方法进行成孔，然后安放钢筋笼，浇筑混凝土而成的桩。人工挖孔灌注桩结构上的特点是单桩的承载能力高，受力性能好，既能承受垂直荷载，又能承受水平荷载。人工挖孔灌注桩具有设备简单、施工操作方便、占用施工场地小、无噪声、无振动、不污染环境、对周围建筑物影响小、施工质量可靠、可全面施工、工期短、造价低等优点，因此得到广泛应用。

适用范围：人工挖孔灌注桩适用于土质较好、地下水位较低的黏土、亚黏土及含少量砂卵石的黏土层等地质条件。可用于高层建筑、公用建筑、水工结构（如泵站、桥墩）做桩基，起支承、抗滑、挡土作用。软土、流砂及地下水位较高、涌水量大的土层不宜采用。

1. 施工机具

（1）电动葫芦或手动卷扬机，提土桶及三脚支架。

（2）潜水泵：用于抽出孔中积水。

（3）鼓风机和输风管：用于向桩孔中强制送入新鲜空气。

（4）镐、锹等挖土工具，若遇坚硬土层或岩石还应配风镐等。

（5）照明灯、对讲机、电铃等。

2. 一般构造要求

桩直径一般为 800 ~ 2000 mm，最大直径可达 3500 mm。桩埋置深度一般在 20 m 左右，最大可达 40 m。底部采取不扩底和扩底两种方式，扩底直径 1.3 ~ 3 d，最大扩底直径可达 4500 mm。一般采用一柱一桩，如采用一柱两桩，两桩中心距不应小于 3 d，两桩扩大头净距不小于 1 m（如图 1-36 所示），上下设置不小于 0.5 m，桩底宜挖成锅底形，锅底中心比四周低 200 mm，根据试验，它比平底桩可提高承载力 20% 以上。桩底应支承在可靠的持力层上。支承桩大多采用构造配筋，配筋率 0.4% 为宜，配筋长度一般为 1/2 桩长，且不小于 10 m；用作抗滑、锚固、挡土桩的配筋，按全长或 2/3 桩长配置，通过计算确定。箍筋采用螺旋箍筋或封闭箍筋，不小于 ϕ8 @ 200 mm，在桩顶 1 m 范围内间距加密一倍，以提高桩的抗剪强度。当钢筋笼长度超过 4 m 时，为加强其刚度和整体性，可每隔 2 m 设一道 ϕ16 ~ 20 mm 焊接加强筋。钢筋笼长度超过 10 m 时需分段焊接。

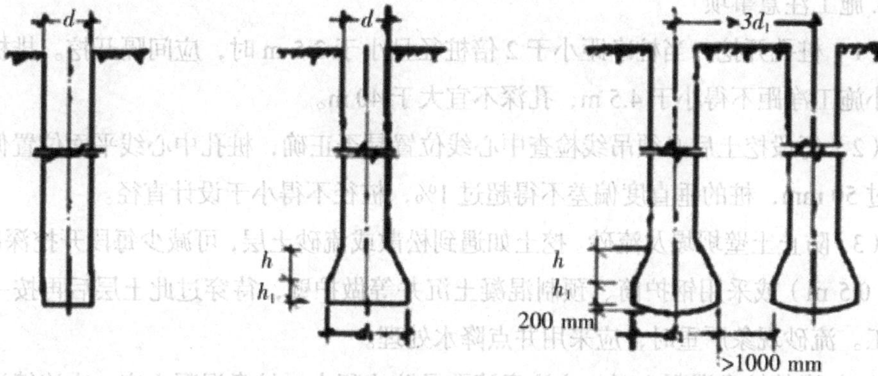

（a）圆柱桩 （b）扩底桩 （c）扩底桩群布设

图 1-36 人工挖孔和挖孔扩底灌注桩

3. 施工工艺

人工挖孔灌注桩的护壁常采用现浇混凝土护壁，也可采用钢护筒或沉井护壁等。采用现浇混凝土护壁时的施工工艺如下：

（1）测定桩位，放线。

（2）开挖土方。分段开挖，每段高度取决于土壁保持直立状态的能力，一般为 0.5 ~ 1 m，开挖直径为设计桩径加两倍护壁厚度。挖土顺序是自上而下，先中间后孔边。

（3）支撑护壁模板。模板高度取决于开挖土方每段的高度，一般为 1 m，由 4 ~ 8 块活动模板组合而成。护壁厚度不宜小于 100 mm，一般取 D/（10+5）cm（D 为桩径），且第一段井圈的护壁厚度应比以下各段增加 100 ~ 150 mm，上下节护壁可用长 1 m 左右 ϕ 6 ~ 8 mm 的钢筋进行拉结。

（4）在模板顶放置操作平台。平台可用角钢和钢板制成半圆形，两个合起来即为一个整圆，用来临时放置混凝土和浇筑混凝土。

（5）浇筑护壁混凝土。护壁混凝土的强度等级不得低于桩身混凝土强度等级，应注意浇筑密实。根据土层渗水情况，可考虑使用速凝剂。不得在桩孔水淹没模板的情况下浇筑护壁混凝土。每节护壁均应在当日连续施工完毕。上下节护壁搭接长度不小于 50 mm。

（6）拆除模板，继续下一段的施工。一般在浇筑混凝土 24 h 之后便可拆模。若发现护壁有蜂窝、孔洞、漏水现象时，应及时补强、堵塞，防止孔外水通过护壁流入桩孔内。当护壁符合质量要求后，便可开挖下一段土方，再支模浇筑护壁混凝土，如此循环，直至挖到设计要求的深度并按设计进行扩底。

（7）安放钢筋笼、浇筑混凝土。孔底有积水时应先排除积水再浇混凝土，当混凝土浇至钢筋的底面设计标高时再安放钢筋笼，后继续浇筑桩身混凝土。

4. 施工注意事项

（1）桩孔开挖，当桩净距小于 2 倍桩径且小于 2.5 m 时，应间隔开挖。排桩跳挖的最小施工净距不得小于 4.5 m，孔深不宜大于 40 m。

（2）每段挖土后必须吊线检查中心线位置是否正确，桩孔中心线平面位置偏差不宜超过 50 mm，桩的垂直度偏差不得超过 1%，桩径不得小于设计直径。

（3）防止土壁坍塌及流砂。挖土如遇到松散或流砂土层，可减少每段开挖深度（取 0.3 ~ 0.5 m）或采用钢护筒、预制混凝土沉井等做护壁，待穿过此土层后再按一般方法施工。流砂现象严重时，应采用井点降水处理。

（4）浇筑桩身混凝土时，应注意清孔及防止积水，桩身混凝土应一次连续浇筑完毕，不留施工缝。为防止混凝土离析，宜采用串筒来浇筑混凝土。如果地下水穿过护壁流入量较大且无法抽干时，则应采用导管法浇筑水下混凝土。

（5）必须制定好安全措施。

①施工人员进入孔内必须戴安全帽，孔内有人作业时，孔上必须有人监督防护。

②孔内必须设置应急软爬梯供人员上下井；使用的电动葫芦、吊笼等应安全可靠并配有自动卡紧保险装置；不得用麻绳和尼龙绳吊挂或脚踏井壁凸缘上下；电动葫芦使用前必须检验其安全起吊能力。

③每日开工前必须检测井下的有毒有害气体，并有足够的安全防护措施。桩孔开挖深度超过 10 m 时，应有专门向井下送风的设备，风量不宜少于 25 L/s。

④护壁应高出地面 200 ~ 300 mm，以防杂物滚入孔内；孔周围要设 0.8 m 高的护栏。

⑤孔内照明要用 12 V 以下的安全灯或安全矿灯，使用的电器必须有严格的接地、接零和漏电保护器（如潜水泵等）。

（四）爆破灌注桩

爆破灌注桩是以爆破方法成孔后再浇筑混凝土的桩基。

1. 施工方法

（1）成孔：先用洛阳铲或钢钎打出一个直径为 40 ～ 70 mm 的直孔，然后在孔内吊入玻璃管装的炸药条，管内放置雷管，爆破形成桩孔。

（2）扩大头：宜采用硝铵炸药和电雷管进行，在孔底放入炸药包，上面填盖 150 ～ 200 mm 厚的砂子，再灌入一定量的混凝土，进行扩大头引爆。

2. 质量要求

（1）桩孔偏差：人工钻机成孔不大于 50 mm，爆扩成孔不大于 100 mm。

（2）垂直度偏差：长度 3 m 以内桩 2%，长度 3 m 以上桩 1%。

（3）桩身直径允许偏差 ±20 mm，桩孔底标高允许低于设计标高 150 mm，扩大头直径允许偏差 ±50 mm。

3. 施工中常见质量问题

施工中常见质量问题主要有拒爆、拒落、回落土、偏头等。

四、桩基础的检测与验收

成桩质量检查包括成孔与清孔、钢筋笼的制作与安放、混凝土搅拌及灌注三道工序的质量检查。

成孔与清孔时，主要检查已成桩孔的中心位置、孔深、孔径、垂直度、孔底虚土厚度。

制作、安放钢筋笼时，主要检查钢筋规格和数量、焊条规格和品种、焊口规格、焊缝长度、焊缝外观质量、主筋和箍筋的制作偏差及安放的实际位置等。

搅拌和灌注混凝土时，主要检查原材料质量和计量、混凝土配合比、坍落度、混凝土强度等。

（一）桩基的检测

1. 静力试验法

（1）试验目的：通过静力试验确定单桩极限承载力，为设计提供依据。

（2）试验方法：通过静力加压确定桩的极限承载力。

（3）试验要求：当桩混凝土达到一定强度后进行，按试验规程的方法、数量试验。

2. 动测法（又称无损检测）

（1）特点：设备少、轻便，简单，成本低。

（2）试验方法：动力参数法、锤击贯入法、水电效应法、共振法等。

（3）桩身质量检验：确定桩身的完整性。

（二）桩基的验收

1. 桩基验收规定

依桩顶标高与施工场地标高是否在同一标高而定，分为一次验收和分阶段验收。

2. 桩基验收资料

图纸、变更单、施工方案、测量放线记录及单桩承载力试验报告等。

3. 桩基允许偏差

表 1–10 灌注桩的允许偏差

类型		桩径允许偏差 /mm	垂直度允许偏差 /%	桩位允许偏差 /mm	
				1 ~ 3 根、单排桩基垂直于中心线方向和群桩基础的边桩	条形桩基沿中心线方向和群桩基础的中间桩
泥浆护壁钻孔灌注桩	D ≤ 1000mm	± 50	＜ 1	D/6，且不大于 100	D/4，且不大于 1050
	D ＞ 1000mm	± 50		100+0.01H	150+0.01H
套管成孔灌注桩	D ≤ 500mm	−20	＜ 1	70	150
	D ＞ 500mm			100	150
干成孔灌注桩		−20	＜ 1	70	150
人工挖孔灌注桩	混凝土护壁	+50	＜ 0.5	50	150
	钢管套护壁	+50	＜ 1	100	200

（三）桩基工程的安全技术措施

施工现场是一个固定“产品”，人员流动较大、作业环境多变、多工种立体交叉作业、机械设备流动性大，因此存在许多不安全因素，是事故易发场所。人、机、料、法、环五个方面是施工安全管理的重点。

1. 人

人是安全生产的核心。通过对施工现场的实际勘察，结合工程特点，根据国家法律、法规、标准、规范合理编制施工组织设计（安全方案），坚持以人为本，按照工程部位识别出重大危险源，制定出对每个危险源的各种安全防护措施和安全注意事项。选择有资质的作业队伍，对他们进行安全技术交底和培训教育，为他们提供防护用品，让他们自觉遵章守纪。

2. 机

机是安全生产的关键。随着建筑业的发展，建筑施工机械化程度逐步提高。由于建筑施工条件差，环境多变，机械容易磨损，维修不便，不安全因素增多，再加上操作和使用人员变化频繁，如果不按照要求正确使用，不仅会缩短设备使用寿命、降低效率，而且容易发生设备事故和人身伤亡事故，所以在使用各类机械之前，必须正确、全面地了解其性能和安全操作规程，按照原设计和制造要求使用。当在施工现场消除危险、危害、事故隐患因素确有困难时，可以采取预防措施，应经常检查并及时维修更换，做到安全第一、预防为主。

3. 料

料是质量安全的保证。料是施工现场必备和必用的建筑材料，材料质量直接影响工程质量和施工人员安全。为此，建设工程所采购的各种材料必须符合国家出厂使用的材质技术标准要求，有出厂合格证、材质测试报告、使用说明书、危险化学品的安全技术说明；设备装置及危险化学用品的包装物的材质符合要求；材料采取了防腐措施；检测检验数据完整，满足施工现场使用的安全要求；入库、出库、运输、保管、领取都符合要求；施工现场的材料必须按照施工总平面布置图规定的位置放置。

4. 法

法是安全生产的保障。严格认真地贯彻执行法律、法规、标准、规范、操作规程、工艺要求、施工方法，能有效预防管理失误和操作失误，是预防事故的重要手段。要求每个施工管理人员和施工操作人员在施工过程中不违章指挥，不违规操作，熟悉操作规程，从而减少失误，预防事故发生。

5. 环

环是安全生产的重要组成部分。环指的是施工现场作业环境、生产条件。施工现场作业环境不卫生，废气、扬尘、噪声控制不当，采光照明不良、通风不良，作业场地道路狭窄，道路设置不合理、不安全，地面不平坦和打滑，环境温度、湿度不当，储存方法不安全，建筑物或构筑物处于危险状态，都是施工生产的不安全因素。如果不及时检查整改，就不能给施工人员创造一个安全的工作环境。

第六节　CFG 桩复合地基处理

CFG 桩指由碎石、石屑、砂、粉煤灰掺水泥加水拌和，用各种成桩机械制成的具有一定强度的可变强度桩。CFG 桩是一种低强度混凝土桩，通过调整水泥掺量及配比，其强度等级在 C15 ~ C25 之间变化，是介于刚性桩与柔性桩之间的一种桩型。CFG 桩一般不用计算配筋，可利用工业废料粉煤灰和石屑作为掺和料，进一步降低工程造价。

一、基本原理

黏结强度桩是复合地基的代表，多用于高层和超高层建筑中。CFG 桩是由水泥、粉煤灰、碎石、石屑或砂加水拌和形成的高黏结强度桩，和桩间土、褥垫层一起形成复合地基。CFG 桩复合地基通过褥垫层与基础连接，无论桩端落在一般土层还是坚硬土层，均可保证桩间土始终参与工作。由于桩体的强度和模量比桩间土大，在荷载作用下，桩顶应力比桩间土表面应力大。桩可将承受的荷载向较深的土层中传递，相应减少了桩间土承担的荷载。这样，由于桩的作用，复合地基承载力提高、变形减小。

基础与桩和桩间土之间设置一定厚度散体粒状材料组成的褥垫层，是复合地基设计中的一个核心技术。基础下是否设置褥垫层，对复合地基受力影响很大。若不设置褥垫层，复合地基承载特性与桩基础相似，桩间土承载能力难以发挥，不能成为复合地基。基础下设置褥垫层，桩间土承载能力的发挥就不单纯依赖桩的沉降，即使桩端落在好土层上，也能保证荷载通过褥垫层作用到桩间土上，使桩间土共同承担荷载。

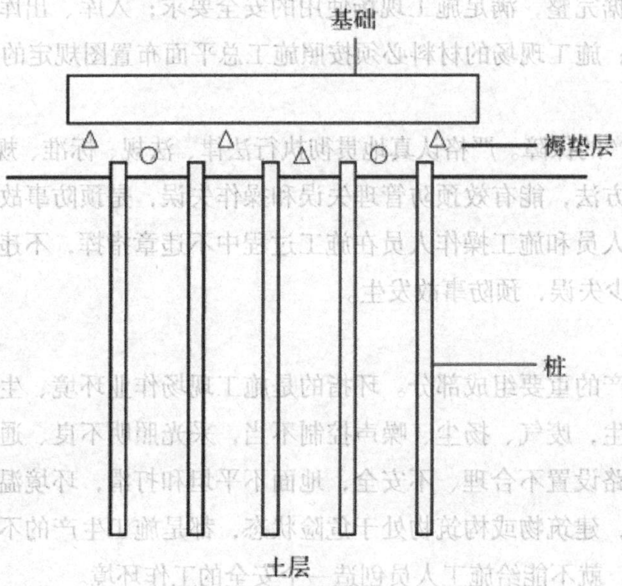

图 1-37　CFG 桩复合地基示意图

二、适用范围

CFG 桩适用于黏性土、粉土、砂土和桩端具有相对硬土层、承载力标准值不低于 70 kPa 的淤泥质土、非欠固结人工填土等地基。

三、施工要求

1. 水泥粉煤灰碎石的施工，应按设计要求和现场条件选用相应的施工工艺，并应按照国家现行有关规范执行。

（1）长螺旋钻孔灌注成桩，适用于地下水位以上的黏性土、粉土、人工填土地基。

（2）泥浆护壁钻孔灌注成桩，适用于黏性土、粉土、砂土、人工填土、碎石（砾）土及风化岩层分布的地基。

（3）长螺旋钻孔管内泵压混合料成桩，适用于黏性土、粉土、砂土等地基，以及对噪声及泥浆污染要求严格的场地。

（4）沉管灌注成桩，适用于黏性土、粉土、淤泥质土、人工填土及无密实厚砂层的地基。

2. 长螺旋钻孔管内泵压混合料灌注成桩施工和沉管灌注成桩施工除应执行国家现行有关规范外，还应符合下列要求：

（1）施工时应按设计配比配置混合料，加水量由混合料坍落度控制。长螺旋钻孔管内泵压混合料灌注成桩施工的坍落度宜为 180 ～ 200 mm，沉管灌注成桩施工的坍落度宜为 30 ~ 50 mm，成桩后桩顶浮浆厚度不宜超过 200 mm。

（2）长螺旋钻孔管内泵压混合料灌注成桩施工在钻至设计深度后，应准确掌握提拔钻杆的时间，混合料泵送量应同拔管速度相配合，以保证管内有一定高度的混合料，遇到饱和砂土层或饱和粉土层，不得停泵待料；沉管灌注成桩施工拔管速度应按均匀线速度控制，拔管线速度应控制在 1.2 ～ 1.5 m/min，如遇淤泥或淤泥质土，拔管速度可适当放慢。

（3）施工时，桩顶标高应高出设计桩顶标高，高出长度应根据桩距、布桩形式、现场地质条件和成桩顺序等综合确定，一般不应小于 0.5 m。

（4）成桩过程中，抽样做混合料试块，每台机械一天应做一组（3 块）试块（边长为 150 mm 的立方体），标准养护 28 d，测定其抗压强度。

（5）沉管灌注成桩施工过程中应观测新施工桩对已施工桩的影响，当发现桩断裂并脱开时，必须对工程桩逐桩静压，静压时间一般为 3 min，静压荷载以保证使断桩接起来为宜。

3. 复合地基的基坑可采用人工或机械、人工联合机械开挖。机械、人工联合开挖时，预留人工开挖深度应由现场开挖条件确定，以保障机械开挖造成桩的断裂部位不低于基础底面标高，且桩间土不受扰动。

4. 褥垫层铺设宜采用静力压实法，当基础底面下桩间土的含水量较小时，也可采用动力夯实法。

5. 施工中桩长允许偏差为 100 mm，桩径允许偏差为 20 mm，垂直度允许偏差为 1%。对满堂布桩基础，桩位允许偏差为 0.5 倍桩径；对条形基础，垂直于轴线方向的桩位允许偏差为 0.25 倍桩径，顺轴线方向的桩位允许偏差为 0.3 倍桩径；对单排桩基础，桩位允许偏差不得大于 60 mm。

6. 冬期施工时混合料入孔温度不得低于 5℃，对桩头和桩间土应采取保温措施。

四、技术指标

根据工程实际情况，CFG 桩常用的施工工艺包括管内泵压混合料灌注成桩、振动沉管灌注成桩和长螺旋钻孔灌注成桩，主要技术指标如下：

1. 地基承载力：满足设计要求。

2. 桩径：宜取 350 ～ 600 mm。

3. 桩长：满足设计要求，桩端持力层应选择承载力相对较高的土层。

4. 桩身强度：混凝土强度满足设计要求，通常≥ C15。

5. 桩间距：宜取 3 ～ 5 倍桩径。

6. 桩垂直度：≤ 1.5%。

7. 褥垫层：宜用中砂、粗砂、碎石或级配砂石等，不宜选用卵石，最大粒径不宜大于 30 mm。厚度 150 ～ 300 mm，夯填度≤ 0.9。

实际工程中，以上参数根据地质条件、基础类型、结构类型、地基承载力和变形要求等条件，或现场每台班或每日留取试块 1 ～ 2 组确定。

五、质量检验

1. 复合地基检测应在桩体强度满足试验荷载条件时进行，一般宜在施工结束 2 ～ 4 周后检测。

2. 复合地基承载力宜由单桩或多桩复合地基载荷试验确定，复合地基载荷试验方法应符合国家相关试验检测规定，试验数量不应少于 3 个试验点。

3. 对高层建筑或重要建筑，可抽取总桩数的 10% 进行低应变动力检测，检验桩身结构的完整性。

第二章　装饰工程施工

第一节　墙面抹灰

抹灰是将各种砂浆、装饰性石屑浆、石子浆涂抹在建筑物的墙面、顶棚、地面等表面上，除了保护建筑物外，还可以起到装饰的作用。

抹灰工程按使用材料和装饰效果分为一般抹灰和装饰抹灰。一般抹灰适用于石灰砂浆、水泥砂浆、混合砂浆、聚合物水泥砂浆、膨胀珍珠岩水泥砂浆、麻刀灰、纸筋灰、石膏灰等抹灰工程。装饰抹灰的底层和中层与一般抹灰做法基本相同，其面层主要有水刷石、水磨石、斩假石、干粘石、喷涂、滚涂、弹涂、仿石和彩色抹灰等。

一、一般抹灰施工

（一）一般抹灰层施工工艺

一般抹灰层由底层、中层和面层组成。底层主要起与基层（基体）黏结作用，中层主要起找平作用，面层主要起装饰美化作用。各层砂浆的强度等级应为底层＞中层＞面层，抹灰层施工工艺见表 2-1。

（二）一般抹灰的厚度要求

1. 抹灰层平均总厚度

（1）顶棚：板条、现浇混凝土和空心砖抹灰为 15 mm；预制混凝土抹灰为 18 mm；金属网抹灰为 20 mm。

（2）内墙：普通抹灰两遍做法（一层底层，一层面层）为 18 mm；普通抹灰三遍做法（一层底层，一层中层，一层面层）为 20 mm；高级抹灰为 25 mm。

（3）外墙抹灰为 20 mm，勒脚及突出墙面部分抹灰为 25 mm。

（4）石墙抹灰为 35 mm。

控制抹灰层平均总厚度主要是为了防止抹灰层脱落。

表 2–1 一般抹灰层施工工艺

层次	作用	基层材料	施工工艺
底层	主要起与基层黏结作用，兼起初步找平作用。砂浆稠度为 10 ~ 20cm	砖墙	①室内墙面一般采用石灰砂浆或水泥混合砂浆打底 ②室外墙面、门窗洞口外侧壁、屋檐、勒脚、压檐墙等及湿度较大的房间和车间宜采用水泥砂浆或水泥混合砂浆
		混凝土	①宜先刷素水泥浆一道，采用水泥砂浆或混合砂浆打底 ②高级装修顶板宜用乳胶水泥砂浆打底
		加气混凝土	宜用水泥混合砂浆、聚合物水泥砂浆或掺增稠粉的水泥砂浆打底，打底前先刷一遍胶水溶液
		硅酸盐砌块	宜用水泥混合砂浆或砂浆或掺增稠粉的水泥砂浆打底
		木板条、苇箔、金属网	宜用麻刀灰、纸筋灰或玻璃丝灰打底，并将灰浆挤入基层缝隙内，以加强拉结
		平整光滑的混凝土基层，如顶棚、墙体	可不抹灰，采用刮粉刷石膏或刮腻子处理
中层	主要起找平作用。砂浆稠度 7 ~ 8cm	—	①基本与底层相同。砖墙则采用麻刀灰、纸筋灰或粉刷石膏 ②根据施工质量要求可以一次抹成，也可以分遍进行
面层	主要起装饰作用。砂浆稠度 10cm	—	①要求平整，无裂痕，颜色均匀 ②室内一般采用麻刀灰、纸筋灰、玻璃丝灰或粉刷石膏，高级墙面采用石膏灰，保温、隔热墙面按设计要求 ③室外常用水泥砂浆、水刷石、干粘石等

2. 抹灰层每遍厚度

抹灰工程一般应分遍进行，以便黏结牢固，并能起到找平和保证质量的作用。如果一层抹得太厚，由于内外收水快慢不同，抹灰层容易开裂，甚至鼓起脱落。每遍抹灰厚度一般控制如下：

（1）抹水泥砂浆每遍厚度为 5 ~ 7 mm。

（2）抹石灰砂浆或混合砂浆每遍厚度为 7 ~ 9 mm。

（3）抹灰面层用麻刀灰、纸筋灰、石膏灰、粉刷石膏等罩面时，经赶平、压实后，其厚度麻刀灰不大于 3 mm，纸筋灰、石膏灰不大于 2 mm，粉刷石膏不受限制。

（4）混凝土内墙面和楼板平整光滑的底面，可以用腻子分遍刮平，总厚度为 2 ~ 3 mm。

（5）板条、金属网用麻刀灰、纸筋灰抹灰的每遍厚度为 3 ~ 6 mm。

水泥砂浆和水泥混合砂浆的抹灰层，应待前一层抹灰层凝结后，方可涂抹后一层；石灰砂浆抹灰层，应待前一层七至八成干后，方可涂抹后一层。

（三）一般抹灰的分类

一般抹灰根据质量要求分为高级抹灰和普通抹灰。

表 2–2 高级抹灰、普通抹灰适用范围及施工工艺

分类	适用范围	施工工艺
高级抹灰	适用于大型公共建筑、纪念性建筑（如剧院、礼堂、宾馆、展览馆等），以及有特殊要求的高级建筑等	一层底灰，数层中层和一层面层。阴阳角找方，设置标筋，分层赶平、修整，表面压光。要求表面光滑、洁净，颜色均匀，线角平直，清晰美观无纹路
普通抹灰	适用于一般居住、公用和工业建筑（如住宅、宿舍、教学楼、办公楼），以及建筑物的附属用房，如汽车库、仓库、锅炉房、地下室、储藏室等	一层底灰、一层中层和一层面层（或一层底灰，一层面层）。阳角找方，设置标筋，分层赶平、修整，表层压光。要求表面洁净，线角顺直，清晰，接槎平整

（四）一般抹灰的材料要求

1. 水泥

抹灰常用的水泥为不小于 PO 32.5 级的普通硅酸盐水泥、矿渣硅酸盐水泥。水泥的品种、强度等级应符合设计要求。出厂三个月的水泥，应经试验合格后方能使用，受潮后结块的水泥应过筛试验后使用。水泥体积的安定性必须合格。

2. 石灰膏和磨细生石灰粉

块状生石灰必须熟化成石灰膏才能使用，在常温下，熟化时间不应少于 15 d；用于罩面的石灰膏在常温下熟化时间不得少于 30 d。

块状生石灰碾碎磨细后的成品，即为磨细生石灰粉。罩面用的磨细生石灰粉的熟化时间不得少于 3 d。使用磨细生石灰粉粉饰，不仅具有节约石灰、适合冬季施工的优点，而且粉饰后不易出现膨胀、臌皮等现象。

3. 石膏

抹灰用石膏，一般用于高级抹灰或抹灰龟裂的补平。宜采用乙级建筑石膏，使用时磨成细粉（无杂质），细度要求通过 0.15 mm 筛孔，筛余量不大于 10%。

4. 粉煤灰

粉煤灰作为抹灰掺和料，可以节约水泥，提高水泥和易性。

5. 粉刷石膏

粉刷石膏是以建筑石膏粉为基料，加入多种添加剂和填充料等配制而成的一种白色粉料，是一种新型装饰材料。常见的有面层粉刷石膏、基层粉刷石膏、保温层粉刷石膏等。

6. 砂

抹灰用砂，最好是中砂，或粗砂与中砂掺用。可以用细砂，但不宜用特细砂。抹灰用砂要求颗粒坚硬、洁净，使用前需要过筛（筛孔不大于 5 mm），不得含有黏土（不超过 2%）、草根、树叶及其他有机物等有害杂质。

7. 麻刀、纸筋、稻草、玻璃纤维

麻刀、纸筋、稻草、玻璃纤维在抹灰层中起拉结和骨架作用，可提高抹灰层的抗拉强度，增加抹灰层的弹性和耐久性，使抹灰层不易开裂脱落。

（五）一般抹灰基体表面处理

抹灰工程施工前，必须对基体表面进行适当的处理，使其坚实粗糙，以增强抹灰层的黏结强度。

（1）将砖、混凝土、加气混凝土等基层表面的灰尘、污垢和油渍等清除干净，并洒水湿润。

（2）光滑的石面或混凝土墙面应凿毛，或刷一道纯水泥浆以增强黏结力。

（3）检查门窗框安装位置是否正确，与墙体连接是否牢固，连接处的缝隙应用水泥砂浆或水泥混合砂浆或掺少量麻刀的砂浆分层嵌塞密实。

（4）墙上的施工孔洞及管道线路穿越的孔洞应填平密实。

（5）室内墙面、柱面的阳角，宜先用 1 ∶ 2 水泥砂浆做护角，其高度不应低于 2 m，每侧宽度不小于 50 mm。

（6）不同材料交接处的基体表面抹灰，应采取防止开裂的加强措施，在不同结构基层交接处（如砖墙、混凝土墙的连接）应先铺钉一层金属网或丝绸纤维布，其每边搭接宽度不应小于 100 mm。

（7）检查基体表面平整度，对凹凸过大的部位应凿补平整。

（六）内墙一般抹灰

内墙一般抹灰的工艺流程：基体表面处理→浇水润墙→设置标筋→阳角做护角→抹底层、中层灰→窗台板、踢脚板或墙裙→抹面层灰→清理。

1. 基体表面处理

为使抹灰砂浆与基体表面黏结牢固，防止抹灰层空鼓、脱落，抹灰前应对基体表面的灰尘、污垢、油渍、碱膜、跌落砂浆等进行清除。墙面上的孔洞、剔槽等用水泥砂浆进行填嵌。门窗框与墙体交接处缝隙应用水泥砂浆或水泥混合砂浆分层嵌堵。

不同材质的基体表面应做相应处理，以增强其与抹灰砂浆之间的黏结强度。木结构与砖石砌体、混凝土结构等相接处，应先铺设金属网并绷紧，金属网与各基体间的搭接宽度每侧不应小于 100 mm。

2. 设置标筋

为有效控制抹灰厚度，特别是保证墙面垂直度和整体平整度，在抹底层、中层灰前应设置标筋作为抹灰的依据。

设置标筋即找规矩，分为做灰饼和做标筋两个步骤。

做灰饼前，应先确定灰饼的厚度。先用托线板和靠尺检查整个墙面的平整度和垂直度，根据检查结果确定灰饼的厚度，一般最薄处不应小于 7 mm。先在墙面距地面 1.5 m 左右的高度、距两边阴角 100 ～ 200 mm 处，按所确定的灰饼厚度用抹灰基层砂浆各做一个 50 mm × 50 mm 的矩形灰饼，然后用托线板或线锤在此灰饼面吊挂垂直，做上下对应的两个灰饼。上方和下方的灰饼应距顶棚和地面 150 ～ 200 mm，其中下方的灰饼应在踢脚板上口以上。随后在墙面上方和下方左右两个对应灰饼之间，将钉子钉在灰饼外侧的墙缝内，以灰饼为准，在钉子间拉水平横线，沿线每隔 1.2 ~ 1.5 m 补做灰饼（如图 2-1 所示）。

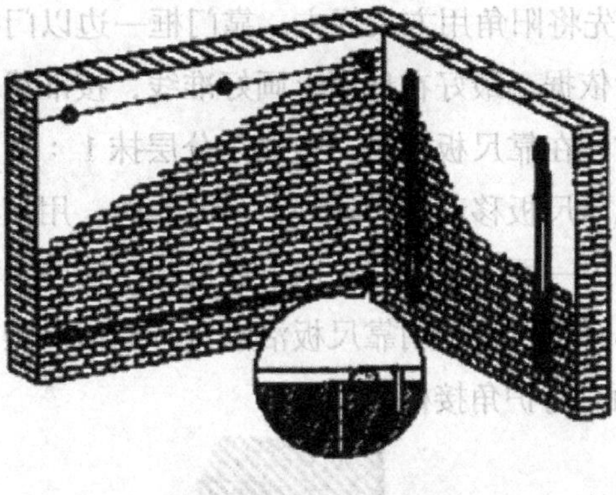

图 2–1 灰饼示意图

标筋是以灰饼为准在灰饼间所做的灰埂，是抹灰平面的基准。具体做法是，用与底层抹灰相同的砂浆在上下两个灰饼间先抹一层，再抹第二层，形成宽度为 100 mm 左右、厚度比灰饼高出 10 mm 左右的灰埂，然后用木杠紧贴灰饼搓动，直至把标筋搓得与灰饼齐平为止。最后将标筋两边用刮尺修成斜面，以便与抹灰面接槎顺平。标筋的另一种做法是采用横向水平标筋。此种做法与垂直标筋相同。同一墙面的上下水平标筋应在同一垂直面内。标筋通过阴角时，可用带垂球的阴角尺上下搓动，直至上下两条标筋形成相同且角顶在同一垂线上的阴角。阳角可用长阳角尺在上下标筋的阳角处搓动，形成角顶在同一垂线上的标筋阳角。水平标筋的优点是可保证墙体在阴、阳转角处的交线顺直，并垂直于地面，避免出现阴、阳交线扭曲不直的弊病。同时水平标筋通过门窗框，有标筋控制，墙面与框面可接合平整。横向水平标筋如图 2-2 所示。

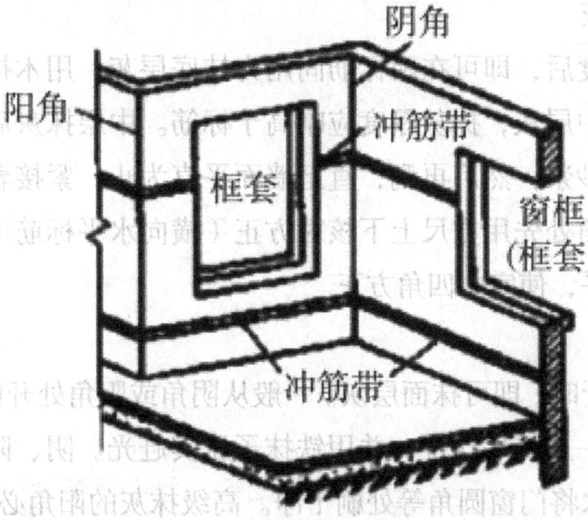

图 2–2 横向水平标筋示意图

3. 做护角

为保护墙面转角处不易遭碰撞损坏，应在室内抹面的门窗洞口及墙角、柱面的阳角处做水泥砂浆护角（如图 2-3 所示）。护角高度一般不低于 2 m，每侧宽度不小于 50 mm。具体做法是，先将阳角用方尺规方，靠门框一边以门框离墙的空隙为准，另一边以墙面灰饼厚度为依据。最好在地面上画好准线，按准线用砂浆粘好靠尺板，用托线板吊直，方尺找方。在靠尺板的另一边墙角分层抹 1 ： 2 水泥砂浆，使之与靠尺板的外口平齐。然后把靠尺板移动至已抹好护角的一边，用钢筋卡子卡住，用托线板吊直靠尺板，把护角的另一面分层抹好。取下靠尺板，待砂浆稍干时，用阳角抹子和水泥素浆捋出护角的小圆角，最后用靠尺板沿顺直方向留出预定宽度，将多余砂浆切出 40° 斜面，以便抹面时与护角接槎。

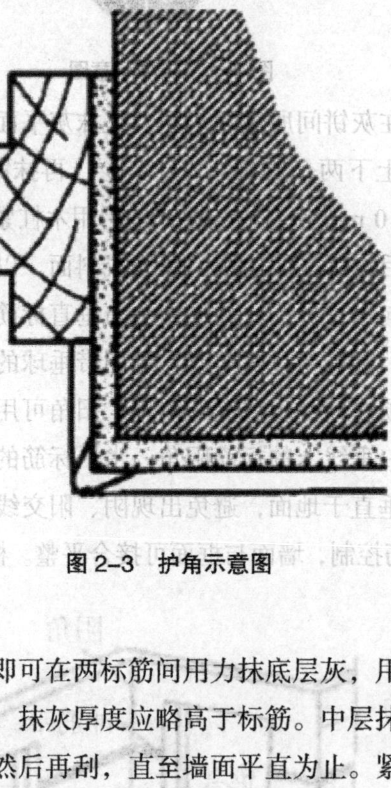

图 2–3　护角示意图

4. 抹底层、中层灰

待标筋有一定强度后，即可在两标筋间用力抹底层灰，用木抹子压实搓毛。待底层灰收水后，即可抹中层灰，抹灰厚度应略高于标筋。中层抹灰后，随即用木杠沿标筋刮平，不平处补抹砂浆，然后再刮，直至墙面平直为止。紧接着用木抹子搓压，以便表面平整密实。阴角处先用方尺上下核对方正（横向水平标筋可免去此步），然后用阴角器上下抽动扯平，使室内四角方正。

5. 抹面层灰

待中层灰七八成干时，即可抹面层灰。一般从阴角或阳角处开始，自左向右进行。一人在前抹面灰，另一人随后找平，并用铁抹子压实赶光。阴、阳角处用阴、阳角抹子捋光，并用毛刷蘸水将门窗圆角等处刷干净。高级抹灰的阳角必须用拐尺找方。

（七）外墙一般抹灰

外墙一般抹灰的工艺流程：基体表面处理→浇水润墙→设置标筋→抹底层、中层灰→弹分格线、嵌分格条→抹面层灰→拆除分格条→养护。

外墙抹灰的做法与内墙抹灰大部分相似，下面只介绍其特殊的几点。

1. 抹灰顺序

外墙抹灰应先上部后下部，先檐口再墙面。大面积的外墙可分块同时施工。

高层建筑的外墙面可在垂直方向适当分段，如一次抹完有困难，可在阴、阳角交接处或分格线处间断施工。

2. 嵌分格条、抹面层灰及分格条的拆除

待中层灰六成干后，按要求弹分格线。分格条为梯形截面，浸水湿润后两侧用黏稠的素水泥浆与墙面抹成 45° 角黏结。嵌分格条时，应注意横平竖直，接头平直。如当天不抹面层灰，分格条两边的素水泥浆应与墙面抹成 60° 角。

面层灰应抹得比分格条略高一些，然后用刮杠刮平，紧接着用木抹子搓平，待稍干后再用刮杠刮一遍，用木抹子搓磨成平整、粗糙、均匀的表面。

面层抹好后即可拆除分格条，并用素水泥浆把分格缝勾平整。如果不是当即拆除分格条，则必须待面层达到适当强度后方可拆除。

（八）顶棚一般抹灰

顶棚抹灰一般不设置标筋，只需按抹灰层的厚度在墙面四周弹出水平线作为控制抹灰层厚度的基准线。若基层为混凝土，则需在抹灰前于基层上用掺 10%107 胶的水溶液或水灰比为 0.4 的素水泥浆刷一遍作为结合层。抹底层灰的方向应与楼板及木模板木纹方向垂直。抹中层灰后用木刮尺刮平，再用木抹子搓平。面层灰宜两遍成活，两道抹灰方向垂直，抹完后按同一方向抹压赶光。顶棚的高级抹灰应加钉长 350 ~ 450 mm 的麻束，间距为 400 mm，并交错布置，分别按放射状梳理抹进中层灰浆内。

（九）一般抹灰的质量要求

1. 主控项目（见表 2-3）

表 2–3 一般抹灰主控项目质量要求

项目	检验方法
抹灰前基层表面的尘土、污垢、油渍等应清除干净，并应洒水润湿	检查施工记录
一般抹灰所用材料的品种和性能应符合设计要求；水泥的凝结时间和安定性复验应合格；砂浆的配合比应符合设计要求	检查产品合格证书、进场验收记录、复检报告和施工记录
抹灰工程应分层进行。当抹灰总厚度大于或等于 35mm 时，应采取加强措施；不同材料基体交接处表面的抹灰，应采取防止开裂的加强措施，当采取加强网时，加强网与各基体的搭接宽度不应小于 100mm	检查屏蔽工程验收记录和施工记录
抹灰层与基层之间及各抹灰层之间必须黏结牢固，抹灰层应无脱层、空鼓，面层应无爆灰和裂缝	观察；用小锤轻击检查；检查施工记录

2. 一般项目

（1）一般抹灰工程的表面质量要求。

①普通抹灰表面应光滑、洁净、接槎平整，分格缝应清晰。

②高级抹灰表面应光滑、洁净、颜色均匀、无抹纹，分格缝和灰线应清晰美观。

（2）护角、孔洞、槽、盒周围的抹灰表面应整齐、光滑，管道后面的抹灰表面应平整。

（3）抹灰层的总厚度应符合设计要求；水泥砂浆不得抹在石灰砂浆层上；罩面石膏灰不得抹在水泥砂浆层上。

（4）抹灰分格缝的设置应符合设计要求，宽度和深度应均匀，表面应光滑，棱角应整齐。

（5）有排水要求的部位应做滴水线（槽）。滴水线（槽）应整齐顺直，滴水线应内高外低，滴水槽的宽度和深度均不应小于 10 mm。

（6）一般抹灰的允许偏差和检验方法应符合表 2-4 的规定。

表 2–4　一般抹灰的允许偏差和检验方法

项目	允许偏差 /mm		检验方法
	普通抹灰	高级抹灰	
立面垂直度	4	3	用 2m 垂直检测尺检查
表面平整度	4	3	用 2m 靠尺和塞尺检查
阴阳角方正	4	3	用直角检测尺检查
分格条（缝）直线度	4	3	拉 5m，不足 5m 拉通线，用钢直尺检查
墙裙、勒脚上口直线度	4	3	拉 5m 线，不足 5m 拉通线，用钢直尺检查

注：普通抹灰，本表第 3 项阴阳角方正可不检查。

二、装饰抹灰施工

装饰抹灰与一般抹灰的主要区别：二者具有不同的装饰面层，底层、中层相同。

（一）水刷石施工

常用于外墙面的装饰，也可用于檐口、腰线、窗楣、门窗套柱等部位。

质量要求：石粉清晰，分布均匀，紧密平整，色泽一致，不得有掉粒和接槎痕迹。

（二）干粘石施工（同水刷石）

程序：基层处理→弹线嵌条→抹黏结层→撒石子→压石子。

（三）斩假石施工

在抹灰面层上做到槽缝有规律，做成像石头砌成的墙面。

（1）分块弹线，嵌分格条，刷素水泥浆。

（2）水泥石屑砂浆分两次抹。

（3）打磨压实，开斩前试斩，边角斩线水平，中间部分垂直。

（四）拉毛灰（用水泥石灰砂浆或水泥纸筋灰浆做成）

（1）拉毛：铁抹子轻压，顺势轻轻拉起。

（2）搭毛：猪鬃刷蘸灰浆垂直于墙面，并随毛拉起，形成毛面。

（3）洒毛：竹丝带蘸灰浆均匀洒于墙面。

（五）聚合物水泥砂浆装饰施工

聚合物水泥砂浆是在水泥砂浆中加入一定的聚乙烯醇缩甲醛胶（或107胶）、颜料、石膏等材料形成的，喷涂、弹涂、滚涂是聚合物水泥砂浆装饰外墙面的施工办法。

1. 喷涂外墙饰面

喷涂外墙饰面是用空气压缩机将聚合物水泥砂浆喷涂在墙面底子灰上形成饰面层。

2. 弹涂外墙饰面

弹涂外墙饰面是在墙体表面刷一道聚合物水泥砂浆后，用弹涂器分几遍将不同色彩的聚合物水泥砂浆弹在已涂刷的涂层上，形成3 ~ 5 mm大小的扁圆形花点，再喷甲基硅醇钠憎水剂形成的饰面层。

3. 滚涂外墙饰面

滚涂外墙饰面是利用辊子滚拉将聚合物水泥砂浆等材料在墙面底子灰上形成饰面层。

（六）水磨石施工

现制水磨石一般适用于地面施工，墙面水磨石通常采用水磨石预制贴面板镶贴。

地面现制水磨石的施工工艺流程：基层处理→抹底层、中层灰→弹线，镶嵌条→抹面层石子浆→水磨面层→涂草酸磨洗→打蜡上光。

1. 弹线，镶嵌条

在中层灰验收合格后24 h，即可弹线并镶嵌条。嵌条可采用玻璃条或铜条。镶嵌条时，先用靠尺板（与分格线对齐）将嵌条压好，然后把嵌条与靠尺板贴紧，用素水泥浆在嵌条一侧根部抹成八字形灰埂，其灰浆顶部比嵌条顶部低3 mm左右。然后取下靠尺板，在嵌条另一侧抹上对称的灰埂。

2. 抹面层石子浆

将嵌条稳定好，浇水养护3 ~ 5 d后，抹面层石子浆。具体操作如下：清除地面积水和浮灰，接着刷素水泥浆一遍，然后铺设面层水泥石子浆，铺设厚度高于嵌条1 ~ 2 mm。铺完后，在表面均匀撒一层石粒，用滚筒压实，待出浆后，用抹子抹平，24 h后开始养护。

3. 磨光

开磨时间以石粒不松动为准。通常磨四遍，使全部嵌条外露。第一遍磨后将泥浆冲洗干净，稍干后抹同色水泥浆，养护2 ~ 3 d。第二遍用100 ~ 150号金刚砂洒水后磨至表面平滑，用水冲洗后养护 2 d。第三遍用 180 ~ 240 号金刚砂或油石洒水后磨至表面光亮，用水冲洗擦干。第四遍在表面涂擦草酸溶液（草酸溶液质量比为热水：草酸 =1 ：0.35，冷却后备用），再用 280 号油石细磨，直至磨出白浆为止。冲洗后晾干，待地面干燥后打蜡。水磨石的外观质量要求如下：表面平整、光滑，石子显露均匀，不得有砂眼、磨纹和漏磨，嵌条位置准确、全部露出。

第二节　饰面工程

饰面工程是指将块料面层镶贴（或安装）在墙、柱表面从而形成装饰层。块料面层基本可分为饰面砖和饰面板两大类。

一、饰面砖镶贴

（一）外墙面砖施工

1. 工艺流程

基层处理→吊垂直、套方、找规矩→贴灰饼→抹底层砂浆→弹分格线→排砖→浸砖→镶贴面砖→面砖勾缝与擦缝。

2. 工艺要点

（1）基层处理：首先将凸出墙面的混凝土剔平，大钢模施工的混凝土墙面应凿毛，并用钢丝刷满刷一遍，再浇水湿润。如果基层混凝土表面很光滑，亦可采取“毛化处理”办法，即先将表面尘土、污垢清扫干净，用 10% 火碱水将板面的油污刷掉，随之用净水将碱液冲净，晾干板面，然后将 1 ：1 水泥细砂浆内掺 20% 108 胶喷或用笤帚甩到墙上，甩点要均匀，终凝后浇水养护，直至水泥砂浆疙瘩全部粘到混凝土光面上，并有较高的强度（用手掰不动）为止。

（2）吊垂直、套方、找规矩、贴灰饼：建筑物为高层时，应在四大角和门窗口边用经纬仪打垂直线找直。

（3）抹底层砂浆：先刷一道掺 10% 108 胶的水泥素浆，紧跟着分层分遍抹底层砂浆（常温时采用配合比为 1 ：3 的水泥砂浆），第一遍厚度约为 5 mm，抹后用木抹子搓平，隔天浇水养护；待第一遍六七成干时，即可抹第二遍，厚度 8 ~ 12 mm，随即用木杠刮平、木抹子搓毛，隔天浇水养护；若需要抹第三遍，其操作方法同第二遍，直至把底层砂浆抹平为止。

（4）弹分格线：待基层灰六七成干时，即可按图纸要求进行分段分格弹线，同时可进行面层贴标准点的工作，以控制面层出墙尺寸及垂直度、平整度。

（5）排砖：根据大样图及墙面尺寸横竖向排砖，以保证面砖缝隙均匀，符合设计图纸要求，注意大墙面、通天柱子和垛子要排整砖，同一墙面上的横竖排列均不得有一行以上的非整砖。非整砖行应排在次要部位，如窗间墙或阴角处等，但也要注意一致和对称。如遇有突出的卡件，应用整砖套割吻合，不得用非整砖随意拼凑镶贴。

（6）浸砖：外墙面砖镶贴前，首先要将面砖清扫干净，放入净水中浸泡 2 h 以上，取出待表面晾干或擦干净后方可使用。

（7）镶贴面砖：镶贴应自下而上进行。高层建筑采取措施后，可分段进行。在每一分段或分块内的面砖，均应自下而上镶贴。从最下一层砖下皮的位置线稳好靠尺，以此托住第一皮面砖。在面砖外皮上口拉水平通线，作为镶贴的标准。

面砖背面可采用 1 ： 2 水泥砂浆或 1 ： 0.2 ： 2= 水泥：白灰膏：砂的混合砂浆镶贴，砂浆厚度为 6 ~ 10 mm，贴砖后用灰铲柄轻轻敲打，使之附线，再用钢片开刀调整竖缝，并用小杠通过标准点调整平面和垂直度。

另一种做法是用 1 ： 1 水泥砂浆加 20% 的 108 胶，在砖背面抹 3 ~ 4 mm 厚粘贴即可。但这种做法基层灰必须抹得平整，而且砂子必须用窗纱筛后方可使用。

此外，也可用胶粉来粘贴面砖，其厚度为 2 ~ 3 mm，采用此种做法基层灰必须更平整。

如要求面砖拉缝镶贴时，面砖之间的水平缝宽度用米厘条控制，米厘条贴在已镶贴好的面砖上口，为保证平整，可临时加垫小木楔。

女儿墙压顶、窗台、腰线等部位平面镶贴面砖时，除流水坡度符合设计要求外，应采取平面面砖压立面面砖的做法，预防向内渗水，引起空裂；同时还应采取立面中最低一排面砖必须压底平面面砖，并低出底平面面砖 3 ~ 5 mm 的做法，起滴水线的作用，防止尿檐而引起空裂。

（8）面砖勾缝与擦缝：面砖铺贴拉缝时，用 1 ： 1 水泥砂浆勾缝，先勾水平缝再勾竖缝，勾好后要求凹进面砖外表面 2 ~ 3 mm。若横竖缝为干挤缝，或小于 3 mm，应用白水泥配颜料进行擦缝处理。面砖缝子勾完后，用布或棉丝蘸稀盐酸擦洗干净。

（二）饰面砖镶贴质量要求

1. 主控项目

表 2–5　饰面砖镶贴主控项目质量要求

项目	检验方法
饰面砖的品种、规格、图案、颜色和性能应符合设计要求	观察；检查产品合格证书、进场验收记录、性能检测报告和复验报告
饰面砖粘贴工程的找平、防水、黏结、勾缝材料及施工方法应符合设计要求及国家现行产品标准和工程技术标准的规定	检查产品合格证书、复验报告和隐蔽工程验收记录
饰面砖粘贴必须牢固（《建筑工程饰面砖黏结强度检验标准》JGJ/T 110—2017 检验）	检查样板件黏结强度检测报告和施工记录
满粘法施工的饰面砖工程应无空鼓、裂缝	观察；用小锤轻击检查

2. 一般项目

表 2-6　饰面砖镶贴一般项目质量要求

项目	检验方法
饰面砖表面应平整、洁净、色泽一致，无裂痕和缺损	观察
阴阳角处搭接方式、非整砖使用部位应符合设计要求	观察
墙面突出物周围的饰面砖应整砖套割吻合，边缘应整齐；墙裙、贴脸突出墙面的厚度应一致	观察；尺量检查
饰面砖接缝应平直、光滑，填嵌应连续、密实；宽度和深度应符合设计要求	观察；尺量检查
有排水要求的部位应做滴水线（槽），滴水线（槽）应顺直，流水坡向应正确，坡度应符合设计要求	观察；用水平尺检查

3. 饰面砖粘贴的允许偏差和检验方法

表 2-7　饰面砖粘贴的允许偏差和检验方法

项目	允许偏差 /mm		检验方法
	外墙面砖	内墙面砖	
立面垂直度	3	2	用 2m 垂直检测尺检查
表面平整度	4	3	用 2m 靠尺和塞尺检查
阴阳角方正	3	3	用直角检测尺检查
接缝直线度	3	2	拉 5m 线，不足 5m 拉通线，用钢直尺检查
接缝高低差	1	0.5	用钢直尺和塞尺检查
接缝宽度	1	1	用钢直尺检查

二、大理石板、花岗石板、青石板等饰面板的安装

1. 小规格饰面板的安装

小规格大理石板、花岗石板、青石板，板材尺寸小于 300 mm × 300 mm，板厚 8 ~ 12 mm，粘贴高度低于 1 m 的踢脚线板、勒脚、窗台板等，可采用水泥砂浆粘贴的方法安装。施工中常用的粘贴法有碎拼大理石、踢脚线粘贴、窗台板安装等。

2. 湿法铺贴工艺

湿法铺贴工艺适用于板材厚 20 ~ 30 mm 的大理石板、花岗石板或预制水磨石板，墙体为砖墙或混凝土墙。湿法铺贴工艺是传统的铺贴方法，即在竖向基体上预挂钢筋网，用铜丝或镀锌钢丝绑扎板材并灌水泥砂浆粘牢。这种方法的优点是牢固可靠；缺点是工序烦琐，卡箍多样，板材上钻孔易损坏，特别是灌注砂浆易污染板面和使板材移位。

3. 干挂法

（1）板材切割。按照设计图纸要求在施工现场切割板材，由于板块规格较大，宜采用石材切割机切割，注意保持板块边角的挺直和规矩。

（2）磨边。板材切割后，为使其边角光滑，可采用手提式磨光机进行打磨。

（3）钻孔。相邻板块采用不锈钢销钉连接固定，销钉插在板材侧面孔内。孔径 ϕ5 mm，深度 12 mm，用电钻打孔。钻孔关系到板材的安装精度，因而要求位置准确。

（4）开槽。大规格石板的自重大，除了由钢扣件将板块下口托牢以外，还需在板块中部开槽设置承托扣件以支承板材的自重。

（5）涂防水剂。在板材背面涂刷一层丙烯酸防水涂料，以增强外饰面的防水性能。

（6）墙面修整。混凝土外墙表面有局部凸出处影响扣件安装时，必须凿平修整。

（7）弹线。从结构中引出楼面标高和轴线位置，在墙面上弹出安装板材的水平和垂直控制线，并做出灰饼以控制板材安装的平整度。

（8）墙面涂刷防水剂。由于板材与混凝土墙身之间不填充砂浆，为了防止因材料性能或施工质量可能造成的渗漏，在外墙面上涂刷一层防水剂，以增强外墙的防水性能。

（9）板材安装。安装板块的顺序是自下而上，在墙面最下一排板材安装位置的上下口拉两条水平控制线，板材从中间或墙面阳角开始安装。先安装好第一块作为基准，其平整度以事先设置的灰饼为依据，用线垂吊直，经校准后加以固定。一排板材安装完毕，再进行上一排扣件固定和安装。板材安装要求四角平整，纵横对缝。

（10）板材固定。钢扣件和墙身用膨胀螺栓固定，扣件为一块钻有螺栓安装孔和销钉孔的平钢板，根据墙面与板材之间的安装距离，在现场用手提式折压机将其加工成角型钢。扣件上的孔洞均呈椭圆形，以便安装时调节位置。

（11）板材接缝的防水处理。石板饰面接缝处的防水处理采用密封硅胶嵌缝。嵌缝之前先在缝隙内嵌入柔性条状泡沫聚乙烯材料作为衬底，以控制接缝的密封深度和加强密封硅胶的黏结力。

三、金属饰面板施工

1. 彩色压型钢板复合墙板

彩色压型钢板复合墙板的安装，是用吊挂件把板材挂在墙身檩条上，再把吊挂件与檩条焊牢；板与板之间连接，水平缝为搭接缝，竖缝为企口缝。所有接缝处，除用超细玻璃棉塞缝外，还需用自攻螺钉钉牢，钉距为 200 mm。门窗洞口、管道穿墙及墙面端头处，墙板均为异型复合墙板，压型钢板与保温材料按设计规定尺寸进行裁割，然后按照标准板的做法进行组装。女儿墙顶部、门窗周围均设防雨泛水板，泛水板与墙板的接缝处用防水油膏嵌缝。压型板墙转角处用槽形转角板进行外包角和内包角，转角板用螺栓固定。

2. 铝合金饰面板

铝合金饰面板的施工流程一般为：弹线定位→安装固定连接件→安装骨架→饰面板安装→收口构造处理→板缝处理。

3. 不锈钢饰面板

不锈钢饰面板的施工流程为：柱体成型→柱体基层处理→不锈钢板滚圆→不锈钢板定位安装→焊接和打磨修光。

四、玻璃幕墙施工

1. 玻璃幕墙的分类

（1）明框玻璃幕墙：玻璃板镶嵌在铝框内，成为四边有铝框的幕墙构件，幕墙构件镶嵌在横梁上，形成横梁、主框均外露且铝框分格明显的立面。

（2）隐框玻璃幕墙：将玻璃用结构胶黏结在铝框上，大多数情况下不用再加金属连接件。因此，铝框全部隐蔽在玻璃后面，形成大面积全玻璃镜面。

（3）半隐框玻璃幕墙：将玻璃两对边嵌在铝框内，另两对边用结构胶粘在铝框上形成半隐框玻璃幕墙。立柱外露、横梁隐蔽的称为竖框横隐幕墙；横梁外露、立柱隐蔽的称为竖隐横框幕墙。

（4）全玻幕墙：为游览观光需要，在建筑物底层、顶层及旋转餐厅的外墙使用玻璃板，支承结构采用玻璃肋，这种幕墙称为全玻幕墙。

2. 玻璃幕墙的施工工艺

定位放线→骨架安装→玻璃安装→密封胶嵌缝。

第三节　墙体保温工程

外墙保温系统是由保温层、保护层与固定材料构成的非承重保温构造的总称。外墙保温系统按保温层的位置分为外墙内保温系统和外墙外保温系统两大类。下面重点介绍 EPS 外墙外保温系统。

一、外墙外保温系统的构造及要求

（一）EPS 外墙外保温系统的基本构造及特点

EPS 外墙外保温系统采用聚苯乙烯泡沫塑料板作为建筑物的外保温材料，再将聚苯板用专用黏结砂浆按要求粘贴上墙。这是国内外使用最普遍、技术最成熟的外保温系统。该系统 EPS 板导热系数小，并且厚度一般不受限制，可满足严寒地区节能设计标准要求。

1. 薄抹灰外保温系统基本构造（如图 2-4 所示）

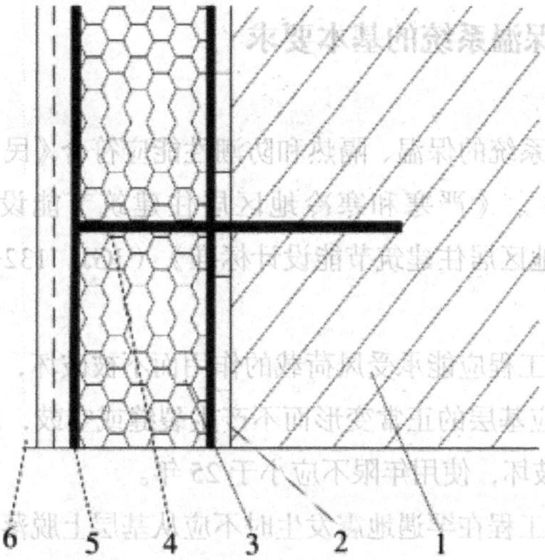

1. 基层墙体（混凝土墙体及各种砌体墙体）；2. 黏结层（胶粘剂）；3. 保温层（聚苯板）；4. 连接件（锚栓）；5. 薄抹灰增强防护层（专用胶浆并复合耐碱网布）；6. 饰面层（涂料）

图 2–4　薄抹灰外保温系统基本构造图

（1）基层墙体：房屋建筑中起承重或围护作用的外墙体，可以是混凝土墙体及各种砌体墙体。

（2）胶粘剂：专用于把聚苯板黏结在基层墙体上的化工产品，有液体胶粘剂与干粉胶粘剂两种。

（3）聚苯板：由可发性聚苯乙烯珠粒经加热发泡后在模具中加热成型而制成的具有闭孔结构的聚苯乙烯泡沫塑料板材。聚苯板有阻燃和绝热的作用，表观密度 18 ~ 22 kg/m³，挤塑聚苯板表观密度为 25 ~ 32 kg/m³。聚苯板的常用厚度有 30 mm、35 mm、40 mm 等。聚苯板出厂前在自然条件下必须陈化 42 d 或在 60℃蒸汽中陈化 5 d，才可出厂使用。

（4）锚栓：固定聚苯板于基层墙体上的专用连接件，一般情况下包括塑料钉或具有防腐性能的金属螺钉和带圆盘的塑料膨胀套管两部分。有效锚固深度不小于 25 mm，塑料圆盘直径不小于 50 mm。

（5）抗裂砂浆：由抗裂剂、水泥和砂按一定比例制成的能满足一定变形要求而保持不开裂的砂浆。

（6）耐碱网布：在玻璃纤维网格布表面涂覆耐碱防水材料，埋入抹面胶浆中，形成薄抹灰增强防护层，提高防护层的机械强度和抗裂性。

（7）抹面胶浆：由水泥基或其他无机胶凝材料、高分子聚合物和填料等组成。

2. 聚苯板外墙外保温系统的特点

聚苯板外墙外保温系统的特点为节能、牢固、防水、体轻、阻燃、易施工。

（二）外墙外保温系统的基本要求

1. 一般规定

（1）外墙外保温系统的保温、隔热和防潮性能应符合《民用建筑热工设计规范》（GB 50176—2016）、《严寒和寒冷地区居住建筑节能设计标准》（JGJ 26—2010）、《夏热冬冷地区居住建筑节能设计标准》（JGJ 132—2010）等国家现行标准的有关规定。

（2）外墙外保温工程应能承受风荷载的作用而不被破坏，应能长期承受自重而不产生有害变，应能适应基层的正常变形而不产生裂缝或空鼓，应能耐受室外气候的长期反复作用而不产生破坏，使用年限不应小于 25 年。

（3）外墙外保温工程在罕遇地震发生时不应从基层上脱落，高层建筑应采取防火构造措施。

（4）外墙外保温工程应具有防水渗透性能，应具有防生物侵害性能。

（5）涂料必须与薄抹灰外保温系统相容，其性能指标应符合外墙建筑涂料的相关要求。

（6）薄抹灰外墙保温系统中所有的附件，包括密封膏、密封条、包角条、包边条等应分别符合相应的产品标准的要求。

2. 技术性能

各种材料的主要性能应分别符合表 2-8 的要求。

表 2–8　薄抹灰外墙保温系统的性能指标

项目		性能指标
吸水量 /g·m^{-2}，浸水 24h		≤ 500
抗冲击强度 /J	普通型	≥ 3
	加强型	≥ 10
抗风压值 /kPa		不小于工程项目风荷载设计值
耐冻融		表面无裂纹、空鼓、起泡、剥离现象
水蒸气湿流密度 /g·m^{2}·h^{-1}		≥ 0.85
不透水性		试样防护层内侧无水渗透
耐候性		表面无裂纹、粉化、剥落现象

表 2–9　胶粘剂的性能指标

项目		性能指标
拉伸黏结强度 /MPa（与水泥砂浆）	原强度	≥ 0.6
	耐水	≥ 0.4
拉伸黏结强度 /MPa（与膨胀聚苯板）	原强度	≥ 0.1，破坏界面在膨胀聚苯板上
	耐水	≥ 0.1，破坏界面在膨胀聚苯板上
可操作时间 /h		1.5 ~ 4

表 2–10　膨胀聚苯板主要性能指标

项目	性能指标
导热系数 /W·m·k-1	≤ 0.041
表现密度 /kg·m-3	18 ~ 22
垂直于板面方向的抗拉强度 /MPa	≥ 0.1
尺寸稳定性 /%	≤ 0.3

表 2–11　膨胀聚苯板允许偏差

项目	允许偏差	
厚度 /mm	≤ 50	±1.5
	> 50	±2
长度 /mm		±2
宽度 /mm		±1
对角线差 /mm		±3
板边平直度 /mm		±2
板面平整度 /mm		±1

注：本表的允许偏差值以 1200 mm（长）×600 mm（宽）的膨胀聚苯板为基准。

表 2–12　抹面胶浆的性能指标

项目		性能指标
拉伸黏结强度 /MPa（与膨胀聚苯板）	原强度	≥ 0.1，破坏界面在膨胀聚苯板上
	耐水	≥ 0.1，破坏界面在膨胀聚苯板上
	耐冻融	≥ 0.1，破坏界面在膨胀聚苯板上
柔韧性	抗压强度 / 抗折强度（水泥基）	≤ 3
	开裂应变（非水泥基）/%	≥ 1.5
可操作时间 /h		1.5 ~ 4

表 2–13　耐碱网布主要性能指标

项目	性能指标
单位面积质量 /g·m^{-2}	≥ 130
耐碱断裂强度（经、纬向）/N·20mm^{-1}	≥ 750
耐碱断裂强度保留率（经、纬向）/%	≥ 50
断裂应变（经、纬向）/%	≤ 5

表 2–14　锚栓性能指标

项目	技术指标
单个锚栓抗拉承载力标准值 /KN	≥ 0.3
单个锚栓对系统传热增加值 /W·m^2·K^{-1}	≤ 0.004

二、增强石膏复合聚苯保温板外墙内保温施工

1. 聚苯板的施工程序

材料、工具准备→基层处理→弹线、配黏结胶泥→黏结聚苯板→缝隙处理→聚苯板打磨、找平→装饰件安装→特殊部位处理→抹底胶泥→铺设网布、配抹面胶泥→抹面胶泥→找平修补、配面层涂料→涂面层涂料→竣工验收。

2. 聚苯板的施工要点

（1）外墙施工用脚手架，可采用双排钢管脚手架或吊架，架管或管头与墙面间最小距离应为 450 mm，以方便施工。

（2）基层墙体处理：基层墙体必须清理干净，墙面无油、灰尘、污垢、风化物、涂料、蜡、防水剂、潮气、霜、泥土等污染物或其他有碍黏结材料，并应剔除墙面的凸出物。基层墙中松动或风化的部分应清除，并用水泥砂浆填充找平。基层墙体的表面平整度不符合要求时，可用 1 ：3 水泥砂浆找平。

（3）黏结聚苯板。根据设计图纸的要求，在经过平整处理的外墙上沿散水标高用墨线弹出散水及勒角水平线，当需设系统变形缝时，应在墙面相应位置弹出变形缝及宽度线，标出聚苯板的黏结位置。

黏结胶泥配制：加水泥前先搅拌一下强力胶，然后将强力胶与普通硅酸盐水泥按比例（1 ：1 重量比）配制，边加边搅拌，直至均匀。应避免过度搅拌。胶泥随用随配，配好的胶泥最好在 2 h 内用完，最长不得超过 3 h，遇炎热天气适当缩短存放时间。

沿聚苯板的周围用不锈钢抹子涂抹配制的黏结胶泥，胶泥带宽 20 mm、厚 15 mm。如采用标准尺寸聚苯板，应在板的中间部位均匀布置一般为 6 个点的水泥胶泥。每点直径为 50 mm，厚 15 mm，中心距 200 mm。抹完胶泥后，应立即将板平贴在基层墙体上滑动就位，应随时用 2 m 长的靠尺进行整平操作。

聚苯板由建筑物的外墙勒角开始，自上而下黏结。上下板互相错缝，上下排板间竖向接缝应垂直交错连接，以保证转角处板材安装垂直度。窗口带造型的应在墙面聚苯板黏结后另外贴造型聚苯板，以保证板不产生裂缝。

黏结上墙后的聚苯板应用粗砂纸磨平，然后再将整个聚苯板打磨一遍。操作工人应戴防护面具。打磨墙面的动作应是轻柔的圆周运动，不得沿与聚苯板接缝平行的方向打磨。聚苯板施工完毕后，至少需静置 24 h 才能打磨，以防聚苯板移动，减弱板材与基层墙体的黏结强度。

（4）网格布的铺设。标准网格布的铺设方法为二道抹面胶浆法。

涂抹抹面胶浆前，应先检查聚苯板是否干燥、表面是否平整，并去除板面的有害物质、杂质或变质部分。用不锈钢抹子在聚苯板表面均匀涂抹一层面积略大于一块网格布的抹面胶浆，厚度约为 1.6 mm。立即将网格布压入湿的抹面胶浆中，待胶浆稍干硬至可以碰触时，再用抹子涂抹第二道抹面胶浆，直至网格布全部被覆盖。此时，网格布均在两道抹面胶浆的中间。

网格布应自上而下沿外墙铺设。当遇到门窗洞口时，应在洞口四角处沿 45° 方向补贴一块标准网格布，以防开裂。标准网格布间应相互搭接至少 150 mm，但加强网格布间必须对接，其对接边缘应紧密。翻网处网宽不少于 100 mm。窗口翻网处及第一层起始边处侧面打水泥胶，面网用靠尺归方找平，胶泥压实。翻网处网格布需将胶泥压出。外墙阳、阴角直接搭接 200 mm。铺设网格布时，网格布的弯曲面应朝向墙面，并从中央向四周用抹子抹平，直至网格布完全埋入抹面胶浆内，目测无任何可分辨的网格布纹路。如有裸露的网格布，应再抹适量的抹面胶浆进行修补。

网格布铺设完毕后，静置养护 24 h 后，方可进行下一道工序的施工，在潮湿的气候条件下，应延长养护时间，保护已完工的成品，避免雨水的渗透和冲刷。

（5）面层涂料的施工。面层涂料施工前，应首先检查胶浆上是否有抹子刻痕、网格布是否完全埋入，然后修补抹面浆的缺陷或凹凸不平处，并用专用细砂纸打磨一遍，必要时可抹腻子。

面层涂料用滚涂法施工，应从墙的上端开始，自上而下进行。涂层干燥前，墙面不得沾水，以免颜色变化。

三、胶粉 EPS 颗粒保温浆料外墙外保温系统施工

胶粉 EPS 颗粒保温浆料外墙外保温系统（以下简称保温浆料系统）由界面层、胶粉 EPS 颗粒保温浆料保温层、抗裂砂浆薄抹面层和饰面层组成。胶粉 EPS 颗粒保温浆料经现场拌和后喷涂或抹在基层上形成保温层。EPS 板内表面（与现浇混凝土接触的表面）沿水平方向开有矩形齿槽，内、外表面均满涂界面砂浆。在施工时将 EPS 板置于外模板内侧，并安装锚栓作为辅助固定件。浇灌混凝土后，墙体与 EPS 板及锚栓结合为一体。

薄抹面层中应满铺玻璃纤维网；胶粉 EPS 颗粒保温浆料保温层设计厚度不宜超过 100 mm，必要时应设置抗裂分格缝。

第四节 楼地面工程

楼地面是房屋建筑底层地坪与楼层地坪的总称，主要由面层、垫层和基层构成。

一、整体面层施工

（一）水泥砂浆面层施工

1. 工艺流程

基层处理→找标高、弹线→洒水湿润→抹灰饼和标筋→搅拌砂浆→刷水泥浆结合层→铺水泥砂浆面层→木抹子搓平→铁抹子压第一遍→第二遍压光→第三遍压光→养护。

2. 工艺要点

（1）基层处理：扫灰尘，剔掉灰浆皮和灰渣层（钢刷子），去油污（火碱水溶液），去碱液（清水）。

（2）找标高、弹线：量测出面层标高，并在墙上弹线。

（3）洒水湿润：将地面基层均匀洒水一遍（喷壶）。

（4）抹灰饼和标筋（或称"冲筋"）：根据面层标高弹线，确定面层抹灰厚度，拉水平线抹灰饼（尺寸 5 cm×5 cm，横竖间距为 1.5 ~ 2 m），灰饼上平面即为地面面层标高；若房间较大，还需要抹标筋。

（5）搅拌砂浆：水泥 ∶ 砂 ≈1 ∶ 2（体积比），稠度 ≤35 mm，强度等级 ≥M15。

（6）刷水泥浆结合层：在铺设水泥砂浆之前，应涂刷水泥浆一层，随刷随铺面层砂浆。

（7）铺水泥砂浆面层：在灰饼之间（或标筋之间）将砂浆铺均匀，并用木刮杠按灰饼（或标筋）高度刮平，敲掉灰饼，并用砂浆填平。

（8）木抹子搓平：从内向外退着用木抹子搓平，并用 2 m 靠尺检查其平整度。

（9）铁抹子压第一遍：铁抹子压第一遍，直到出浆为止（砂浆过稀，表面有泌水现象时，可均匀撒一遍干水泥和砂的拌和料，再用木抹子用力抹压，结合为一体后用铁抹子压平）。

（10）第二遍压光：面层砂浆初凝后（人踩上去有脚印但不下陷时）用铁抹子压第二遍，边抹压边把坑凹处填平。

（11）第三遍压光：面层砂浆终凝前（人踩上去稍有脚印）用铁抹子压第三遍，把第二遍抹压时留下的全部抹纹压平、压实、压光。

（12）养护：压光后 24 h，用锯末或其他材料覆盖，洒水养护，当抗压强度达 5 MPa 才能上人。

（13）抹踢脚板：墙基体抹灰时，踢脚板的底层砂浆和面层砂浆分两次抹，墙基体不抹灰时，踢脚板只抹面层砂浆。

（二）水磨石面层施工

1. 工艺流程

基层处理→找标高→弹水平线→抹找平层砂浆→养护→弹分格线→镶分格条→拌制水磨石拌和料→涂刷水泥浆结合层→铺水磨石拌和料→滚压、抹平→试磨→粗磨→细磨→磨光→草酸擦洗→打蜡上光。

2. 工艺要点

（1）基层处理：将混凝土基层上的杂物清理干净，不得有油污、浮土。用钢錾子和钢丝刷将沾在基层上的水泥浆皮錾掉铲净。

（2）找标高，弹水平线：根据墙面上的 +50 cm 标高线，往下测量出水磨石面层的标高，弹在四周墙上，并考虑其他房间和通道面层的标高要相互一致。

（3）抹找平层砂浆。

①根据墙上弹出的水平线，留出面层厚度（10 ~ 15 mm），抹 1 ：3 水泥砂浆找平层，为了保证找平层的平整度，先抹灰饼（纵横方向间距 1.5 m 左右），大小 8 ~ 10 cm。

②灰饼砂浆硬结后，以灰饼高度为标准，抹宽度为 8 ~ 10 cm 的纵横标筋。

③在基层上洒水湿润，刷一道水灰比为 0.4 ~ 0.5 的水泥浆，面积不得过大，随刷浆随抹 1 ：3 找平层砂浆，并用 2 m 长刮杠以标筋为标准刮平，再用木抹子搓平。

（4）养护：抹好找平层砂浆后养护 24 h，待抗压强度达到 1.2 MPa，方可进行下一道工序施工。

（5）弹分格线：根据设计要求的分格尺寸（一般采用 1 m × 1 m），在房间中部弹十字线，计算好周边的镶边宽度后，以十字线为准弹分格线。如果设计有图案要求时，应按设计要求弹出清晰的线条。

（6）镶分格条：用小铁抹子抹稠水泥浆将分格条固定住（分格条安在分格线上），抹成 30° 八字形，高度应低于分格条条顶 3 mm。分格条应平直、牢固、接头严密，不得有缝隙，作为铺设面层的标志。另外在粘贴分格条时，在分格条十字交叉接头处，为了使拌和料填塞饱满，在距交点 40 ~ 50 mm 内不抹水泥浆。采用铜条时，应预先在两端头下部 1/3 处打眼，穿入 22 号铁丝，锚固于下口八字角水泥浆内。镶条 12 h 后开始浇水养护，最少 2 d，一般洒水养护 3 ~ 4 d，在此期间房间应封闭，禁止各工序施工。

（7）拌制水磨石拌和料（或称石渣浆）。

①拌和料的体积比宜采用 1 ：1.5 ~ 1 ：2.5（水泥：石粒），要求配合比准确，拌和均匀。

②彩色水磨石拌和料，除彩色石粒外，还加入耐光耐碱的矿物颜料，其掺入量为水泥重量的 3% ~ 6%，普通水泥与颜料配合比、彩色石子与普通石子配合比，在施工前都需经实验室试验后确定。同一彩色水磨石面层应使用同厂、同批颜料。在拌制前应根据整个面层所需的用量，将水泥和颜料一次统一配好、配足。配料时不仅要用铁铲拌和，还要用筛子筛匀后用包装袋装起来存放在干燥的室内，避免受潮。彩色石粒与普通石粒拌和均匀后，集中储存待用。

③各种拌和料在使用前加水拌和均匀，稠度约 6 cm。

（8）涂刷水泥浆结合层：先用清水将找平层洒水湿润，涂刷与面层颜色相同的水泥浆结合层，其水灰比宜为 0.4 ~ 0.5，要刷均匀，亦可在水泥浆内掺加胶粘剂，要随刷随铺拌和料，不得刷的面积过大，防止浆层风干导致面层空鼓。

（9）铺水磨石拌和料。

①水磨石拌和料的面层厚度，除有特殊要求以外，一般宜为 12 ~ 18 mm，并应按石料粒径确定。铺设时将搅拌均匀的拌和料先铺抹分格条边，后铺入分格条方框中间，用铁抹子由中间向边角推进，在分格条两边及交角处特别注意压实抹平，随抹随用直尺进行平整度检查。如局部地面铺设过高时，应用铁抹子将其挖去一部分，再将周围的水泥石子浆抹平（不得用刮杠刮平）。

②几种颜色的水磨石拌和料不可同时铺抹，要先铺抹深色的，后铺抹浅色的，待前一种凝固后，再铺后一种（因为深色的掺矿物颜料多，强度增长慢，影响机磨效果）。

（10）滚压、抹平：用滚筒滚压前，先用铁抹子或木抹子在分格条两边宽约 10 cm 范围内轻轻拍实（避免将分格条挤移位）。滚压时用力要均匀（要随时清理掉粘在滚筒上的石渣），应从横、竖两个方向轮换进行，直到表面平整密实、出浆石粒均匀为止。待石粒浆稍收水后，再用铁抹子抹平、压实，如发现石粒浆不均匀之处，应补石粒浆，后用铁抹子抹平、压实。24 h 后浇水养护。

（11）试磨：一般根据气温情况确定养护天数，气温在 20℃ ~ 30℃时 2 ~ 3 d 即可开始机磨，过早石粒易松动，过迟磨光困难。所以需进行试磨，以面层不掉石粒为准。

（12）粗磨：第一遍用 60 ~ 90 号粗金刚石磨，使磨石机机头在地面上走横“8”字形，边磨边加水（如水磨石面层养护时间太长，可加细砂，加快机磨速度），随时清扫水泥浆，并用靠尺检查平整度，直至表面磨平、磨匀，分格条和石粒全部露出（边角处人工磨成同样效果），用水清洗晾干，然后用较稠的水泥浆（掺有颜料的面层，应用同样掺有颜料的水泥浆）擦一遍，特别是面层的洞眼、小孔隙要填实抹平，脱落的石粒应补齐。浇水养护 2 ~ 3 d。

（13）细磨：第二遍用 90 ~ 120 号金刚石磨，要求磨至表面光滑为止，然后用清水冲净，满擦第二遍水泥浆，仍注意小孔隙要填实抹平。养护 2 ~ 3 d。

（14）磨光：第三遍用 200 号细金刚石磨，磨至表面石子显露均匀，无缺石粒现象，平整、光滑，无孔隙。

普通水磨石面层磨光遍数不应少于三遍，高级水磨石面层的厚度、磨光遍数及油石规格应根据设计确定。

（15）草酸擦洗：为了取得打蜡后显著的效果，在打蜡前水磨石面层要进行一次适量限度的酸洗，一般用草酸擦洗。使用时，先将水和草酸混合成约 10% 浓度的溶液，用扫帚蘸后洒在地面上，再用油石轻轻磨一遍；磨出水泥及石粒本色后，用水冲洗，软布擦干。此道工序必须在各工种完工后才能进行，经酸洗后的面层不得再受污染。

（16）打蜡上光：将蜡包在薄布内，在面层上薄薄地涂一层，待干后用钉有帆布或麻布的木块代替油石，装在磨石机上研磨，用同样的方法打第二遍蜡，直到光滑洁亮为止。

（17）现制水磨石面层冬期施工时，环境温度应保持在+5℃以上。

（18）水磨石踢脚板。

①抹底灰：与墙面抹灰厚度一致，在阴阳角处套方、量尺、拉线，确定踢脚板厚度，按底层灰的厚度冲筋，间距1～1.5 m。然后装档用短杠刮平，用木抹子搓成麻面并划毛。

②抹踢脚板拌和料：将底灰用水湿润，在阴阳角及上口用靠尺按水平线找好规矩，贴好靠尺板，先涂刷一层薄水泥浆，紧跟着将拌和料抹平、压实。刷水两遍将水泥浆轻轻刷去，达到石子面上无浮浆。常温下养护24 h后，开始人工磨面。

第一遍用粗油石，先竖磨再横磨，要求把石渣磨平，阴阳角倒圆，擦第一遍素灰，将孔隙填抹密实，养护1～2 d，再用细油石磨第二遍，用同样的方法磨完第三遍，用油石出光打草酸，用清水擦洗干净。

③人工涂蜡：擦两遍，直到光亮为止。

二、板块面层施工

（一）大理石、花岗石及碎拼大理石地面施工

1. 工艺流程

准备工作→试拼→弹线→试排→刷水泥浆及铺砂浆结合层→铺砌板块→灌缝、擦缝→打蜡。

2. 施工要点

（1）准备工作：熟悉了解各部位尺寸和做法；基层处理（清除杂物，刷掉黏结在垫层上的砂浆）。

（2）试拼：应按图案、颜色、纹理试拼，试拼后按两个方向编号排列，然后按编号码放整齐。

（3）弹线：在房间内拉十字控制线，并弹线于垫层上，依据墙面+50 cm标高线找出面层标高，在墙上弹出水平标高线。

（4）试排：在两个相互垂直的方向铺两条干砂（宽度大于板块宽度，厚度不小于3 cm），排板块，以便检查板块之间的缝隙，核对板块与墙面、柱、洞口等部位的相对位置。

（5）刷水泥浆及铺砂浆结合层：试铺后清扫干净，用喷壶洒水湿润，随铺砂浆随刷；根据板面水平线确定结合层砂浆厚度，拉十字控制线，铺结合层干硬性水泥砂浆。

（6）铺砌板块：板块应先用水浸湿，待擦干或表面晾干后方可铺设；根据房间拉的十字控制线，纵横各铺一行，用于大面积铺砌标筋。

（7）灌缝、擦缝：在板块铺砌后1～2昼夜进行灌浆擦缝。用浆壶将水泥浆徐徐灌入板块之间的缝隙中，并用长刮板把流出的水泥浆刮向缝隙内，灌浆1～2 h后用

棉纱团擦缝使之与板面平齐，同时将板面上的水泥浆擦净。

（8）养护。

（9）打蜡：水泥砂浆结合层达到强度后方可打蜡，使面层光滑洁亮。

①测踢脚板上口水平线并弹在墙上，用线坠吊线确定踢脚板的出墙厚度。

②水泥砂浆打底找平，并在面层划纹。

③拉踢脚板上口的水平线，往底灰上粘贴踢脚板（板背面抹素水泥砂浆），并用木锤敲实，根据水平线找直。

④擦缝与打蜡。

（二）水泥花砖和混凝土板地面施工

铺贴方法与预制水磨石板铺贴方法基本相同，板材缝隙宽度为：水泥花砖不大于 2 mm，预制混凝土板不大于 6 mm。

（三）陶瓷锦砖地面施工

铺贴→拍实→揭纸→灌缝→养护。

（四）陶瓷地砖与墙地砖面层施工

铺结合层砂浆→弹线定位→铺贴地砖→擦缝。

（五）地毯面层施工

地毯的铺设方法分为活动式与固定式两种。

活动式是将地毯浮搁在地面基层上，不需将地毯同基层固定。固定式则相反，一般是用倒刺板条或胶粘剂将地毯固定在基层上。

三、木质地面施工

木地板有实铺和空铺两种。空铺木地板由木搁栅、企口板、剪刀撑等组成，一般设在首层房间。当搁栅跨度较大时，应在房中间加设地垄墙，地垄墙顶上要铺油毡或抹防水砂浆及放置沿缘木。实铺木地板是将木搁栅铺在钢筋混凝土板或垫层上，它由木搁栅及企口板等组成。

工艺流程：安装木搁栅→钉木地板→刨平→净面细刨、磨光→安装踢脚板。

第五节　吊顶与隔墙工程

一、吊顶工程

吊顶采用悬吊方式将装饰顶棚支承于屋顶或楼板下面。

1. 吊顶的组成

吊顶主要由支承、基层和面层三部分组成。

（1）支承：吊顶支承由吊杆（吊筋）和主龙骨组成。

①木龙骨：方木 50 mm×70 mm ~ 60 mm×100 mm、薄壁槽钢 60 mm×6 mm ~ 70 mm×7 mm，间距 1 m 左右，用 8 ~ 10 mm 螺栓或 8 号铁丝与楼板连接。

②金属龙骨：有 U、T、C、L 形等，间距 1 ~ 1.5 m，通过吊杆与楼板连接。

（2）基层：由用木材、型钢或其他轻金属材料制成的次龙骨组成。

（3）面层：木龙骨吊顶多用人造板面层或板条抹灰面层，金属龙骨吊顶多用装饰吸声板。

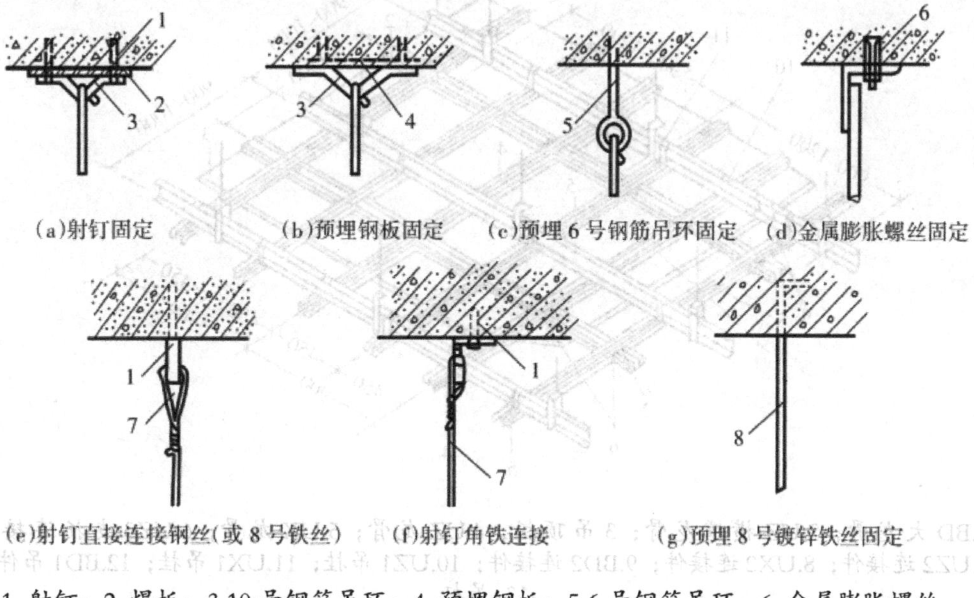

1. 射钉；2. 焊板；3.10 号钢筋吊环；4. 预埋钢板；5.6 号钢筋吊环；6. 金属膨胀螺丝；

7. 铝合金丝（8 号、12 号、14 号）；8.8 号镀锌铁丝

图 2–5　吊筋固定方法

2. 轻钢龙骨吊顶的施工

（1）弹顶棚标高水平线：根据楼层标高水平线，用尺竖向量至顶棚设计标高，沿墙往四周弹顶棚标高水平线。

（2）画龙骨分档线：按设计要求的主龙骨与次龙骨间距布置，在已弹好的顶棚标高水平线上画龙骨分档线。

（3）安装主龙骨吊杆：确定吊杆下端头标高，将吊杆无螺栓丝扣的一端与楼板预埋钢筋连接固定，未预埋钢筋时可用膨胀螺栓。

（4）安装主龙骨：配装吊杆螺母；在主龙骨上安装吊挂件，按分档线位置使吊挂件穿入相应的吊杆螺栓，拧好螺母；主龙骨相接处装好连接件，拉线调整标高、起拱度和平直度；安装洞口附加主龙骨。

（5）安装次龙骨：按已弹好的次龙骨分档线，卡放次龙骨吊挂件。

（6）吊挂次龙骨：将次龙骨通过吊挂件吊挂在大龙骨上；用连接件连接次龙骨，调直固定。

（7）安装罩面板：检查验收各种管线，安装罩面板。

（8）安装压条：拉缝均匀，对缝平整，按压条位置弹线，然后接线进行压条安装。

（9）刷防锈漆：轻钢龙骨罩面板顶棚、碳钢或焊接处未做防腐处理的表面（如预埋件、吊挂件、连接件、钉固附件等），应在安装工序前刷防锈漆。

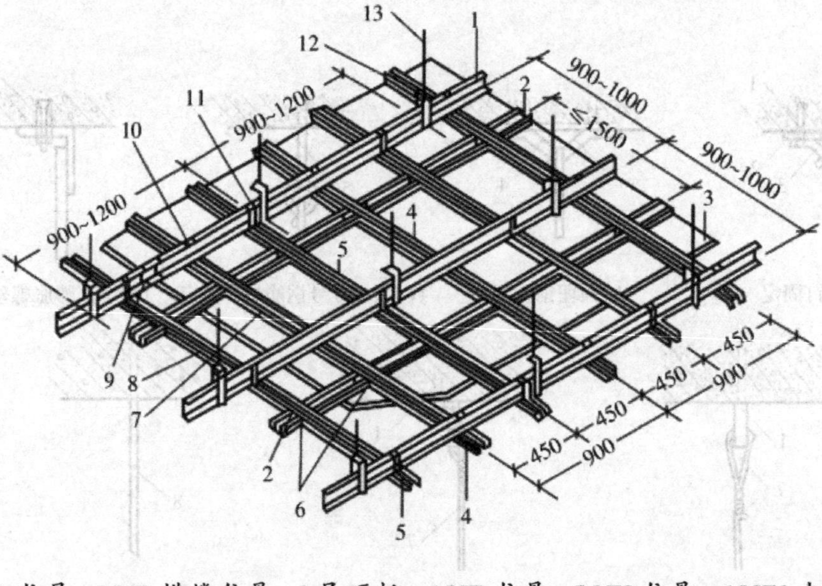

1.BD 大龙骨；2.UZ 横撑龙骨；3 吊顶板；4.UZ 龙骨；5.UX 龙骨；6.UZ3 支托连接；7.UZ2 连接件；8.UX2 连接件；9.BD2 连接件；10.UZ1 吊挂；11.UX1 吊挂；12.BD1 吊件；13. 吊杆

图 2–6 U 形龙骨吊顶示意图（单位：mm）

二、隔墙的施工

1. 隔墙的构造类型

（1）砌块式：与黏土砖墙相似。

（2）立筋式：多为木材或型钢，其饰面板多为人造板。

（3）板材式：用高度等于室内净高的板材进行拼装。

2. 轻钢龙骨纸面石膏板隔墙施工

（1）特点：施工速度快、成本低、劳动强度小、装饰美观、防火、隔声性能好等。

（2）系列：C50、C75、C100 三种。

（3）组成：沿顶龙骨、沿地龙骨、竖向龙骨、加强龙骨、横撑龙骨及配件。

（4）工序。

①弹线：确定隔墙位置。

②固定沿地、沿顶、沿墙龙骨：用膨胀螺栓、铁钉、预埋件连接。

③骨架连接：点焊或螺钉固定。

④石膏板固定：螺钉固定，明缝勾立缝，暗缝石膏腻子嵌平。

⑤饰面处理：裱糊墙纸、织物或涂料施工。

3. 铝合金隔墙施工

（1）组成：铝合金型材框架，玻璃等其他材料。

（2）工序：弹线→下料→组装框架→安装玻璃。

4. 隔墙的质量要求

（1）隔墙骨架与基体结构连接牢固，无松动现象。

（2）墙体表面应平整，接缝密实、光滑，无凹凸现象，无裂缝。

（3）石膏板铺设方向正确，安装牢固。

（4）隔墙饰面板工程质量符合允许偏差。

第六节 油漆及刷浆工程

一、油漆工程（木料表面施涂混色磁漆）

1. 基层处理：首先用开刀或碎玻璃片将木料表面的油污、灰浆等清理干净，然后用砂纸磨一遍，要磨光、磨平，木毛茬要磨掉，阴阳角胶迹要清除，阳角要倒棱、磨圆，上下一致。

2. 刷底油：底油由光油、清油、汽油拌和而成，要涂刷均匀，不可漏刷。节疤处及小孔抹石膏腻子，拌和腻子时可加入适量醇酸磁漆。用刮腻子板满刮石膏腻子（调制腻子时要加适量醇酸磁漆，腻子要调得稍稀些），要刮光、刮平。干燥后磨砂纸，将野腻子磨掉，清扫并用湿布擦净。满刮第二道腻子，大面用钢片刮板刮，要平整光滑；小面用开刀刮，阴角要直。腻子干透后，用零号砂纸磨平、磨光，清扫并用湿布擦净。

3. 刷第一道醇酸磁漆：头道漆可加入适量醇酸稀料，要注意横平竖直涂刷，不得漏刷和流坠，待漆干透后磨砂纸，清扫并用湿布擦净。如发现有不平之处，要及时复抹腻子，干燥后局部磨平、磨光，清扫并用湿布擦净。刷每道漆间隔时间，应根据当时气温而定，一般夏季约 6 h，春、秋季约 12 h，冬季约 24 h。

4. 刷第二道醇酸磁漆：刷该道漆不加醇酸稀料，注意不得漏刷和流坠。干透后磨木砂纸，如表面痱子疙瘩多，可用 280 号水砂纸磨。如局部有不光、不平处，应及时复抹腻子，待腻子干透后，磨砂纸，清扫并用湿布擦净。刷完第二道漆后，便可进行玻璃安装工作。

5. 刷第三道醇酸磁漆：刷漆的方法与要求同第二道，这一道可用 320 号水砂纸打磨，但要注意不得磨破棱角，磨好后应清扫并用湿布擦净。

6. 刷第四道醇酸磁漆：刷漆的方法与要求同上。刷完 7 d 后应用 320 ~ 400 号水砂纸打磨，磨时用力要均匀，应将刷纹基本磨平，并注意棱角不得磨破，磨好后清扫并用湿布擦净。

7. 打砂蜡：先将原砂蜡加入煤油化成粥状，然后用棉丝蘸砂蜡涂布满一个门面或窗面，用手按棉丝来回揉擦多次，揉擦时用力要均匀，擦至出现暗光、大小面上下一致（不得磨破棱角），最后用棉丝蘸汽油将浮蜡擦洗干净。

8. 擦光蜡：用干净棉丝蘸光蜡薄薄地抹一层，注意要擦匀擦净，直到光泽饱满为止。

9. 冬期施工：室内油漆工程应在采暖条件下进行，室温保持均衡，一般不低于 10℃，且不得突然变化。同时应设专人负责测温和开关门窗，以利于通风、排除湿气。

二、刷浆工程

1. 基层处理：混凝土墙表面的浮砂、灰尘、疙瘩等要清除干净，表面的隔离剂、油污等应用火碱水（火碱：水 =1 ：10）刷干净，然后用清水冲洗掉墙面上的碱液等。

2. 喷、刷胶水：刮腻子前在混凝土墙面上先喷、刷一道胶水（重量比为水：乳液 =5 ：1），要注意喷、刷均匀，不得有遗漏。

3. 填补缝隙、局部刮腻子：用水石膏将墙面缝隙及坑洼不平处分遍找平，并将野腻子收净，待腻子干燥后用 1 号砂纸磨平，并把浮尘等扫净。

4. 石膏板墙面拼缝处理：接缝处应用嵌缝腻子填塞满，上糊一层玻璃网格布或绸布条，用乳液将布条粘在拼缝上，粘布条时应把布条拉直、糊平，并刮石膏腻子一道。

5. 满刮腻子：墙体基层和浆液等级要求不同，刮腻子的遍数和材料也不同。一般情况为三遍，腻子的配合比为重量比，有两种：一是适用于室内的腻子，其配合比为聚醋酸乙烯乳液（白乳胶）：滑石粉或大白粉：2% 羧甲基纤维素溶液 =1 ：5 ：3.5; 二是适用于外墙、厨房、厕所、浴室的腻子，其配合比为聚醋酸乙烯乳液：水泥：水 =1 ：5 ：1。刮腻子时应横竖刮，并注意接槎和收头时腻子要刮净，每遍腻子干后应磨砂纸，腻子磨平后将浮尘清理干净。如面层要涂刷带颜色的浆料，则腻子亦要掺入适量与浆料颜色相协调的颜料。

6. 刷、喷第一遍浆：刷、喷浆前应先将门窗口用排笔刷好，如墙面和顶棚为两种颜色，应在分色线处用排笔齐线并刷 20 cm 宽以利接槎，然后再大面积刷、喷浆。刷、喷顺序应先顶棚后墙面，先上后下。喷浆时喷头距墙面 20 ~ 30 cm 为宜，移动速度要平稳，使涂层厚度均匀。如顶板为槽形板，应先喷凹面四周的内角，再喷中间平面，浆液配合比与调制方法如下。

（1）调制石灰浆：

①将生石灰块放入容器内加入适量清水，等块灰熟化后再按比例加入相应的清水。其配合比为生石灰：水 =1 ：6（重量比）。

②将食盐化成盐水，掺盐量为石灰浆重量的 0.3% ~ 0.5%，将盐水倒入石灰浆内搅拌均匀后，再用 50 ~ 60 目铜丝箩过滤，所得的浆液即可喷、刷。

③采用生石灰粉时，将所需生石灰粉放入容器中直接加清水搅拌，掺盐量同上，搅拌均匀后，过箩使用。

（2）调制大白浆：

①将大白粉破碎后放入容器中，加清水拌和成浆，再用 50 ~ 60 目铜丝箩过滤。

②将羧甲基纤维素放入缸内，加水搅拌使之溶解。其配合比为羧甲基纤维素：水 =1 ：40（重量比）。

③聚醋酸乙烯乳液加水稀释后与大白粉拌和，其掺量比例为大白粉：乳液 =10 ：1。

④将以上三种浆液按大白粉：乳液：纤维素 =100 ：13 ：16 混合搅拌后，过 80 目铜丝箩，拌匀后即成大白浆。

⑤如配色浆，则先将颜料用水化开，过箩后放入大白浆中。

（3）配可赛银浆：将可赛银粉末放入容器内，加清水溶解搅匀后即为可赛银浆。

7. 复找腻子：第一遍浆干后，将墙面上的麻点、坑洼、刮痕等用腻子复找刮平，干后用细砂纸轻磨，并把粉尘扫净，达到表面光滑平整。

8. 刷、喷第二遍浆：方法同上。

9. 刷、喷交活浆：待第二遍浆干后，用细砂纸将粉尘、溅沫、喷点等轻轻磨去，并打扫干净，即可刷、喷交活浆。交活浆应比第二遍浆的胶量适当增大一点，防止刷、喷浆的涂层掉粉。

10. 刷、喷内墙涂料和耐擦洗涂料等：基层处理与喷、刷浆相同。面层涂料使用建筑产品时，要注意外观检查，参照产品使用说明书处理和涂刷即可。

三、裱糊顶棚壁纸

1. 基层处理：首先将混凝土顶面的灰渣、浆点、污物等清理干净，并用笤帚将粉尘扫净，满刮腻子一道。腻子的体积配合比为聚醋酸乙烯乳液：石膏或滑石粉：2%羧甲基纤维素溶液=1 ：5 ：3.5。腻子干后磨砂纸，满刮第二遍腻子，待腻子干后用砂纸磨平、磨光。

2. 吊直、套方、找规矩、弹线：首先将顶子的对称中心线通过吊直、套方、找规矩的办法弹出中心线，以便从中间向两边对称控制。墙顶交接处的处理原则：有挂镜线的按挂镜线，没有挂镜线的则按设计要求弹线。

3. 计算用料、裁纸：根据设计要求决定壁纸的粘贴方向，然后计算用料、裁纸。应按所量尺寸每边留出 2 ~ 3 cm 余量，如采用塑料壁纸，应在水槽内先浸泡 2 ~ 3 min，拿出后抖去余水，将纸面用净毛巾沾干。

4. 刷胶、糊纸：在纸的背面和顶棚的粘贴部位刷胶，应注意按壁纸宽度刷胶，不宜过宽，应从中间开始向两边铺贴。第一张一定要按已弹好的线找直粘牢，应注意纸的两边各甩出 1 ~ 2 cm 不压死，以满足与第二张铺贴时拼花压控对缝的要求。然后依上法铺贴第二张，两张纸搭接 1 ~ 2 cm，用钢板尺比齐，两人将尺按紧，一人用劈纸刀裁切，随即将搭槎处两张纸条撕去，用刮板带胶将缝隙压实刮牢。随后将顶子两端阴角处用钢板尺比齐、拉直，用刮板及辊子压实，最后用湿温毛巾将接缝处辊压出的胶痕擦净，依次进行。

5. 修整：壁纸粘贴完后，应检查是否有空鼓不实之处、接槎是否平顺、有无翘进现象、胶痕是否擦净、有无小包、表面是否平整、多余的胶是否清理干净等，直至符合要求。

四、裱糊墙面壁纸

1. 基层处理：若为混凝土墙面，可根据原基层质量的好坏，在清扫干净的墙面上满刮 1 ~ 2 道石膏腻子，干后用砂纸磨平、磨光；若为抹灰墙面，可满刮大白腻子 1 ~ 2 道，找平、磨光，但不可磨破灰皮；石膏板墙用嵌缝腻子将缝堵实堵严，粘贴玻璃网格布或丝绸条、绢条等，然后局部刮腻子补平。

2. 吊直、套方、找规矩、弹线：房间四角的阴阳角吊直、套方、找规矩，确定从哪个阴角开始按照壁纸的尺寸进行分块弹线控制（习惯做法是进门左阴角处铺贴第一张）。有挂镜线的按挂镜线，没有挂镜线的按设计要求弹线。

3. 计算用料、裁纸：按已量好的墙体高度放大 2 ~ 3 cm，按此尺寸计算用料、裁纸，一般应在案子上裁割，将裁好的纸用湿温毛巾擦后，折好待用。

4. 刷胶、糊纸：分别在纸上及墙上刷胶，刷胶宽度应吻合，墙上刷胶一次不应过宽。糊纸时从墙的阴角开始铺贴第一张，按已画好的垂直线吊直，并从上往下用手铺平，用刮板刮实，并用小辊子将上、下阴角处压实。第一张贴好后留 1 ~ 2 cm（应拐过阴角约 2 cm），然后铺贴第二张，依同法压平、压实，与第一张搭槎 1 ~ 2 cm，要自上而下对缝，拼花要端正，用刮板刮平，用钢板尺在第一、第二张搭槎处切割开，将纸边撕去，边槎边带胶压实，并及时将挤出的胶液用湿温毛巾擦净，然后按同法将接顶、接踢脚的边切割整齐，并带胶压实。墙面上遇有电门、插销盒时，应在其位置上破纸作为标记。在裱糊时，阳角处不允许甩槎接缝，阴角处必须裁纸搭缝，不允许整张纸铺贴，避免产生空鼓与褶皱。

5. 花纸拼接：

（1）纸的拼缝处花形要对接拼搭好。

（2）铺贴前应注意花形及纸的颜色力求一致。

（3）墙与顶壁纸的搭接应根据设计要求而定，一般有挂镜线的房间应以挂镜线为界，无挂镜线的房间则以弹线为准。

（4）花形拼接出现困难时，错槎应尽量甩到不显眼的阴角处，大面不应出现错槎和花形混乱的现象。

（5）壁纸修整：糊纸后应认真检查，对墙纸翘边翘角、气泡、褶皱及胶痕未擦净等，应及时处理和修整，使之完善。

第三章　砌筑工程施工

第一节　运输设备

一、运输设备的种类

1. 塔式起重机：可以完成所有建筑材料的水平、垂直和楼面运输工作，起重量大，范围广，优先选用。

2. 井架、龙门架：起重量大，搭设简单，用途广，多用于主体、装饰工程中材料的运输。

3. 施工电梯。

齿条驱动电梯：分单吊箱、双吊箱两种，装有限速装置，适用于 20 层以上的建筑工程。

绳轮驱动电梯：单吊箱，无限速装置，适用于 20 层以下的建筑工程。

4. 灰浆泵：完成砂浆、混凝土等的水平、垂直运输，速度快，容易保证施工质量。

二、垂直运输设备的设置要求

1. 覆盖面和供应面：建筑工程的全部作业面应处于垂直运输设备的覆盖面和供应面范围之内。

2. 供应能力：塔吊供应能力 = 吊次 × 吊量，其他垂直运输设备 = 运次 × 运量 × 折减系数。

3. 提升高度：设备提升高度应比实际需要升运高度高不少于 3 m。

4. 装设条件：比如可靠的基础与结构拉结、水平运输通道条件。

5. 设备效能的发挥：考虑满足施工需要和充分发挥设备效能。

6. 设备自身条件和今后利用问题。

7. 安全保障。

第二节 砌筑工程施工准备工作

一、砂浆的制备

（一）砂浆的种类

1. 水泥砂浆：由砂子、水泥加水搅拌而成。强度高，一般用在高强度及潮湿环境中。

2. 混合砂浆：在水泥砂浆中加入石灰膏或黏土膏制成。有一定的强度和耐久性，且和易性和保水性好，多用于一般墙体中。

3. 非水泥砂浆：强度低，用于临时建筑中。

（二）砂浆的稠度、强度等级要求

表 3–1 砌筑砂浆的稠度

砌体种类	砂浆稠度 /mm
烧结普通砖砌体	70 ~ 90
轻骨料混凝土小型砌块砌体	60 ~ 90
烧结多孔砖、空心砖砌体	60 ~ 80
烧结普通砖平拱式过梁空斗墙、筒拱普通混凝土小型空心砌块砌体、加气混凝土砌块砌体	50 ~ 70
石砌体	30 ~ 50

表 3–2 砌筑砂浆强度等级

强度等级	龄期 28d，抗压强度 /MPa	
	各组平均值	最小一组平均值
M15	≥ 15	≥ 11.25
M10	≥ 10	≥ 7.5
M7.5	≥ 7.5	≥ 5.63
M5	≥ 5	≥ 3.75
M2.5	≥ 2.5	≥ 1.88
M1	≥ 1	≥ 0.75

M1 属黄泥白灰砂浆，用于临时建筑的砌筑。

M2.5、M5、M7.5 为混合砂浆。

M5、M7.5、M10、M15 为水泥砂浆。

（三）砂浆的使用要求

1. 砂浆用砂不得含有有害杂物。砂浆用砂的含泥量应满足下列要求：

（1）水泥砂浆和强度等级不小于 M5 的水泥混合砂浆，不应超过 5%。

（2）强度等级小于 M5 的水泥混合砂浆，不应超过 10%。

（3）人工砂、山砂及特细砂，经试配应能满足砌筑砂浆技术条件要求。

2. 配制水泥石灰砂浆时，不得采用脱水硬化的石灰膏。

3. 砌筑砂浆应通过试配确定配合比。当砌筑砂浆的组成材料有变化时，其配合比应重新确定。

4. 砂浆现场拌制时，各组分材料应采用重量计量。

5. 砌筑砂浆应采用机械搅拌，从投料完算起，搅拌时间应符合下列规定：

（1）水泥砂浆和水泥混合砂浆不得少于 2 min。

（2）水泥粉煤灰砂浆和掺用外加剂的砂浆不得少于 3 min。

（3）掺用有机塑化剂的砂浆应为 3 ～ 5 min。

6. 砂浆应随拌随用，水泥砂浆和水泥混合砂浆应分别在 3 h 和 4 h 内使用完毕；当施工期间最高气温超过 30℃时，应分别在拌成后 2 h 和 3 h 内使用完毕。

7. 砌筑砂浆试块验收时，其强度必须符合以下规定：

同一验收批砂浆试块抗压强度平均值必须大于或等于设计强度等级所对应的立方体抗压强度，同一验收批砂浆试块抗压强度的最小一组平均值必须大于或等于设计强度等级所对应的立方体抗压强度的 0.75 倍。

需要注意的是，（1）砌筑砂浆的验收批，同一类型、强度等级的砂浆试块应不少于 3 组。当同一验收批只有 1 组试块时，该组试块抗压强度的平均值必须大于或等于设计强度等级所对应的立方体抗压强度。

（2）砂浆强度应以标准养护、龄期为 28 d 的试块抗压试验结果为准。

二、砖的准备

（一）砖

普通砖为 240 mm × 115 mm × 53 mm，多孔砖为 240 mm × 115 mm × 90 mm。

强度等级：MU5、MU7.5、MU10、MU15。

外观检查：尺寸准确，无裂纹、掉角、翘曲和缺棱等严重现象。

（二）石

石分为毛石和料石两种。毛石分为乱毛石和平毛石两种，料石分为细料石、半细料石、粗料石和毛料石四种。石按质量密度分为轻石和重石两类。

（三）砌块

砌块按形状分为实心和空心两种；按加工材料分为粉煤灰、加气混凝土、混凝土、硅酸盐、石膏砌块；按规格分为大、中、小三种。

三、施工机具的准备

主要有砂浆搅拌机、水平及垂直运输设备、各种施工检查工具等。

（一）砂浆搅拌机

砌筑用的砂浆目前有两种来源：一种是商品砂浆，根据图纸要求，订购满足设计要求的砂浆即可；另一种是普通砂浆，现场采用机械拌制，常用的拌制机械是强制式搅拌机。

（二）运输机具

1. 水平运输机具

常用的有机动翻斗车和人力两轮手推小车两种。

2. 垂直运输机具

常用的有井架、龙门架、塔式起重机、施工电梯等。

（1）塔式起重机：塔式起重机具有提升、回转、水平运输等功能，不仅是重要的吊装设备，也是重要的垂直运输设备，尤其在吊运长、大、重的物料时有明显的优势。

（2）井架：井架通常带一个起重臂和吊盘。搭设高度可达 40 m，需设缆风绳保持井架的稳定。

（3）龙门架：龙门架是由两根三角形截面或矩形截面的立柱及横梁组成的门式架。在龙门架上设滑轮、导轨、吊盘、缆风绳等，进行材料、机具和小型预制构件的垂直运输。

（4）施工电梯：施工电梯多为人货两用。

第三节　砌筑工程

一、砌体的一般要求

砌体除原材料合格外，必须有良好的砌筑质量，整体性、稳定性和受力性能良好，一般要求灰缝横平竖直、砂浆饱满、厚薄均匀、上下错缝、内外搭砌、接槎牢固等。

二、毛石基础和砖基础砌筑

（一）毛石基础

1. 毛石基础构造

第一皮石块一般大面朝下座浆砌筑，多用在条形基础中，做成阶梯形，每阶高度大于 300 mm，挑出宽度大于 200 mm。

2. 毛石基础施工要点

材料长度一般为 200 ~ 400 mm，中部厚度不宜小于 150 mm。地下水位较低时，采用水泥砂浆；地下水位较高时，采用混合砂浆。

毛石基础应分皮砌筑，上下错缝，内外搭砌。每日砌筑的毛石基础高度不应超过 1.2 m。基础交接处应留踏步槎，将石块错缝砌成台阶形，便于交错咬合。不得采用外面侧立毛石、中间填心的砌筑方法；中间不得有铲口石（尖石倾斜向外的石块）、斧刃石（尖石向下的石块）和过桥石（仅在两端搭砌的石块）。

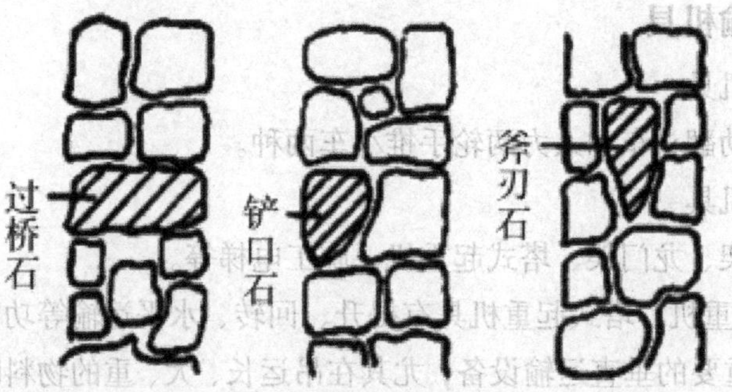

图 3–1　过桥石、铲口石、斧刃石示意图

（二）砖基础

1. 砖基础构造

下设大放脚，有等高式和间隔式两种。砖每层收进 1/4 砖长，且在室内地面以下 60 mm 处设 20 mm 厚水泥砂浆防潮层，严禁用卷材代替防潮层。

2. 砖基础施工要点

清理、放线、立皮数杆、盘角、挂线、砌筑、回填土。

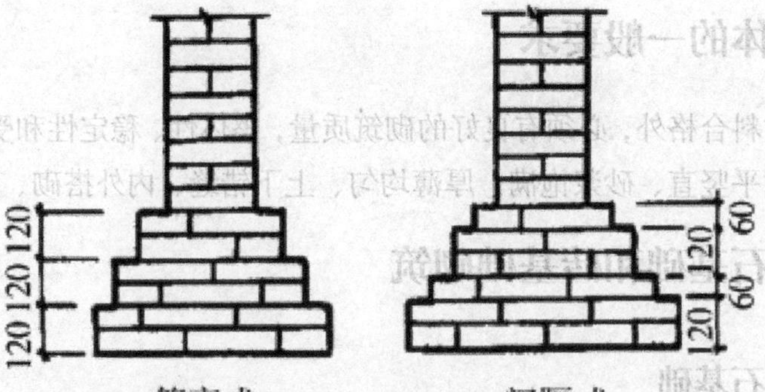

图 3–2　砖基础示意图（单位：mm）

三、砖墙砌筑

（一）砌筑形式

砖在砌筑时有三种不同的放置方式：顺，指砖的长边沿墙的轴线平放砌筑；丁，指砖的长边与墙的轴线垂直平放砌筑；侧，指砖的长边沿墙的轴线侧放砌筑。

组砌形式有一顺一丁砌法、三顺一丁砌法、梅花丁砌法、其他砌法（如全顺式砌法、两平一侧砌法等）。

（1）一顺一丁砌法是指一皮中全部顺砖与一皮中全部丁砖间隔砌成，上下皮间竖缝相互错开 1/4 砖长。

（2）三顺一丁砌法是指三皮中全部顺砖与一皮中全部丁砖间隔砌成。上下皮顺砖间竖缝错开 1/2 砖长，上下皮顺砖与丁砖间竖缝错开 1/4 砖长。

（3）梅花丁砌法（又称沙包式、十字式）是指每皮中丁砖与顺砖相隔，上皮丁砖坐中于下皮顺砖，上下皮间竖缝错开 1/4 砖长。

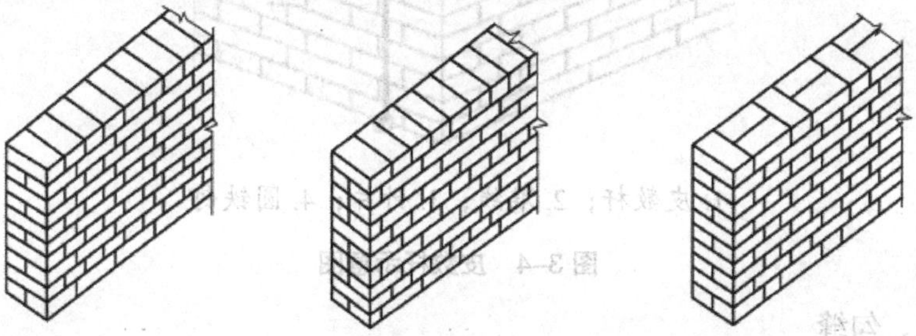

（a）一顺一丁　（b）三顺一丁　（c）梅花丁

图 3–3　砖墙组砌形式

（二）砌筑工艺

砖墙的砌筑包括找平、放线；摆砖；立皮数杆；盘角、挂线；砌筑、勾缝；楼层轴线引测；各层标高控制（一般弹出 50 ～ 100 cm 线）。

1. 找平、放线

砖墙砌筑前应在基础防潮层或楼层上定出各层标高，并用 M7.5 水泥砂浆或 C10 细石混凝土找平，使各段砖墙底部标高符合设计要求。找平时，上下两层外墙之间不应出现明显的接缝。

2. 摆砖

摆砖是指在放线的基面上按选定的组砌形式用干砖试摆。一般在房屋外纵墙方向摆顺砖，在山墙方向摆丁砖，通常由一个大角摆到另一个大角，砖与砖之间留 10 mm 缝隙。摆砖的目的是校对所放出的墨线在门窗洞口、附墙垛等处是否符合砖的模数，以尽可能减少砍砖，并使砌体灰缝均匀、组砌得当。

3. 立皮数杆

皮数杆是指上面画有每皮砖和砖缝厚度，以及门窗洞口、过梁、楼板、梁底、预埋件等标高位置的一种木制标杆。

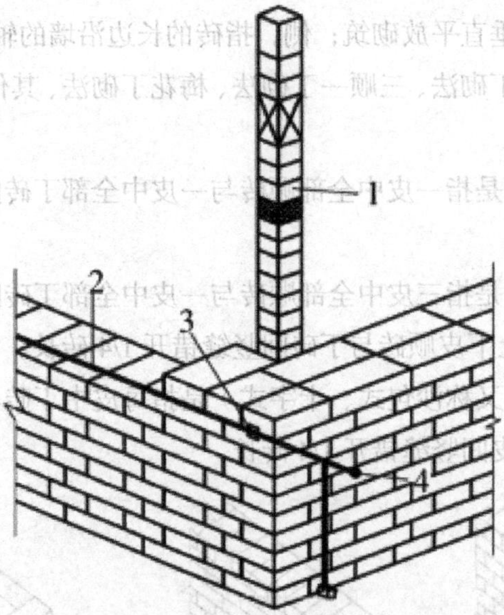

1. 皮数杆；2. 准线；3. 竹片；4. 圆铁钉

图 3–4　皮数杆示意图

4. 砌筑、勾缝

“三一”砌法，即一铲灰，一块砖，一挤揉，并随手将挤出的砂浆刮去。

砌砖时，先挂上通线，按所排的干砖位置把第一皮砖砌好，盘角，每次盘角不得超过六皮砖，盘角过程中应随时用托线板检查墙角是否垂直平整、砖层灰缝是否符合皮数杆标志，然后在墙角安装皮数杆，即可挂线砌第二皮以上砖。

砌筑过程中应“三皮一吊，五皮一靠”，把砌筑误差消灭在操作过程中，以保证墙面垂直平整。砌一砖半厚以上的砖墙必须双面挂线。

（三）砌筑的施工要点和质量要求

砖砌体的组砌要求：上下错缝，内外搭接，以保证砌体的整体性；同时组砌要有规律，少砍砖，以提高砌筑效率、节约材料。

1. 横平竖直（避免游丁走缝）。

2. 砂浆饱满：竖向灰缝不得出现透明缝、瞎缝、假缝，水平灰缝饱满度不小于80%。

3. 错缝搭砌：错缝或搭砌长度一般不少于 60 mm。

4. 接槎可靠：直槎和斜槎的留置按有关规定执行。

5. 减少不均匀沉降，每日砌筑高度不宜超过 1.8 m。

6. 保证砌体的稳定性：砌体的允许偏差和检查方法见表 3-3。

表 3–3　砌体的允许偏差和检查方法

项目			允许偏差 /mm	检查方法	抽检数量
轴线位移			10	用经纬仪和尺或其他测量仪器检查	全部承重墙
垂直度	每层		5	用 2m 托线板检查	外墙全高检查阳角不少于 4 处，每层检查 1 处。内墙有代表性的自然间抽 10%，但不少于 3 间，每间不少于 2 处，柱不少于 5 根
	全高	≤10m	10	用经纬仪、吊线和尺或其他测量仪器检查	
		＞10m	20		
基础顶面和楼面标高			± 15	用水平仪和尺检查	不少于 5 处
表面平整度	小型砌块、清水墙、柱		5	用 2m 直尺和楔形塞尺检查	有代表性的自然间抽 10%，但不少于 3 间，每间不少于 2 处
	小型砌块、混水墙、柱		8		
水平灰缝平直度	清水墙		7	灰缝上口处拉 10m，用尺检查	
	混水墙		10		
门窗洞口高、宽（后塞况）			± 15	用尺检查	检验批洞口的 10%，且不少于 5 处
外墙上下窗口偏移			20	以底层窗口为准，用经纬仪吊线检查	检验批的 10%，且不少于 5 处
清水墙面游丁走缝（中型砌块）			20	用吊线和尺检查，以每层第一皮砖为准	有代表性的自然间抽 10%，但不少于 3 间，每间不少于 2 处

全部砖墙应平行砌起，砖层必须水平，砖层位置用皮数杆控制，基面和每楼层砌完后必须校对一次基面水平、轴线和标高，允许范围内的偏差值应在基础或楼板顶面调整。砖墙的水平灰缝厚度和竖缝宽度一般为 10 mm，但不小于 8 mm，也不大于 12 mm。水平灰缝的砂浆饱满度应不低于 80%，砂浆饱满度用百格网检查。竖向灰缝宜用挤浆法或加浆法，使砂浆饱满，严禁用水冲浆灌缝。砖墙的转角处和交接处应同时砌筑；不能同时砌筑处，应砌成斜槎，斜槎长度不应小于高度的 2/3。如临时间断处留斜槎有困难，除转角处外，也可以留直槎，但必须做成阳槎，并加设拉结筋。拉结筋的数量为每 120 mm 墙厚设置一根直径 6 mm 的钢筋；间距沿墙高不得超过 500 mm；埋入长度从墙的留槎处算起，每边均不应小于 500 mm；末端应有 90° 弯钩。抗震设防地区建筑物的临时间断处不得留直槎。隔墙与墙或柱如不同时砌筑而又不留成斜槎时，可于墙或柱中引出阳槎，或于墙或柱的灰缝中预埋拉结筋。抗震设防地区建筑物的隔墙除应留阳槎外，沿墙高每 500 mm 配置 2 根 ϕ 6 mm 钢筋与承重墙或柱拉结，伸入每边墙内的长度不应小于 500 mm。砖砌体接槎时，必须将接槎处的表面清理干净，浇水湿润，并应填实砂浆，保持灰缝平直。宽度小于 1 m 的窗间墙，应选用整砖砌筑。半砖和破损的砖，应分散用于墙心或受力较小的部位。

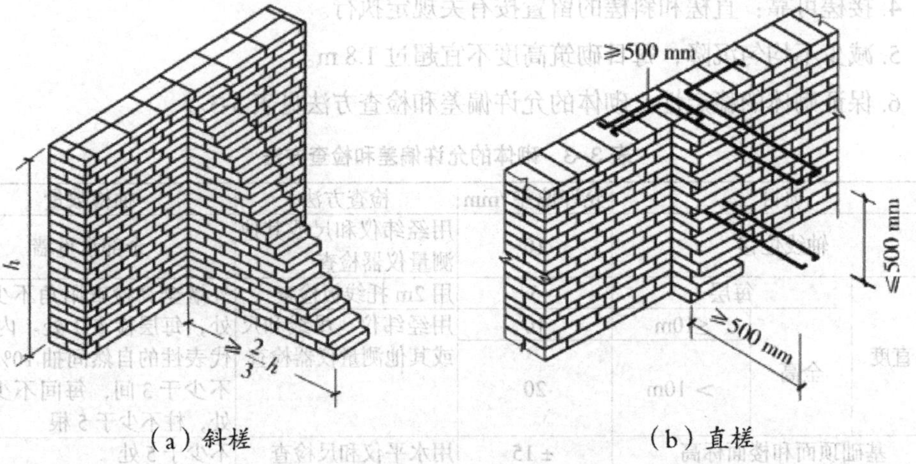

图 3–5　砖墙直槎、斜槎示意图

因留置的脚手架对结构存在影响，因此部分部位规定不得留设脚手眼：

1.12 cm 厚砖墙、料石清水墙和独立柱。

2. 过梁上与过梁成 60° 角的三角形范围内及过梁净跨度 1/2 的高度范围内。

3. 宽度小于 1 m 的窗间墙。

4. 梁、梁垫下及其左右各 50 cm 的范围内。

5. 砖砌体的门窗洞口两侧 20 cm 和转角处 45 cm 范围内；其他砌体的门窗洞口两侧 30 cm 和转角处 60 cm 范围内。

6. 设计不允许设置脚手眼的部位。

注：若砖砌体脚手眼不大于 8 cm × 14 cm，可不受第 3、4、5 条限制。

四、配筋砌体

（一）配筋砌体的构造要求

1. 砖柱网状配筋的构造

钢筋网中的钢筋间距不应大于 120 mm，并不应小于 30 mm；钢筋网片竖向间距不应大于五皮砖，并不应大于 400 mm。

2. 组合砖砌体的构造

面层混凝土强度等级宜采用 C20，面层水泥砂浆强度等级不低于 C10，砖强度等级不低于 MU10，砌筑砂浆强度等级不低于 M7.5。

3. 砖砌体和钢筋混凝土构造柱组合墙的构造

构造柱截面尺寸不小于 240 mm × 240 mm，厚度不小于墙厚；砌体与构造柱连接处砌成马牙槎，沿墙高每隔 500 mm 设 2 根 φ 6 mm 的拉结筋，每边深入墙内不小于 500 mm，有抗震要求时不少于 1000 mm。

4. 配筋砌块砌体的构造

配筋砌块砌体柱边长不小于 400 mm，剪力墙厚度连梁宽度不小于 190 mm。

（二）配筋砌体的施工工艺

基本同砖砌体。

五、砌块砌筑

（一）砌块排列

施工前必须依平面图、立面图、门窗大小、楼层标高、构件要求绘制砌块各墙面排列图。应满足错缝对孔搭接要求，调整灰缝厚度，合理使用镶砖。

（二）砌筑工艺

1. 铺灰

采用砂浆，应具有良好的和易性，铺灰应平整饱满，每次铺灰长度不超过 5 m。

2. 砌块吊装就位

（1）以轻型塔吊进行砌块、砂浆的运输，适用于工程量大或两幢房屋对翻流水的情况。

（2）以井架进行材料的垂直运输，水平运输用砌块车，劳动车适用于工程量小的房屋。

（3）砌块吊装次序应先外后内、先远后近、先上后下，在相邻施工段之间留阶梯形斜槎。

3. 校正

用托线板检查砌块垂直度，用拉准线检查砌块水平度。

4. 灌缝

竖缝可用夹板在墙体内外夹住，然后灌浆，用竹片捣实，待砂浆吸水后用刮缝板把竖缝、水平缝刮平。

5. 镶砖

当有较大竖缝或过梁找平时，应镶砖。灰缝在 15 ~ 30 mm 以内。此工作在砌块校正后即刻进行，且应使竖缝密实。

（三）砌筑质量要求

砌筑质量要求基本和砖砌体质量相同。

六、砌筑工程的质量及安全技术

1. 砌筑工程的质量

（1）砌筑工程的质量应符合《砌体结构工程施工质量验收规范》（GB 50203—2011）的要求。

（2）砌体要求灰缝横平竖直，砂浆饱满，厚薄均匀，上下错缝，内外搭砌，接槎牢固。

（3）任意一组砂浆试块的强度不得低于设计强度的75%。

（4）砖砌体的尺寸和位置的允许偏差应符合有关规定。

2. 砌筑工程的安全与防护措施

保证施工现场安全；控制人的不安全行为，要求施工人员必须按工程操作技术规程施工，持证上岗；机械设备检验合格并正确使用。

第四章 防水工程施工

第一节 屋面防水工程

防水工程质量的优劣，不仅关系到建（构）筑物的使用寿命，而且直接影响到人们的生产、生活环境和卫生条件。因此，建筑防水工程质量除了考虑设计的合理性、防水材料的正确选择，还要注意其施工工艺及施工质量。

防水工程按构造做法分为结构防水和材料防水两大类。

（1）结构防水主要是依靠结构构件材料自身的密实性及某些构造措施（坡度、埋设止水带等），使结构构件起到防水作用。

（2）材料防水是在结构构件的迎水面或背水面及接缝处，附加防水材料做成防水层，以起到防水作用，如卷材防水、涂料防水、刚性材料防水层防水等。

屋面防水等级和设防要求见表 4-1。

表 4–1　屋面防水等级和设防要求

项目	屋面防水等级			
	I	II	III	IV
建筑物类别	特别重要的民用建筑和对防水有特殊要求的工业建筑	重要的工业与民用建筑、高层建筑	一般的工业与民用建筑	非永久性建筑
防水层耐用年限	25 年	15 年	10 年	5 年
防水层选用材料	宜选用合成高分子防水卷材、高聚物改性沥青防水卷材、合成高分子防水涂料、细石防水混凝土等材料	选用高聚物改性沥青防水卷材、合成高分子防水卷材、金属板材、合成高分子防水涂料、高聚物改性沥青防水涂料、细石混凝土、平瓦、油毡瓦等材料	选用三毡四油沥青防水卷材、高聚物改性沥青防水卷材、合成高分子防水卷材、金属板材、高聚物改性沥青防水涂料、合成高分子防水涂料、细石混凝土、平瓦、油毡瓦等材料	可选用二毡三油沥青防水卷材、高聚物改性沥青防水涂料等材料
设防要求	三道或三道以上防水设防	二道防水设防	一道防水设防	一道防水设防

一、卷材防水屋面

卷材防水屋面是用胶结材料粘贴卷材进行防水的屋面。这种屋面具有重量轻、防水性能好的优点，其防水层柔韧性好，能适应一定程度的结构振动和胀缩变形。所用卷材有传统的沥青防水卷材、高聚物改性沥青防水卷材和合成高分子防水卷材三大系列。

（一）卷材防水屋面构造

卷材防水屋面构造如图 4-1 所示。

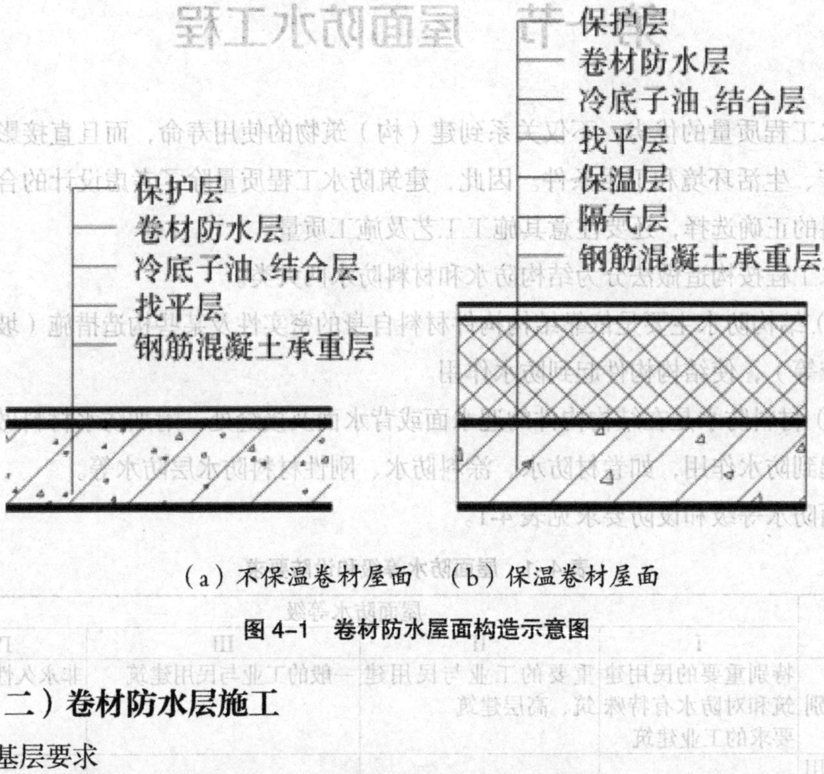

（a）不保温卷材屋面　（b）保温卷材屋面

图 4-1　卷材防水屋面构造示意图

（二）卷材防水层施工

1. 基层要求

基层应有足够的强度和刚度，承受荷载时不致产生明显变形。基层一般采用水泥砂浆、细石混凝土或沥青砂浆找平，做到平整、坚实、清洁、无凹凸形及尖锐颗粒。铺设屋面隔气层和防水层以前，基层必须清扫干净。屋面及檐口、檐沟、天沟找平层的排水坡度必须符合设计要求，平屋面采用结构找坡应不小于3%，采用材料找坡为2%，天沟、檐沟纵向找坡不应小于1%，沟底落水差不大于200 mm，与突出屋面结构的连接处及房屋的转角处，均应做成圆弧或钝角，其圆弧半径应符合以下要求：沥青防水卷材为100 ~ 150 mm，高聚物改性沥青防水卷材为50 mm，合成高分子防水卷材为20 mm。

为防止由于温差及混凝土构件收缩而使防水屋面开裂，找平层应留分格缝，缝宽一般为20 mm。分格缝应留在预制板支承边的拼缝处，其纵横向最大间距，当找平层采用水泥砂浆或细石混凝土时，不宜大于 6 m；采用沥青砂浆时，则不宜大于 4 m。分格缝处应附加 200 ~ 300 mm 宽的油毡，用沥青胶结材料单边点贴覆盖。

2. 材料选择

（1）基层处理剂

基层处理剂是为了增强防水材料与基层之间的黏结力，在防水层施工前，预先涂刷在基层上的涂料。高聚物改性沥青防水卷材屋面常用的基层处理剂有氯丁胶沥青乳胶、橡胶改性沥青溶液、沥青溶液（冷底子油）等。

（2）胶粘剂

卷材防水层的黏结材料，必须选用与卷材相应的胶粘剂。高聚物改性沥青卷材选用橡胶或再生橡胶改性沥青的汽油溶液或水乳液作为胶粘剂，其黏结剪切强度应大于 0.05 MPa，黏结剥离强度应大于 8 N/m²。

（3）卷材

防水屋面常用的卷材为 SBS 卷材。

3. 卷材施工

（1）施工工艺流程

基层表面清理→喷、涂基层处理剂→节点附加层铺设→定位、弹线→铺贴卷材→收头、节点密封→检查、修整→保护层施工。

（2）铺设方法和要求

基层处理可采用喷涂法和涂刷法。不论喷还是涂均应均匀一致，而且应该先对屋面节点、转角、周边等处用毛刷涂刷。

铺贴卷材的方向：屋面坡度小于 3% 时，卷材宜平行于屋脊铺贴；屋面坡度在 3% ~ 15% 时，卷材可平行或垂直于屋脊铺贴；屋面坡度大于 15% 或屋面受震动时，沥青防水卷材应垂直于屋脊铺贴，高聚物改性沥青和合成高分子防水卷材可平行或垂直于屋脊铺贴；上下层卷材不得垂直铺贴。

铺贴卷材的顺序：先铺贴细部节点、附加层和屋面排水比较集中的部位，然后由最低处向上铺贴。天沟、檐沟卷材应顺天沟、檐沟去向铺贴，减少卷材搭接，有多跨和高低跨时，应按先高后低、先远后近的顺序进行。

铺贴卷材搭接及宽度要求：平行屋脊的搭接缝，应顺流水方向搭接；垂直屋脊的搭接缝，应顺年最大频率风向搭接。上下层及相邻两幅卷材的搭接缝应错开；叠层铺贴的各层卷材，在天沟与屋面的交接处，应采用叉接法搭接，搭接缝应错开；搭接缝宜留在屋面或天沟侧面，不宜留在沟底。高聚物改性沥青和合成高分子防水卷材的搭接缝应用密封材料封严。高聚物改性沥青和合成高分子防水卷材搭接宽度短边、长边分别为 80 mm 与 100 mm。

高聚物改性沥青防水卷材热熔法施工要点：采用专用的导热油炉加热烘烤卷材与基层接触的底面，加热温度不应高于 200℃，使用温度不应低于 180℃。铺贴时，可采用滚铺法，即边加热烘烤边滚动卷材铺贴的方法。喷火枪头与卷材保持 50 ~ 100 mm 距离，与基层呈 30° ~ 45° 角，将火焰对准卷材与基层交接处，同时加热卷材底面热熔胶层和基层，至热熔胶层出现黑色光泽，发亮至稍有微泡缓缓出现，慢慢放下卷材平铺于基层，然后排气辊压，使卷材与基层粘牢。要求铺贴的卷材平整顺直，搭接尺寸准确，不得扭曲。

高聚物改性沥青防水卷材自粘法施工要点: 卷材底面胶粘剂表面敷有一层隔离纸，铺贴时只要剥去隔离纸，即可直接铺贴。应注意隔离纸必须完全撕净，彻底排除卷材下面的空气，并辊压后黏结牢固。低温施工时，立面、大坡面及搭接部位宜采用热风机加热后随即粘牢。

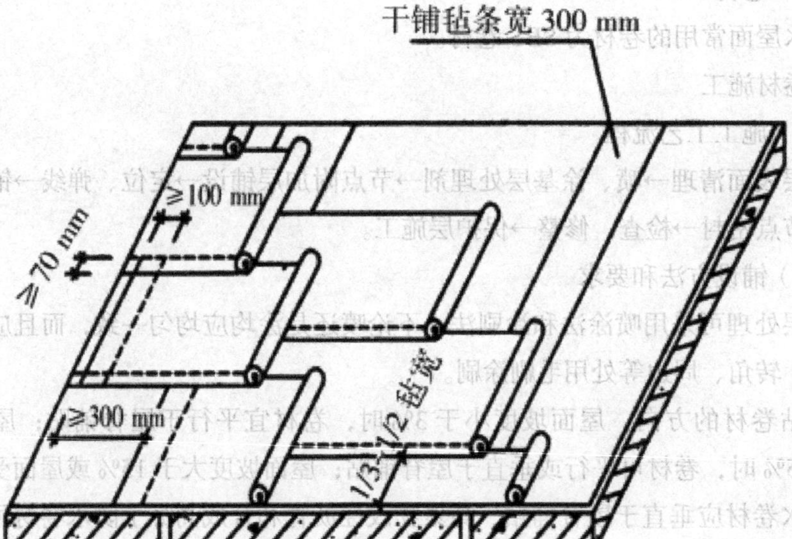

图 4–2　高聚物改性沥青防水卷材热熔法施工工艺

合成高分子防水卷材施工方法有冷粘法、自粘法。它的施工要点与高聚物改性沥青防水卷材基本相同。同时，合成高分子防水卷材另一种施工方法为焊接法。用焊接法施工的合成高分子卷材仅有 PVC 防水卷材一种，焊接法一种为热熔焊，即利用电加热器由焊嘴喷出热气体，使卷材表面熔化实现焊接熔合；另一种为冷焊，即采用溶剂将卷材搭接或对接实现接合。焊接前卷材应平整顺直、无褶皱，焊接面应干净无油污、无水滴及附着物。焊接时应先焊长边接缝，后焊短边接缝。焊接面应受热均匀，不得有漏焊、跳焊与焊接不良等现象，更不得损害非焊接部位的卷材。

为了延长防水层的使用年限，卷材铺设完毕后，应进行保护层的施工，保护层可用浅色涂料、水泥砂浆、块体材料或细石混凝土。

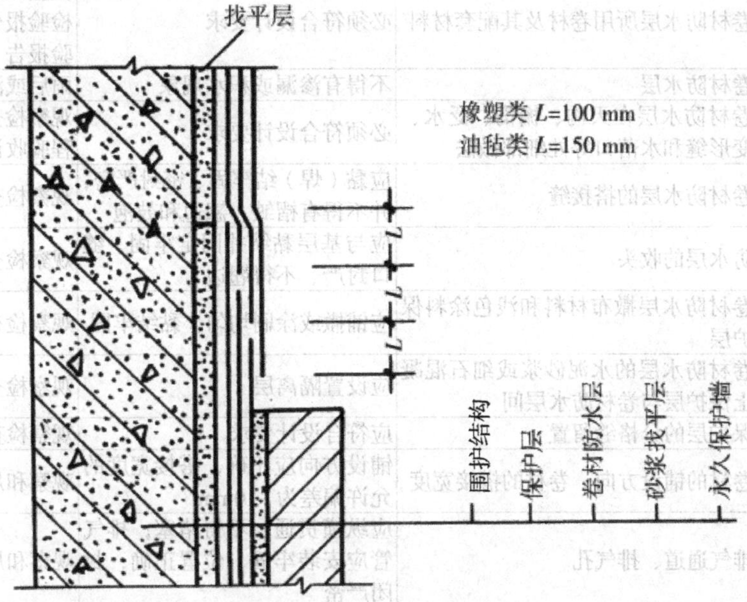

图 4–3　卷材保护层示意图

（3）设置排气通道

屋面的柔性防水层施工完毕后，往往会发生防水卷材起鼓的现象，导致防水屋面寿命缩短等。产生起鼓现象的主要原因是屋面保温层、找平层施工含水量过大或遇雨水浸泡不干燥，而又立即铺设卷材防水层。解决办法是在屋面设置排气通道。

4. 保护层种类

常用的保护层有涂料保护层，绿豆砂保护层，细砂、云母或蛭石保护层，混凝土预制板保护层。

5. 卷材防水层质量检验

卷材防水层的质量必须符合设计要求，施工后不渗漏、不积水，极易产生渗漏的节点防水设防应严密，所以将它们列为主控项目。当然，搭接、密封、基层黏结、铺设方向、搭接宽度、保护层、排气通道等项目亦应列为检验项目，见表 4-2。

防水卷材现场抽样复验项目见表 4-3。

表 4–2　卷材防水层质量检验

项目		要求	检验方法
主控项目	卷材防水层所用卷材及其配套材料	必须符合设计要求	检查出厂合格证、质量检验报告和现场抽样复验报告
	卷材防水层	不得有渗漏或积水现象	雨后或淋水、蓄水试验
	卷材防水层在天沟、檐沟、泛水、变形缝和水落口等处细部做法	必须符合设计要求	观察检查和检查隐蔽工程验收记录
一般项目	卷材防水层的搭接缝	应黏（焊）结牢固、密封严密，并不得有褶皱、翘边和鼓泡	观察检查
	防水层的收头	应与基层黏结并固定牢固、缝口封严、不得翘边	观察检查
	卷材防水层撒布材料和浅色涂料保护层	应铺撒或涂刷均匀，黏结牢固	观察检查
	卷材防水层的水泥砂浆或细石混凝土保护层与卷材防水层间	应设置隔离层	观察检查
	保护层的分格缝留置	应符合设计要求	观察检查
	卷材的铺设方向，卷材的搭接宽度	铺设方向应正确，搭接宽度的允许偏差为 –10mm	观察和尺量检查
	排气通道、排气孔	应纵横贯通，不得堵塞；排气管应安装牢固，位置正确，封闭严密	观察和尺量检查

表 4–3　防水卷材现场抽样复验项目

材料名称	现场抽样数量	外观质量检验	物理性能检验
沥青防水卷材	大于 1000 卷抽 5 卷，500 ~ 1000 卷抽 4 卷，100 ~ 499 卷抽 3 卷，100 卷以下抽 2 卷，进行规格尺寸和外观质量检验；在外观质量检验合格的卷材中，任取 1 卷进行物理性能检验	孔洞、硌伤、露胎、涂盖不匀、折纹、褶皱、裂纹、裂口、缺边，每卷卷材的接头	纵向拉力，耐热度，柔度，不透水性
高聚物改性沥青防水卷材	同上	孔洞、缺边、硌伤、裂口、边缘不整齐，胎体露白、未浸透，撒布材料粒度、颜色，每卷卷材的接头	拉力，最大拉力时延伸率，耐热率，低温柔度，不透水性
合成高分子防水卷材	同上	折痕、杂质、胶质、凹痕，每卷卷材的接头	断裂拉伸强度，扯断伸长率，低温弯折，不透水性
石油沥青	同批量至少抽一次	—	针入度，沿度，软化点
沥青玛蹄脂	每工作班至少抽一次	—	耐热度，柔韧性，黏结力

二、涂膜防水屋面

涂膜防水屋面的涂料主要有高聚物改性沥青防水涂料、合成高分子防水涂料和聚合物水泥防水涂料。涂膜防水屋面主要适用于防水等级为Ⅲ级、Ⅳ级的屋面防水，也可用作Ⅰ级、Ⅱ级屋面多道防水设防中的一道防水层。

施工要点如下：屋面的板缝、找平层应按有关规定施工。高聚物改性沥青防水涂膜应多遍涂布，总厚度应达到设计要求，涂层应均匀平整。涂膜施工应先做好节点处理，然后再大面积涂布。涂层间可夹铺胎体增强材料（化纤无纺布、玻璃纤维网格布）；胎体增强材料应铺平并排除气泡，且与涂料黏结牢固，涂料应浸透胎体，最上面的涂层厚度不应小于 1 mm。合成高分子防水涂料施工可采用刮涂或喷涂的施工方法，当采用刮涂法时，后一遍应与前一遍刮涂的方向垂直。如有胎体增强材料，位于胎体下面的涂层厚度不宜小于 1 mm，最上层的涂层不应少于两遍，厚度不应小于 0.5 mm。施工完毕后，均应做屋面保护层。

三、刚性防水屋面

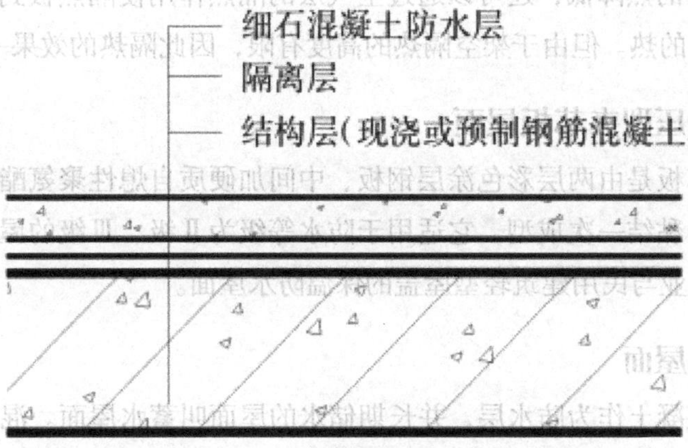

图 4–4　刚性防水屋面示意图

刚性防水屋面不适用于松散保温层屋面、大跨度和轻型屋盖屋面、受较大振动或冲击的屋面。

1. 刚性防水屋面的细部节点处理应与柔性材料复合使用，以保证防水的可靠性。

2. 刚性防水屋面在基层与防水层之间要做隔离层，从而使基层结构层与防水层变形互不约束。

3. 刚性防水层应设置分格缝，纵横分格缝一般不大于 6 m，分格面积不超过 36 m^2，分格缝内应嵌填密封材料，分格缝宽度为 5 ~ 30 mm。

4. 刚性防水屋面细石混凝土防水层的厚度不应小于 40 mm，并铺设钢筋网片。选用 ϕ4 ~ 6 mm、间距为 100 ~ 200 mm 的双向钢筋网片；钢筋网片在分格缝处应断开，其位置应居中偏上；保护层不应小于 10 mm。

四、其他类型屋面施工简介

其他类型的屋面有架空隔热屋面、金属压型夹芯板屋面、蓄水屋面、种植屋面、倒置式屋面等。

（一）架空隔热屋面

架空隔热屋面一般在炎热地区采用。架空隔热屋面是在屋顶中设置通风的空气间层，利用空气间层的空气流动带走一部分热量，从而降低传至屋里内表面的温度。一般情况下是在屋顶放置一些导热性能较低的支撑物，并在上面盖一层隔热板，这样在屋顶和隔热板之间就形成了一个空气层。空气层起到了隔热作用，不但可以通过隔热板使屋顶太阳辐射的热降低，还可以通过空气层的隔热作用使隔热板到屋顶的传热减少，从而减少室内的热。但由于架空隔热的高度有限，因此隔热的效果一般。

（二）金属压型夹芯板屋面

金属压型夹芯板是由两层彩色涂层钢板、中间加硬质自熄性聚氨酯泡沫组成的，通过辊压、发泡、黏结一次成型。它适用于防水等级为Ⅱ级、Ⅲ级的屋面单层防水，尤其适用于一般工业与民用建筑轻型屋盖的保温防水屋面。

（三）蓄水屋面

用现浇钢筋混凝土作为防水层，并长期储水的屋面叫蓄水屋面。混凝土长期浸在水中可避免碳化、开裂，提高耐久性。蓄水屋面可隔热降温，还可养殖鱼虾而获得经济效益。水池池底和池壁应一次浇成，振捣密实，初凝后立即注水养护。水池的长度与宽度超过 40 m 时，应设置变形缝。水深以 200 ~ 600 mm 为宜，水源主要利用天然雨水，还应另补人工水源，溢水口应与檐沟及雨水管相接。

（四）种植屋面

在屋面防水层上覆盖种植土，可提高屋顶的隔热、保温性能，还有利于屋面防水防渗、保护防水层。种植土可栽培花草或农作物，有利于美化环境、净化空气，且有经济效益，但增加了屋顶的荷载。屋面种植用水除利用天然降雨外，应另补人工水源。预制板屋顶上须现浇配筋混凝土，并一次浇成。

（五）倒置式屋面

倒置式屋面指保温层设置在防水层上的屋面，其构造层次为保温层、防水层、结构层。这种屋面对采用的保温材料有特殊的要求，应当使用吸湿性低、气候性强的憎水材料作为保温层（如聚苯乙烯泡沫塑料板或聚氨酯泡沫塑料板），并在保温层上加设钢筋混凝土、卵石、砖等较重的覆盖层。

五、常见屋面渗漏防治方法

（一）屋面渗漏的原因

山墙、女儿墙和突出屋面的烟囱等墙体与防水层相交部位漏水、天沟漏水、屋面变形缝（伸缩缝、沉降缝）处漏水、挑檐及檐口处漏水、雨水口处漏水、厕所及厨房的通气管根部漏水。

（二）屋面渗漏的防治方法

女儿墙压顶开裂时，可铲除开裂压顶的砂浆，重抹 1 ∶ 2 ~ 2.5 水泥砂浆，并做好滴水线，有条件者可换成预制钢筋混凝土压顶板。突出屋面的烟囱、山墙、管根等与屋面交接处、转角处做成钝角，垂直面与屋面的卷材应分层搭接。对已漏水的部位，可将转角渗漏处的卷材割开，并分层将旧卷材烤干剥离，清除原有沥青胶。突出屋面的管道漏雨：管根处做成钝角，并建议设计单位加做防雨罩，使油毡在防雨罩下收头。檐口漏雨：将檐口处旧卷材掀起，用 24 号镀锌薄钢板将其钉于檐口，将新卷材贴于薄钢板上。雨水口漏雨渗水：将雨水斗四周卷材铲除，检查短管是否紧贴基层板面或铁水盘。如短管浮搁在找平层上，则将找平层凿掉，清除后安装好短管，再用搭槎法重做三毡四油防水层，然后进行雨水斗附近卷材的收口和包贴。如用铸铁弯头代替雨水斗，则需将弯头凿开取出，清理干净后安装弯头，再铺油毡（或卷材）一层，其伸入弯头内应大于 50 mm，最后做防水层至弯头内，并与弯头端部搭接顺畅、抹压密实。

第二节　地下防水工程

地下防水工程是防止地下水对地下构筑物或建筑物基础的长期浸透，保证地下构筑物或建筑物功能正常发挥的一项重要工程。由于地下工程常年受到地表水、潜水、上层滞水、毛细管水等的作用，所以，地下工程防水要求比屋面防水工程要求更高、防水技术难度更大。如何正确选择合理有效的防水方案成为地下防水工程中的首要问题。

地下工程的防水等级分 4 级，各级标准应符合表 4-4 的规定。

表 4–4　地下工程防水等级标准及适用范围

防水等级	标准	适用范围
一级	不允许掺水，结构表面无湿渍	人员长期停留的场所；因有少量湿渍会使物品变质、失效的储物场所及严重影响设备正常运转和危及工程安全运营的部位；极重要的战备工程
二级	不允许渗水，结构表面可有少量湿渍。工业与民用建筑：总湿渍面积不应大于总防水面积（包括顶板、墙面、地面）的 1/1000；任意 100m² 防水面积上湿渍不超过 1 处，单个湿渍的最大面具不大于 0.1m²；其他地下工程：总湿渍面积不应大于总防水面积的 6/1000；任意 100m² 防水面积上的湿渍不超过 4 处，单个湿渍的最大面积不大于 0.2m²	人员经常活动的场所；在有少量湿渍的情况下不会使物品变质、失效的储物场所及基本不影响设备正常运转和工程安全运营的部位；重要的战备工程
三级	有少量漏水点，不得有线流和漏泥砂，任意 100m² 防水面积上的漏水点不超过 7 处，单个漏水点的最大漏水量不大于 2.5L/m²·d，单个湿渍的最大面积不大于 0.3m²	人员临时活动的场所，一般战备工程
四级	有漏水点，不得有线流和漏泥砂，整个工程平均漏水量不大于 2L/m²·d；任意 100m² 防水面积的平均漏水量不大于 4L/m²·d	对渗、漏水有严格要求的工程

一、防水方案及防水措施

（一）防水方案

地下工程的防水方案，应遵循“防、排、截、堵结合，刚柔相济、因地制宜、综合治理”的原则。常用的防水方案有结构自防水、设防水层、渗排水防水三类。

（二）防水措施

地下工程的钢筋混凝土结构应采用防水混凝土，并根据防水等级的要求采用防水措施。防水措施应根据地下工程开挖方式确定。

二、结构主体防水的施工

（一）防水混凝土结构的施工

防水混凝土适用于一般工业与民用建筑物的地下室、地下水泵房、水池、水塔、大型设备基础、沉箱、地下连续墙等防水建筑；防水混凝土不适用于裂缝宽度大于 0.2 mm 并有贯通裂缝的混凝土结构；防水混凝土结构不可能没有裂缝，但裂缝宽度控制太小，如在 0.1 mm 以内，则结构配筋率增大、造价提高、钢筋稠密、混凝土浇筑困难，出现振捣不密实等缺陷，反而对混凝土抗渗性不利；防水混凝土不适用于遭受剧烈振动或冲击的结构，振动和冲击使得结构内部产生拉应力，当拉应力大于混凝土自身抗拉强度时，就会出现结构裂缝，产生渗漏现象；防水混凝土的环境温度不得高于

80℃，一般应控制在 50℃以下，最好接近常温，这主要是因为防水混凝土抗渗性随着温度升高而降低，温度越高降低越明显。

1. 防水混凝土的种类

（1）普通防水混凝土：普通防水混凝土是一种富砂浆混凝土，在粗骨料周围形成一定浓度和良好质量的砂浆包裹层，混凝土硬化后，骨料和骨料之间的孔隙被具有一定密度的水泥砂浆填充，并切断混凝土内部沿粗骨料表面连通毛细渗水通路。

（2）外加剂防水混凝土（增加密实度和抗渗性）：混凝土中掺入一定量的外加剂，以改善混凝土内部结构，提高混凝土密实度和抗渗性。

（3）补偿收缩混凝土：在混凝土中掺入适量膨胀剂或用膨胀水泥配制而成的一种微膨胀混凝土。它以本身适度膨胀抵消收缩裂缝，同时改善孔隙结构、降低孔隙率、减小开裂，使混凝土有较高的抗渗性能。常用的膨胀剂有 U 型混凝土膨胀剂（UEA）、明矾石膨胀剂、明矾石膨胀水泥、石膏矾土膨胀水泥等。

2. 防水混凝土工程的施工

（1）防水混凝土迎水面钢筋保护层的厚度不小于 50 mm。绑扎钢筋的铅丝应向里侧弯曲，不要外露。

（2）必须按试验室制定的配料单严格控制各种材料用量，不得随意增加，各种外加剂应稀释成较小浓度的溶液后再加入搅拌机内，严禁将外加剂干粉或者高浓度溶液直接加到搅拌机内，但膨胀剂应以干粉加入。

（3）混凝土的搅拌必须采用机械搅拌，时间不应小于 2 min，掺外加剂时应根据其技术要求确定搅拌时间，如混凝土出现离析现象，必须进行二次搅拌。混凝土的浇筑高度不超过 1.5 m，否则应用溜槽或串筒等。混凝土浇筑应分层，每层厚度不超过 250 mm，但板底处可为 300 ~ 400 mm，斜坡不应超过 1/7。防水混凝土掺引气剂、减水剂时应采用高频插入式振捣器振捣，振捣时间为 10 ~ 30 s，以混凝土泛浆和不冒气泡为准，应避免漏振、欠振和超振。防水混凝土终凝后应立即进行养护，养护时间不少于 14 d。

（4）防水混凝土施工缝留设及施工注意的问题。

防水混凝土应连续浇筑，宜少留施工缝。留设施工缝应遵守下列原则：墙体应留水平施工缝，而且应留在剪力与弯矩最小处或底板与侧墙的交接处，应留在高出底板表面不小于 300 mm 的墙体上。拱（板）墙结合的水平施工缝，宜留在拱（板）墙接缝线以下 150 ~ 300 mm 处。墙体有预留孔洞时，施工缝距孔洞边缘不应小于 300 mm。垂直施工缝应避开地下水和裂隙水较多的地段，并尽量与变形缝相结合。

施工缝施工的操作要求：水平施工缝与垂直施工缝浇灌混凝土前，应将其表面浮浆和杂物清除，再铺 30 ~ 50 mm 厚的 1 ∶ 1 水泥砂浆或涂刷混凝土界面处理剂，并及时浇灌混凝土。遇水膨胀止水条应具有缓胀性能，其 7 d 的膨胀率不应大于最终膨胀率的 60%，而且应保证位置准确、固定牢靠。

防水混凝土结构内部设置的各种钢筋或绑扎铁丝，不得接触模板。固定模板用的螺栓必须穿过防水混凝土时，可以采用工具式螺栓或螺栓加堵头，螺栓应加焊方形止水环。

（5）穿墙管（盒）施工与构造。混凝土浇筑前应先预埋穿墙管（盒），与内墙凹凸部位的距离应大于 250 mm；结构变形或管道伸缩量较小时，可以将穿墙管（盒）直接埋入混凝土内，采用固定式防水法，并预留凹槽，用嵌缝材料嵌填密实；结构变形或管道伸缩量较大或有更换要求时，应采用套管式防水法，套管应加焊止水环。穿墙管较多时，管与管之间距离应大于 300 mm。钢止水环加工完成后，在其外壁刷防锈漆两遍，预留洞口后埋穿墙部分的混凝土必须捣实严密。柔性防水管道一般用于管道穿过墙壁之处受震动或有严密防水要求的建筑物。

（二）水泥砂浆防水层的施工

种类：普通防水砂浆、聚合物水泥砂浆和掺外加剂或掺和料的防水砂浆。

特点：高强度、抗刺穿、湿粘性等。

适用范围：埋置深度较大，沉降较大，温度、湿度变化较大，受震动或冲击荷载等防水工程不宜采用。

做法：水泥砂浆防水层可采用人工多层抹压施工，而且可以与其他防水方法叠层使用。

规定：所用材料应符合《地下工程防水技术规范》（GB　50108—2008）的有关规定。

操作要点：

（1）水泥砂浆不得在雨天及 5 级以上大风中施工；冬季施工时，气温不得低于 5℃，且基层表面温度应保持在 0℃以上；夏季施工时，不应在 35℃以上或烈日照射下施工。

（2）基层表面应平整、坚实、粗糙、清洁，并充分湿润，一般混凝土应提前一天浇水，应无积水。新浇混凝土拆模后应立即用钢丝刷将混凝土表面扫毛，基层表面的孔洞、缝隙应用与防水层相同的砂浆堵塞抹平。

（3）预埋件、穿墙管预留凹槽内嵌填密封材料后，再抹防水砂浆层。

（4）掺外加剂、掺和料、聚合物等防水砂浆配合比和施工方法应符合所掺材料的规定。

（5）水泥砂浆防水层各层应紧密贴合，每层应连续施工；如必须留茬，采用阶梯形茬，但离阴阳角处不得小于 200 mm；接茬应依层次顺序操作，层层搭接紧密。

（6）所有阴阳角处要求用大于 1 ∶ 1.25 水泥砂浆做成圆角以利于防水层形成封闭整体（阳角 R=2 mm，阴角 R=25 mm）。

（7）水泥砂浆防水层施工完毕后要及时养护。聚合物水泥砂浆防水层未达到硬化状态时，不得浇水养护或直接受雨水冲刷，硬化后应采用干湿交替养护，在潮湿环境中可在自然状态下养护。

（三）卷材防水层施工

1. 卷材防水层的使用范围和施工条件

卷材防水层用于受侵蚀性介质作用或受震动作用的地下工程防水，经常承受的压力不超过 0.5 N/mm² 和经常保持不小于 0.01 N/mm² 的侧压力，才能发挥防水的有效作用。卷材应铺设在混凝土结构主体的迎水面，即结构主体底板垫层至墙体顶端的基面上，在外围形成封闭的防水层。

2. 铺贴方案

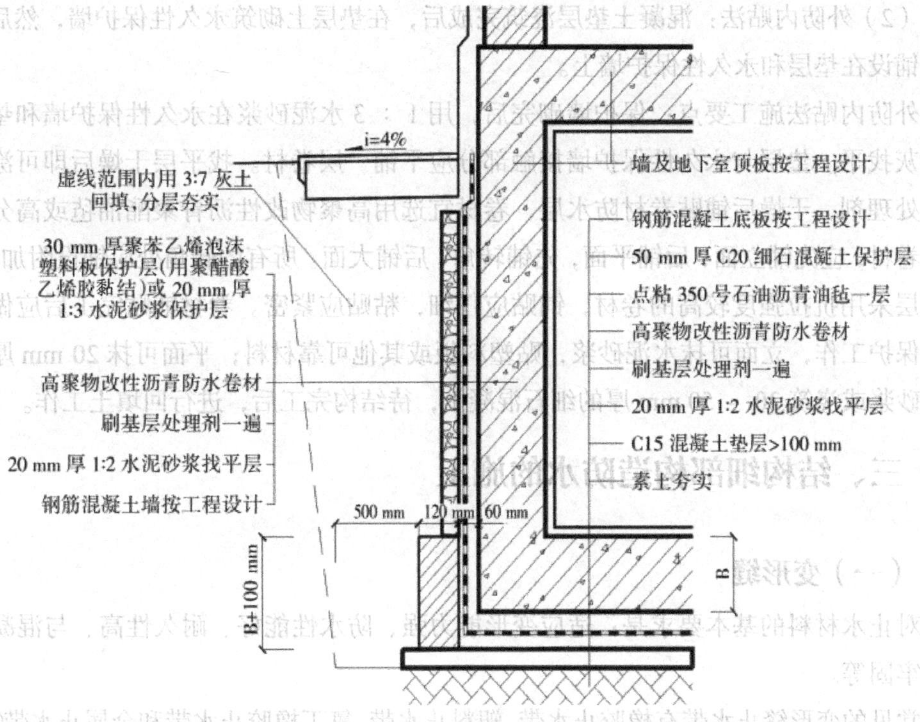

图 4–5　外防外贴法卷材防水层详图

注：如为外防内贴法，防水层可用 5 ~ 6 mm 厚聚苯乙烯泡沫塑料片保护层（用氯丁胶黏结）

地下防水工程一般把卷材防水层设置在建筑结构的外侧迎水面上。这种防水层可以借助土压力压紧，并与结构一起抵抗有压地下水的渗透和侵蚀作用，防水效果良好，使用比较广泛。

（1）外防外贴法：将立面卷材防水层铺设在防水外墙结构的外表面。

外防外贴法施工要点：在垫层上铺设防水层后，再进行底板和结构主体施工，然后砌筑永久性保护墙，高度为防水结构底板厚度加 100 mm，墙底应铺设（干铺）一层防水卷材，上部用 30 mm 厚聚苯板做保护层，高度为 200 mm 左右。永久性保护墙及聚苯板用 1 ∶ 3 水泥砂浆抹灰找平，保护墙沿长度方向 5 ~ 6 m 和转角处应断开，断缝处嵌入卷材条或沥青麻丝。

高聚物改性沥青卷材铺设用热熔法施工，施工时应注意卷材与基层接触面加热均匀；合成高分子卷材铺设可用冷粘法施工，施工时应注意胶粘剂与卷材性能的相容性，而且胶粘剂要涂刷均匀。

在立面与平面的转角处，接缝应留在平面上，距立面墙体不小于 600 mm。双层卷材不得垂直铺贴，上下两层或相邻两卷材的接缝应相互错开 1/3 ~ 1/2 幅宽；卷材长边与短边的搭接长度不应小于 100 mm。交接处应交叉搭接；转角处应粘贴一层附加层，应先铺平面，后铺立面，并采取立面防滑措施。

（2）外防内贴法：混凝土垫层浇筑完成后，在垫层上砌筑永久性保护墙，然后将卷材铺设在垫层和永久性保护墙上。

外防内贴法施工要点：保护墙砌完后，用 1 ∶ 3 水泥砂浆在永久性保护墙和垫层上抹灰找平。垫层与永久性保护墙接触部分应平铺一层卷材。找平层干燥后即可涂刷基层处理剂，干燥后铺贴卷材防水层，卷材宜选用高聚物改性沥青聚酯油毡或高分子防水卷材，应先铺立面，后铺平面，先铺转角，后铺大面。所有的转角处应铺设附加层，附加层采用抗拉强度较高的卷材，铺贴应仔细，粘贴应紧密。卷材铺贴完工后应做好成品保护工作，立面可抹水泥砂浆，贴塑料板或其他可靠材料；平面可抹 20 mm 厚的水泥砂浆或浇筑 30 ~ 50 mm 厚的细石混凝土，待结构完工后，进行回填土工作。

三、结构细部构造防水的施工

（一）变形缝

对止水材料的基本要求是：适应变形能力强、防水性能好、耐久性高、与混凝土黏结牢固等。

常见的变形缝止水带有橡胶止水带、塑料止水带、氯丁橡胶止水带和金属止水带（如镀锌钢板等）。

止水带的构造形式通常有埋入式、可卸式、粘贴式等，目前采用较多的是埋入式。

（二）后浇带

后浇带的混凝土施工，应在两侧混凝土浇筑完毕并养护 6 个星期，待混凝土收缩变形基本稳定后再进行。高层建筑的后浇带应在结构顶板浇筑混凝土 4 d 后再施工。浇筑前应将接缝处混凝土表面凿毛并清洗干净，保持湿润；浇筑的混凝土应优先选用补偿收缩混凝土，其强度等级不得低于两侧混凝土的强度等级；施工期的温度应低于两侧混凝土施工时的温度，而且宜选择在气温较低的季节施工；浇筑后的混凝土养护时间不应少于 4 个星期。

四、地下防水工程渗漏及防治方法

（一）防水混凝土结构渗漏部位、原因及防治方法

结构自防水顾名思义就是依靠混凝土自身的密实度抵抗地下水的侵蚀，但是由于施工原因，混凝土结构自身的缺陷常造成渗漏。

1. 混凝土蜂窝、麻面、露筋、孔洞等造成地下室渗水。

2. 混凝土结构的施工缝产生渗漏。

3. 混凝土裂缝产生渗漏。

4. 预埋件部位产生渗漏。其原因有预埋件过密，预埋件周围混凝土振捣不密实；在混凝土终凝前碰撞预埋件，使预埋件松动；预埋件铁脚过长，穿透混凝土层，又未按规定焊好止水环；预埋管道自身有裂缝、砂眼等，地下水通过管壁渗漏等。

5. 地下室的后浇带处理不合理造成渗漏。

6. 地下室外墙的穿墙螺栓眼位置处理不当造成渗漏。

防治方法：

1. 混凝土蜂窝、麻面、露筋、孔洞等造成地下室渗水，主要原因是配合比不准，坍落度过小，长距离运输和自由入模高度过高，造成混凝土离析；局部钢筋密集或预留洞口的下部混凝土无法进入，振捣不实或漏振，跑模漏浆等。针对以上情况，混凝土应严格计量，搅拌均匀，长距离运输后要进行二次搅拌。对于自由入模高度过高者，应使用串筒、溜槽，浇筑应按施工方案分层进行，振捣密实。对于钢筋密集处，可调整石子级配，较大的预留洞下，应预留浇筑口。模板应支设牢固，在混凝土浇筑过程中，应指派专人值班“看模”。

2. 混凝土结构的施工缝也是极易发生渗水的部位。其渗水原因主要为施工缝留设位置不当；施工缝清理不净，新旧混凝土未能很好结合；钢筋过密，混凝土捣实有困难等。防止施工缝渗水可采取以下措施：首先，施工缝应按规定位置留设，墙面水平施工缝加止水条，防水薄弱部位及底板上不应留设施工缝，墙板上如必须留设垂直施工缝，应与变形缝相一致。其次，施工缝的留设、清理及新旧混凝土的接浆等应有统一部署，由专人认真细致地做好。此外，设计人员在确定钢筋布置位置和墙体厚度时，应考虑方便施工，以保证工程质量。如发现施工缝渗水，可采用防水堵漏技术进行修补。

（二）卷材防水层渗漏部位、原因及防治方法

1. 地下室底板结构复杂，卷材防水层施工时，若卷材施工不到位，极易造成底板漏水。

2. 含有地下水的底板，由于降水不到位，混凝土垫层潮湿，造成涂刷的冷底子油不粘，致使防水卷材与垫层无法结合成一体，造成底板渗水。

3. 基础为桩基础的，如果桩头防水处理不好，极易造成底板渗水。

4. 地下室外墙混凝土浇筑完毕，拆模后，还未等混凝土表面干透，就开始做防水，造成卷材与墙体不黏结，致使墙体卷材渗漏。

5. 做卷材防水时，卷材搭接不够，阴阳角附加毡做得不规矩，这些部位容易被破坏，致使漏水。

6. 外墙回填土时，防水保护层对卷材造成挤压，致使卷材破坏，造成墙体渗水。

卷材防水层渗漏的主要防治方法有以下几个方面。

1. 地下室底板结构复杂，卷材防水层施工时，卷材施工不到位，造成底板漏水。防治措施：重点加强集水坑、电梯井坑、底板高低差位置的阴阳角处理，为了保证卷材做到位，这些位置均应抹成八字面，卷材附加层经检查合格后，开始大面积做防水卷材。从混凝土底板下甩出的卷材可刷油铺贴在永久保护墙上，但超出永久保护墙的卷材不刷油铺实，而是用附加保护油毡包裹压在基础底板上，待基础施工完毕后撕去保护油毡再刷油铺实在地下室外墙上。地下室外墙上的防水保护层可采用 20 ~ 50 mm 聚氯乙烯泡沫塑料板代替砖墙保护层。由于聚氯乙烯泡沫塑料板是软保护层，能缓冲和吸收回填土压力对防水层的破坏，且软保护层对防水层的约束力较小，故能保证防水层与建筑物同步沉降，不破坏防水层。

2. 含有地下水的底板，由于降水不到位，混凝土垫层潮湿，造成涂刷的冷底子油不粘，致使防水卷材与垫层无法结合成一体，造成卷材空鼓，底板渗水。防治措施：加大降水力度，地下水位降至垫层以下不少于 500 mm，保持混凝土表面干燥洁净，在铺贴前 1 ~ 2 天涂刷 1 ~ 2 道冷底子油，保证底油不起泡，至施工人员在上行走时不把混凝土表面带起来时，开始做防水卷材，采用火焰加热器熔化热熔型卷材底层热熔胶进行粘贴，铺贴时卷材与基层宜采用满粘法，随热熔随粘贴，滚铺卷材的部位必须溢出沥青热熔胶，保证粘贴面牢固。

（三）变形缝处渗漏部位、原因及防治方法

建筑物结构断面变化处通常设变形缝，变形缝受气温变化、基础不均匀下沉等因素影响，会使主体结构产生沉降和伸缩现象。为使在变形条件下不渗水，变形缝防水设计要满足密封防水、适应变形的要求。

变形缝有沉降缝和伸缩缝两种，是地下工程重要的防水部位。变形缝力求形式简单，目前常用的变形缝防水构造为埋入式橡胶止水带或后埋式止水带。由于施工条件限制、防水材料质量差以及施工方法不合理等诸多因素的影响，变形缝出现渗漏水，使得地下工程不能充分利用。

防治方法：

1. 清除止水带周围的杂物，检查止水带有无损坏，再浇筑混凝土。

2. 埋入式止水带按设计规定固定，位置准确，严禁止水带中心圆环处穿孔，变形缝的木丝板要对准中心圆环处。

3. 底板混凝土垫层要振捣密实，埋入式止水带由中部向两侧挤压按实，再浇筑混凝土；墙壁上的止水带周围应加强振捣，防止粗骨料集中，必要时采用大体积流动混凝土。

4. 后埋式止水带凹槽的宽度和深度尽量大些，变形缝木丝板要对准止水带中心环以延长渗水路径；凹槽不合格要重新剔槽，凹槽内做抹面防水层，防水层表面应为麻面，转角处做成半径为 15 ~ 20 mm 的圆角。

5. 后埋式止水带铺贴时，凹槽内用 5 mm 水泥砂浆抹一层，沿底板中部向两侧铺贴，用手按实，赶出气泡，表面再用稠的水泥浆抹严实。

6. 混凝土覆盖层应在后埋式止水带铺贴后立即浇筑，配合比宜小不宜大，以减少收缩。

7. 为确保变形对覆盖层按设计位置开裂，覆盖层的中间应用木板或木丝板隔开。

第三节 卫生间防水工程

一、卫生间楼地面聚氨酯防水施工

（一）基层处理

卫生间的防水基层必须用 1 ： 3 的水泥砂浆找平，要求抹平、压光、无空鼓，表面要坚实，不应有起砂、掉灰现象。在抹找平层时，管道根部周围应略高于地面，地漏周围应做成略低于地面的洼坑。找平层的坡度以 2% ~ 5% 为宜，坡向地漏。凡遇到阴、阳角处，要抹成半径不小于 10 mm 的小圆弧。与找平层相连接的管件、卫生洁具、排水口等，必须安装牢固，收头圆滑，按设计要求用密封膏嵌固。基层必须基本干燥，一般在基层表面均匀泛白、无明显水印时，才能进行涂膜防水层施工。施工前要把基层表面的尘土、杂物彻底清扫干净。

（二）施工工艺

1. 清理基层

需做防水处理的基层表面必须彻底清扫干净。

2. 涂布底胶

将聚氨酯甲、乙两组分别和二甲苯按 1 ∶ 1.5 ∶ 2 的比例（重量比，以产品说明书为准）配制，搅拌均匀，再用小滚刷或油漆刷均匀涂布在基层表面上。涂刷量为 0.15 ~ 0.2 kg/m^2，涂刷后应干燥固化 4 h 以上，才能进行下道工序施工。

3. 配制聚氨酯涂膜防水涂料

将聚氨酯甲、乙两组分别和二甲苯按 1 ∶ 1.5 ∶ 0.3 的比例配合，用电动搅拌器强力搅拌均匀备用。应随配随用，一般在 2 h 内用完。

4. 涂膜防水层施工

用小滚刷或油漆刷将已配好的防水涂料均匀涂布在底胶已干固的基层表面上。涂完第一遍涂膜后，一般需固化 5 h 以上，在基本不粘手时，再按上述方法涂布第二、三、四遍涂膜，并使后一遍与前一遍的涂布方向相垂直。对管子根部、地漏周围以及墙转角部位，必须认真涂刷，涂刷厚度不小于 2 mm。在最后一遍涂膜固化前应及时稀撒少许干净的粒径为 2 ~ 3 mm 的小豆石，使其与涂膜防水层黏结牢固，作为与水泥砂浆保护层黏结的过渡层。

5. 做好保护层

当聚氨酯涂膜防水层完全固化和蓄水试验合格后，即可铺设一层厚度为 15 ~ 25 mm 的水泥砂浆保护层，然后按设计要求铺设饰面层。

（三）质量要求

聚氨酯涂膜防水材料的技术性能应符合设计要求或材料标准规定，并应附有质量证明文件和现场取样试验报告以及其他有关质量的证明文件。聚氨酯的甲、乙料必须密封存放，甲料开盖后，吸收空气中的水分会起反应而固化，如在施工中混有水分，则聚氨酯固化后内部会有水泡，影响防水能力。涂膜厚度应均匀一致，总厚度不应小于 1.5 mm。涂膜防水层必须均匀固化，不应有明显的凹坑、气泡和渗漏水现象。

二、卫生间楼地面氯丁胶乳沥青防水涂料施工

氯丁胶乳沥青防水涂料是以氯丁橡胶和沥青为基料，经加工合成的一种水乳型防水涂料。它兼有橡胶和沥青的双重优点，具有防水、抗渗、耐老化、不易燃、无毒、抗基层变形能力强等优点，冷作业施工，操作方便。

（一）基层处理

与聚氨酯防水施工要求相同。

（二）工艺流程

基层找平处理→满刮一遍氯丁胶乳沥青防水涂料→做细部构造加强层→铺贴玻璃布，同时刷第二遍涂料→刷第三遍涂料→铺贴玻璃纤维网格布，同时刷第四遍涂料→刷第五遍涂料→刷第六遍涂料并及时撒砂粒→蓄水试验→按设计要求做保护层和面层→防水层二次试水，验收。

（三）质量要求

水泥砂浆找平层做完后，应对其平整度、强度、坡度和干燥度进行预检验收。防水涂料应有产品质量证明书以及现场取样的复检报告。施工完成的氯丁胶乳沥青涂膜防水层不得有起鼓、裂纹、孔洞缺陷。末端收头部位应粘贴牢固、封闭严密，成为一个整体的防水层。做完防水层的卫生间，经 24 h 以上的蓄水试验，无渗漏水现象方为合格。要提供检查验收记录，连同材料质量证明文件等技术资料一并归档备查。

三、卫生间涂膜防水层施工注意事项

施工用材料有毒性，存放材料的仓库和施工现场必须通风良好，无通风条件的地方必须安装机械通风设备。

施工材料多属易燃物质，存放、配料以及施工现场必须严禁烟火，现场要配备足够的消防器材。在施工过程中，严禁上人踩踏未完全干燥的涂膜防水层。操作人员应穿平底胶布鞋，以免损坏涂膜防水层。

凡需做附加补强层的部位应先施工，再进行大面防水层施工。

已完工的涂膜防水层，必须经蓄水试验无渗漏现象后，方可进行刚性保护层的施工。进行刚性保护层施工时，切勿损坏防水层，以免留下渗漏隐患。

四、卫生间渗漏与堵漏措施

（一）板面及墙面渗水

1. 原因

混凝土、砂浆施工质量不良，存在微孔渗漏；板面、隔墙出现轻微裂缝；防水涂层施工质量不好或被损坏。

2. 堵漏措施

（1）拆除卫生间渗漏部位饰面材料，涂刷防水涂料。

（2）如有开裂现象，应先对裂缝进行增强防水处理，再刷防水涂料。

（3）当渗漏不严重、饰面拆除困难时，也可直接在其表面刮涂透明或彩色聚氨酯防水涂料。

（二）卫生洁具及穿楼板管道、排水管口等部位渗漏

1. 原因

细部处理方法欠妥，卫生洁具及管口周边填塞不严；管口连接件老化；由于振动及砂浆、混凝土收缩等原因出现裂隙；卫生洁具及管口周边未用弹性材料处理，或施工时嵌缝材料及防水涂料黏结不牢；嵌缝材料及防水涂层被拉裂或拉离黏结面。

2. 堵漏措施

（1）将漏水部位彻底清理，刮填弹性嵌缝材料。

（2）在渗漏部位涂刷防水涂料，并粘贴纤维材料。

（3）更换老化管口连接件。

第五章 建筑工程项目管理概论

第一节 建筑项目管理的发展背景

一、项目管理的来源

古代埃及建筑的金字塔、古代中国开凿的大运河和修筑的万里长城等许多建筑工程都可以被认为是人类祖先完成的优质项目。有项目就必然会存在项目管理问题。古代对项目管理主要是凭借优秀建筑师个人的经验、智慧，依靠个人的才能和天赋进行的，还谈不上应用科学的、标准化的管理方法。

近代项目管理是随着管理科学的发展而发展起来的。1917年，亨利·甘特发明了著名的甘特图。此后，甘特图被广泛应用于车间日常工作安排，经理们按日历徒手画出要做的任务图表。20世纪50年代后期，美国杜邦公司路易斯维化工厂创造了关键路径法（critical path method，CPM），研究和开发、生产控制和计划编排，大大缩短了完成预定任务的时间，并节约了10%左右的投资，取得了显著的经济效益。同一时期，美国海军在研究开发北极星（Polaris）号潜水舰艇所采用的远程导弹F.B.M的项目中开发出计划评审技术（program evaluation and review technique，PERT）。计划评审技术的应用使美国海军部门顺利解决了组织、协调参加这项工程的遍及美国48个州的200多个主要承包商和11 000多个企业的复杂问题，节约了投资，缩短了约两年工期，缩短工期近25%。其后，随着网络计划技术的广泛应用，该项技术可节约投资10%～15%，缩短工期15%～20%，而编制网络计划所需要的费用仅为总费用的0.1%。

20世纪80年代，信息化在世界范围内蓬勃发展，全球性的生产能力开始形成，现代项目管理逐步发展起来。项目管理快速发展的原因主要有以下几方面。

（1）当前，世界经济正在进行全球范围的结构调整，竞争和兼并激烈，使得各个企业需要重新考虑如何进行业务的开展，如何赢得市场，赢得消费者。抓住经济全球化、信息化的发展机遇最重要的就是创新。为了具有竞争能力，各个企业不断地降低成本，加快新产品的开发速度。为了缩短产品的开发周期，缩短从概念到产品推向市场的时间，提高产品质量，降低成本，必须围绕产品重新组织人员，将从事产品创新活动、计划、工程、财务、制造、销售等的人员组织到一起，从产品开发到市场销售全过程，形成一个项目团队。

（2）适应现代复杂项目的管理。项目管理的吸引力在于使企业能处理需要跨领域解决方案的复杂问题，并能实现更高的运营效率。可以根据需要把一个企业的若干人员组成一个项目团队，这些人员可以来自不同的职能部门。与传统的管理模式不同，项目不是通过行政命令体系来实施的，而是通过所谓的“扁平化”的结构来实施的，其最终目的是使企业或机构能够按时在预算范围内实现其目标。

（3）适应以用户满意为核心的服务理念。传统项目管理的三大要素分别是时间、成本和质量指标。评价项目成功与否的标准就是能否满足这三个条件。除此之外，现在最能体现项目成功的标志是客户和用户的认可与满意。使客户和用户满意是现今企业发展的关键要素，这就要求加快决策速度、给职员授权。项目管理中项目经理的角色从活动的指挥者变成了活动的支持者，他们尽全力使项目团队成员尽可能有效地完成工作。

正是在上述背景下，经过工程界和学术界的不懈努力，项目管理已从经验上升为理论，并成为与实际结合的一门现代管理学科。

二、项目管理的发展

作为新兴的学科，项目管理来自工程实践，因此，项目管理既有理论体系，又最终用来指导各行各业的工程实践。在这个反复交替、不断提高的过程中，项目管理作为学科在其应用的过程中，要吸收其他学科的知识和成果。在项目管理的过程中，至少涉及建设方、承建方和监理方三方。要想把项目管好，这三方必须对项目管理有一致的认识，遵循科学的项目管理方法，这就是“三方一法”。只有这样，步调才能一致，避免无谓的纠纷，协力把项目完成。

与其他任何学科的成长和发展一样，项目管理学科的成长和发展需要一个漫长的过程，而且是永无止境的。通过分析当前国际项目管理的发展现状发现，它有三个特点，即全球化的发展、多元化的发展和专业化的发展。

20 世纪 60 年代由数学家华罗庚引入的 PERT 技术、网络计划与运筹学相关的理论体系，是我国现代项目管理理论第一发展阶段的重要成果。

1984 年的鲁布革水电站项目是利用世界银行贷款的项目，并且是我国第一次聘请外国专家采用国际招标的方法，运用项目管理进行建设的水利工程项目。项目管理的运用，大大缩短了工期，降低了项目造价，取得了明显的经济效益。随后在二滩水电站、三峡水利枢纽工程、小浪底水利枢纽工程和其他大型工程建设中，都相应采用了项目管理这一有效手段，并取得了良好的效果。

1991 年，我国成立了中国项目管理研究委员会，随后出版了刊物《项目管理》，建立了许多项目管理网站，有力地推动了我国项目管理的研究和应用。

我国虽然在项目管理方面取得了一些进展,但是与发达国家相比还有一定的差距。在我国，统一的、体系化的项目管理思想还没有得到普及和贯彻，目前，承建方和监理方的项目管理水平有很大的进步，而建设方的项目管理意识和水平还有待提高。

第二节　建筑工程项目管理概述

一、建筑工程项目管理的含义

建筑工程项目管理的内涵是，自项目开始至项目完成，通过项目策划和项目控制，以使项目的费用目标、进度目标和质量目标得以实现。

“自项目开始至项目完成”指的是项目的实施期；“项目策划”指的是目标控制前的一系列筹划和准备工作；“费用目标”对业主而言是投资目标，对施工方而言是成本目标。项目决策期管理工作的主要任务是确定项目的定义，而项目实施期管理工作的主要任务是通过管理使项目的目标得以实现。

项目是一种一次性的工作，它应当在规定的时间内，在明确的目标和可利用资源的约束下，由专门组织起来的人员运用多种学科知识来完成。美国项目管理学会（Proj ect Management Institute，PMI）对项目的定义是：将人力资源和非人力资源结合成一个短期组织以达到一个特殊目的。

项目管理这一概念是第二次世界大战的产物（如美国研制原子弹的曼哈顿计划）。第二次世界大战后，美国海军在研究开发北极星号潜水舰艇的导弹系统时创造出项目时间管理工具——计划评审技术（program evaluation and review technique，PERT）。后来，美国国防部又创造出项目范围管理工具——工作分解结构法（work break-down structures，WBS），用以处理复杂的大型项目。20 世纪 50—80 年代期间，项目管理主要应用于军事和建筑领域。这一时期，项目管理被看作是致力于预算、规划和达到特定目标的小范围内的活动。项目经理仅是一个执行者，他的工作单纯是完成既定的任务——去执行由其他人（如设计师、工程师和建筑师）制定的方案。

二、建筑工程项目管理的特点

（一）复杂性

工程项目建设时间跨度长，涉及面广，过程复杂，内外部各环节链接运转难度大。项目管理需要各方面人员组成协调的团队，要求全体人员能够综合运用包括专业技术和经济、法律等知识，步调一致地进行工作，随时解决工程项目建设过程中出现的问题。

（二）一次性

工程项目具有一次性的特点，没有完全相同的两个工程项目。即使是十分相似的项目，在时间、地点、材料、设备、人员、自然条件以及其他外部环境等方面，也都存在差异。项目管理者在项目决策和实施过程中，必须从实际出发，结合项目的具体情况，因地制宜地处理和解决工程项目实际问题。因此，项目管理就是将前人总结的建设知识和经验，创造性地运用于工程管理实践。

（三）寿命周期性

项目的一次性决定项目有明确的结束点，即任何项目都有其产生、发展和结束的时间，也就是项目具有寿命周期。在寿命周期内，在不同的阶段都有特定的任务、程序和内容。

（四）专业性

工程项目管理需对资金、人员、材料、设备等多种资源进行优化配置和合理使用，专业技术性强，需要专门机构、专业人才来进行。

三、建筑工程项目的基本建设程序

建筑工程项目建设程序是指工程项目从策划、评估、决策、设计、施工到竣工验收、投入生产或交付使用的整个建设过程中，各项工作必须遵循的工作次序。

工程建筑是人类改造自然的活动，建设工作涉及的面很广，完成一项建筑工程需要很多方面的密切协作和配合。工程项目建筑程序是工程建设过程客观规律的反映，是建设工程项目科学决策和顺利进行的重要保证。工程项目建设程序是人们长期在工程项目建设实践中得出来的经验总结，其中有些工作内容是前后衔接的，有些工作内容是互相交叉的，有些工作内容则是同步进行的。所有这些工作都必须纳入统一的轨道，遵照统一的步调和次序来进行，这样才能有条不紊地按预订计划完成建设任务，并迅速形成生产能力，取得使用效益。建设程序包括以下阶段和内容。

（一）策划决策阶段

策划决策阶段又称为建设前期工作阶段，主要包括编报项目建议书和可行性研究报告两项工作内容。

1. 项目建议书

对于政府投资项目，编报项目建议书是项目建设最初阶段的工作。编报项目建议书的主要作用是推荐建设工程项目，以便在一个确定的地区或部门内，以自然资源和市场预测为基础，选择建设工程项目。

项目建议书经批准后，可进行可行性研究工作，但并不表明项目非上不可，项目建议书不是项目的最终决策。

2. 可行性研究

可行性研究是在项目建议书被批准后，对项目在技术上和经济上是否可行所进行的科学分析与论证。

根据《国务院关于投资体制改革的决定》（国发〔2004〕20号），对于政府投资项目，需审批项目建议书和可行性研究报告。

《国务院关于投资体制改革的决定》指出，对于企业不使用政府资金投资建设的项目，一律不再实行审批制，区别不同情况实行核准制和登记备案制。

对于《政府核准的投资项目目录》以外的企业投资项目实行登记备案制。

3. 可行性研究报告

完成可行性研究后，应编报可行性研究报告。

（二）勘察设计阶段

勘察过程：复杂工程分为初勘和详勘两个阶段，为设计提供实际依据。

设计过程：一般划分为两个阶段，即初步设计阶段和施工图设计阶段；对于大型复杂项目，可根据不同行业的特点和需要，在初步设计阶段之后增加技术设计阶段。

初步设计是设计的第一步，当初步设计提出的总概算超过可行性研究报告投资估算的10%以上或其他主要指标需要变动时，要重新报批可行性研究报告。

初步设计经主管部门审批后，建设工程项目被列入国家固定资产投资计划方可进行下一步的施工图设计。

施工图一经审查批准，不得擅自进行修改，必须重新报请原审批部门，由原审批部门委托审查机构审查后再批准实施。

（三）建筑准备阶段

建筑准备阶段的主要内容包括：组建项目法人，征地，拆迁，“三通一平”乃至“七通一平”；组织材料、设备订货；办理建设工程质量监督手续；委托工程监理；准备必要的施工图纸；组织施工招投标，择优选定施工单位；办理施工许可证等。按规定做好施工准备，具备开工条件后，建设单位申请开工，进入施工阶段。

（四）施工阶段

建筑工程具备了开工条件并取得施工许可证后方可开工。项目新开工时间按设计文件中规定的任何一项永久性工程第一次正式破土开槽时间而定。不需要开槽的项目以正式打桩作为开工时间。铁路、公路、水库等以开始进行土石方工程作为正式开工时间。

（五）生产准备阶段

对于生产性建筑工程项目，在其竣工投产前，建设单位应适时组织专门班子或机构，有计划地做好生产准备工作，主要包括：招收、培训生产人员；组织有关人员参加设备安装、调试、工程验收；落实原材料供应；组建生产管理机构，健全生产规章制度等。生产准备是由施工阶段转入经营的一项重要工作。

（六）竣工验收阶段

工程竣工验收是全面考核建设成果、检验设计和施工质量的重要步骤，也是建设工程项目转入生产和使用的标志。验收合格后，建设单位编制竣工决算，项目正式投入使用。

（七）考核评价阶段

建筑工程项目评价是工程项目竣工投产、生产运营一段时间后，再对项目的立项决策、设计施工、竣工投产、生产运营等全过程进行系统评价的一种技术活动，是固定资产管理的一项重要内容，也是固定资产投资管理的最后一个环节。

第三节　建筑工程项目管理的基本内容

建筑工程项目管理的基本内容包括以下几个方面。

（一）合同管理

建筑工程项目合同是业主和参与项目实施各主体之间明确责任、权利和义务关系且具有法律效力的协议文件，也是运用市场经济体制、组织项目实施的基本手段。从某种意义上来讲，项目的实施过程就是建设工程项目合同订立和履行的过程。一切合同所赋予的责任、权利履行到位之日，也就是建设工程项目实施完成之时。

建筑工程项目合同管理，主要是指对各类合同的依法订立过程和履行过程的管理，包括合同文本的选择，合同条件的协商、谈判，合同书的签署，合同的履行、检查、变更和违约、纠纷的处理，索赔事宜的处理工作，总结评价等内容。

（二）组织协调

组织协调是工程项目管理的职能之一，是实现项目目标必不可少的方法和手段。在项目实施过程中，项目的参与单位需要处理和调整众多复杂的业务组织关系。组织协调的主要内容如下。

（1）外部环境协调：与政府管理部门之间的协调，如与规划部门、城建部门、市政部门、消防部门、人防部门、环保部门、城管部门的协调；资源供应方面的协调，如供水、供电、供热、电信、通信、运输和排水等方面的协调；生产要素方面的协调，如图纸、材料、设备、劳动力和资金方面的协调；社区环境方面的协调等。

（2）项目参与单位之间的协调：项目参与单位主要有业主、监理单位、设计单位、施工单位、供货单位、加工单位等。

（3）项目参与单位内部的协调：项目参与单位内部各部门、各层次之间及个人之间的协调。

（三）进度控制

进度控制包括方案的科学决策、计划的优化编制和实施有效控制三个方面的任务。方案的科学决策是实现进度控制的先决条件，包括方案的可行性论证、综合评估和优化决策。只有决策出优化的方案，才能编制出优化的计划。计划的优化编制，包括科学确定项目的工序及其衔接关系、持续时间以及编制优化的网络计划和实施措施，是实现进度控制的重要基础。实施有效控制包括同步跟踪、信息反馈、动态调整和优化控制，是实现进度控制的根本保证。

（四）投资（费用）控制

投资控制包括编制投资计划、审核投资支出、分析投资变化情况、研究投资减少途径和采取投资控制措施五项任务。前两项是对投资的静态控制，后三项是对投资的动态控制。

（五）质量控制

质量控制包括制定各项工作的质量要求及质量事故预防措施，制定各个方面的质量监督和验收制度，以及制定各个阶段的质量事故处理和控制措施三个方面的任务。制定的质量要求要具有科学性，质量事故预防措施要具备有效性。质量监督和验收包含对设计质量、施工质量及材料设备质量的监督和验收，要严格检查制度和加强分析。

质量事故处理与控制要对每一个阶段均严格管理和控制，采取细致而有效的质量事故预防和处理措施，以确保质量目标的实现。

（六）风险管理

随着工程项目规模的大型化和工艺技术的复杂化，项目管理者所面临的风险越来越多。工程建设的客观现实告诉人们，要保证建设工程项目的投资效益，就必须对项目风险进行科学管理。

风险管理是一个确定和度量项目风险，以及制订、选择和管理风险处理方案的过程。其目的是通过风险分析减少项目决策的不确定性，以使决策更加科学，以及在项目实施阶段，保证目标控制的顺利进行，更好地实现项目的质量目标、进度目标和投资目标。

（七）信息管理

信息管理是工程项目管理的基础工作，是实现项目目标控制的保证。只有不断提高信息管理水平，才能更好地承担起项目管理的任务。

工程项目的信息管理主要是指对有关工程项目的各类信息的收集、储存、加工整理、传递与使用等一系列工作的总称。信息管理的主要任务是及时、准确地向项目管理各级领导、各参加单位及各类人员提供所需的综合程度不同的信息，以便在项目进展的全过程中动态地进行项目规划，迅速正确地进行各种决策，并及时检查决策执行结果，反映工程实施中暴露的各类问题，为项目总目标服务。

信息管理工作的好坏将直接影响项目管理的成败。在我国工程建设的长期实践中，缺乏信息，难以及时取得信息，所得到的信息不准确或信息的综合程度不满足项目管理的要求，信息存储分散等原因，造成项目决策、控制、执行和检查困难，以致影响项目总目标实现的情况屡见不鲜。这应该引起广大项目管理人员的重视。

（八）环境保护

工程建设可以改造环境、为人类造福，优秀的设计作品还可以增添社会景观，给人们带来观赏价值，但一个工程项目的实施过程和结果也存在着影响甚至恶化环境的种种因素。因此，应在工程建设中强化环保意识，切实有效地把环境保护和避免损害自然环境、破坏生态平衡、污染空气和水质、扰动周围建筑物和地下管网等现象的发生，作为项目管理的重要任务之一。项目管理者必须充分研究和掌握国家和地区的有关环保法规和规定，对于环保方面有要求的建设工程项目，在项目可行性研究和决策阶段，必须提出环境影响报告及其对策措施，并评估其措施的可行性和有效性，严格按建设程序向环保管理部门报批。在项目实施阶段，做到主体工程与环保措施工程同步设计、同步施工、同步投入运行。在工程施工承发包中，必须把依法做好环保工作列为重要的合同条件加以落实，并在施工方案的审查和施工过程中，始终把落实环保措施、克服建设公害作为重要的内容予以密切注视。

第四节　建筑工程项目管理主体与任务

一个建筑工程项目往往由许多参与单位承担不同的建设任务和管理任务（如勘察、土建设计、工艺设计、工程施工、设备安装、工程监理、建设物资供应、业主方管理、政府主管部门的管理和监督等），各参与单位的工作性质、工作任务和利益不尽相同，因此，就形成了代表不同利益方的项目管理。由于业主方既是建筑工程项目实施过程（生产过程）的总集成者（人力资源、物质资源和知识的集成），也是建筑工程项目生产过程的总组织者，因此，对一个建设工程项目而言，业主方的项目管理往往是该项目的项目管理的核心。

按建筑工程项目不同主体的工作性质和组织特征划分，项目管理有以下几种类型。

（1）业主方的项目管理，如投资方和开发方的项目管理，或由工程管理咨询公司提供的代表业主方利益的项目管理服务。

（2）设计方的项目管理。

（3）施工方的项目管理（施工总承包方、施工总承包管理方和分包方的项目管理）。

（4）建设物资供货方的项目管理（材料和设备供应方的项目管理）。

（5）建筑项目总承包（或称建设项目工程总承包、工程总承包）方的项目管理，如设计和施工任务综合的承包，或设计、采购和施工任务综合的承包（简称 EPC 承包）的项目管理等。

一、业主方的项目管理

业主方的项目管理服务于业主的利益。业主方项目管理的目标包括项目的投资目标、进度目标和质量目标。投资目标指的是项目的总投资目标。进度目标指的是项目动用的时间目标，也即项目交付使用的时间目标，如工厂建成可以投入生产、道路建成可以通车、办公楼可以启用、旅馆可以开业的时间目标等。质量目标不仅涉及施工的质量，还包括设计质量、材料质量、设备质量和影响项目运行或运营的环境质量等。质量目标包括满足相应的技术规范和技术标准的规定，以及满足业主方相应的质量要求。

项目的投资目标、进度目标和质量目标之间既有矛盾的一面，也有统一的一面。它们之间是对立统一关系：要加快进度往往需要增加投资，要提高质量往往也需要增加投资，过度地缩短进度会影响质量目标的实现。这都表现了目标之间关系矛盾的一面，但通过有效的管理，在不增加投资的前提下，也可缩短工期和提高工程质量，这反映了目标之间关系统一的一面。

业主方的项目管理工作涉及项目实施阶段的全过程，即在设计前的准备阶段、设计阶段、施工阶段、动用前准备阶段和保修期分别进行以下工作。

（1）安全管理。

（2）投资控制。

（3）进度控制。

（4）质量控制。

（5）合同管理。

（6）信息管理。

（7）组织协调。

其中安全管理是项目管理中最重要的任务，因为安全管理关系到人身的健康与安全，而投资控制、进度控制、质量控制和合同管理等则主要涉及物质的利益。

二、设计方的项目管理

作为项目建设的一个参与方，设计方的项目管理主要服务于项目的整体利益和设计方本身的利益。由于项目的投资目标能否得以实现与设计工作密切相关，因此，设计方项目管理的目标包括设计的成本目标、设计的进度目标、设计的质量目标和项目的投资目标。

设计方的项目管理工作主要在设计阶段进行，但也涉及设计前的准备阶段、施工阶段、动用前准备阶段和保修期。设计方项目管理的任务包括以下几项。

（1）与设计工作有关的安全管理。

（2）设计成本控制和与设计工作有关的工程造价控制。

（3）设计进度控制。

（4）设计质量控制。

（5）设计合同管理。

（6）设计信息管理。

（7）与设计工作有关的组织和协调。

三、施工方的项目管理

（一）施工方项目管理的目标

由于施工方是受业主方的委托承担工程建设任务，施工方必须树立服务观念，为项目建设服务，为业主提供建设服务；另外，合同也规定了施工方的任务和义务。因此，作为项目建设的一个重要参与方，施工方的项目管理不仅应服务于施工方本身的利益，也必须服务于项目的整体利益。项目的整体利益和施工方本身的利益是对立统一关系，两者有其统一的一面，也有其矛盾的一面。

施工方项目管理的目标应符合合同的要求，包括以下几项。

（1）施工的安全管理目标。

（2）施工的成本目标。

（3）施工的进度目标。

（4）施工的质量目标。

如果采用工程施工总承包模式或工程施工总承包管理模式，施工总承包方或施工总承包管理方必须按工程合同规定的工期目标和质量目标完成建设任务，而施工总承包方或施工总承包管理方的成本目标是由施工企业根据其生产和经营的情况自行确定的。分包方必须按工程分包合同规定的工期目标和质量目标完成建设任务。分包方的成本目标是该施工企业内部自行定的。

按国际工程的惯例，当指定分包商时，由于指定分包商合同在签约前必须得到施工总承包方或施工总承包管理方的认可，施工总承包方或施工总承包管理方应对合同规定的工期目标和质量目标负责。

（二）施工方项目管理的任务

施工方项目管理的任务包括以下内容。

（1）施工安全管理。

（2）施工成本控制。

（3）施工进度控制。

（4）施工质量控制。

（5）施工合同管理。

（6）施工信息管理。

（7）与施工有关的组织与协调等。

施工方的项目管理工作主要在施工阶段进行，但由于设计阶段和施工阶段在时间上往往是交叉的，因此施工方的项目管理工作也会涉及设计阶段。在动用前准备阶段和保修期施工合同尚未终止期间，还有可能出现涉及工程安全、费用、质量、合同和信息等方面的问题，因此施工方的项目管理也涉及动用前准备阶段和保修期。

从20世纪80年代末和90年代初开始，我国的大中型建设工程项目引进了为业主方服务（或称代表业主利益）的工程项目管理咨询服务，这属于业主方项目管理的范畴。在国际上，工程项目管理咨询公司不仅为业主提供服务，而且向施工方、设计方和建设物资供应方提供服务。因此，不能认为施工方的项目管理只是施工企业对项目的管理。施工企业委托工程项目管理咨询公司对项目管理的某个方面提供的咨询服务也属于施工方项目管理的范畴。

作为项目建设的一个参与方，建设物资供货方的项目管理主要服务于项目的整体利益和建设物资供货方本身的利益。建设物资供货方项目管理的目标包括建设物资供货方的成本目标、供货的进度目标和供货的质量目标。

建设物资供货方的项目管理是指对材料和设备供应方的项目管理，其工作主要在施工阶段进行，但它也涉及设计准备阶段、设计阶段、动用前准备阶段和保修期。建设物资供货方项目管理的主要任务如下。

（1）供货的安全管理。

（2）建设物资供货方的成本控制。

（3）供货的进度控制。

（4）供货的质量控制。

（5）供货合同管理。

（6）供货信息管理。

（7）与供货有关的组织与协调。

四、建筑项目总承包方的项目管理

（一）建筑项目总承包方项目管理的目标

由于建筑项目总承包方是受业主方的委托而承担工程建设任务，项目总承包方必须树立服务观念，为项目建设服务，为业主提供建设服务。另外，合同也规定了建筑项目总承包方的任务和义务。因此，作为项目建设的一个重要参与方，建筑项目总承包方的项目管理主要服务于项目的整体利益和建设项目总承包方本身的利益。建筑项目总承包方项目管理的目标应符合合同的要求，包括以下几项。

（1）工程建设的安全管理目标。

（2）项目的总投资目标和建设项目总承包方的成本目标（前者是业主方的总投资目标，后者是项目总承包方本身的成本目标）。

（3）建设项目总承包方的进度目标。

（4）建设项目总承包方的质量目标。

建筑项目总承包方项目管理工作涉及项目实施阶段的全过程，即设计前的准备阶段、设计阶段、施工阶段、动用前准备阶段和保修期。

（二）建筑项目总承包方项目管理的任务

建筑项目总承包方项目管理的主要任务如下。

（1）安全管理。

（2）项目的总投资控制和建设项目总承包方的成本控制。

（3）进度控制。

（4）质量控制。

（5）合同管理。

（6）信息管理。

（7）与建设项目总承包方有关的组织和协调等。

在《建设项目工程总承包管理规范》（GB/T 50358—2017）中对项目总承包管理的内容做了以下规定。

（1）工程总承包管理应包括项目经理部的项目管理活动和工程总承包企业职能部门参与的项目管理活动。

（2）工程总承包项目管理的范围应由合同约定。根据合同变更程序提出并经批准的变更范围也应列入项目管理范围。

（3）工程总承包项目管理的主要内容如下。

①任命项目经理，组建项目经理部，进行项目策划并编制项目计划。

②实施设计管理、采购管理、施工管理、试运行管理。

③进行项目范围管理，进度管理，费用管理，设备材料管理，资金管理，质量管理，安全、职业健康和环境管理，人力资源管理，风险管理，沟通与信息管理，合同管理，现场管理，项目收尾等。

第六章　建筑工程项目施工成本控制

第一节　施工成本管理

一、建筑工程项目成本管理的定义及理念

（一）建设工程项目成本管理的定义、目的

《中华人民共和国国家标准 GB/T 50326—2006 建设工程项目管理规范》对建设工程项目成本管理的定义如下：建设工程项目成本管理是指为实现成本目标所进行的成本预测、计划、控制、核算、分析和考核活动。

建筑工程项目成本管理是指为保证项目实际发生的成本不超过项目预算成本所进行的项目资源计划编制、项目成本估算、项目成本预算和项目成本控制等方面的管理活动。建设工程项目成本管理也可以理解为，为了保证完成项目目标，在批准的项目预算内，对项目实施成本所进行的按时、保质、高效的管理过程和活动。

建筑工程项目成本管理的目的是通过依次满足项目建设的阶段性成本目标，实现实际成本不超出计划额度要求，并同时取得工程建设投资的经济、社会及生态环境效益。项目成本管理可以及时发现和处理项目执行中出现的成本方面的问题，达到有效节约项目成本的目的。

（二）建设工程项目成本管理的理念

为了能够科学、客观地遵循项目管理的客观规律，在建设工程项目成本管理中应树立以下两种理念：一是全过程——项目全生命周期成本管理的理念，二是全方位——项目全面成本管理的理念。

1. 项目全生命周期成本管理的理念

项目全生命周期成本管理（LCC，Life Cycle Cost）的理念主要是由英、美的一些学者和实际工作者在 20 世纪 70 年代末和 80 年代初提出的，其核心内容如下。

（1）项目全生命周期成本管理是项目投资决策的一种工具，是一种用来选择项目备选方案的方法。

（2）项目全生命周期成本管理是项目设计的一种指导思想和手段。项目全生命周期成本管理要计算项目整个服务期的所有成本，包括直接的、间接的、社会的和环境的成本等。

（3）项目全生命周期成本管理是一种实现项目全生命周期（包括项目前期、项目实施期和项目使用期）总成本最小化的方法。

项目全生命周期成本管理理念的根本点就是要求人们从项目全生命周期出发，考虑项目成本和项目成本管理问题，其中最关键的是要实现项目整个生命周期总成本的最小化。

2. 项目全面成本管理的理念

项目全面成本管理的理念是国际全面成本管理促进会前主席（原美国造价工程师协会主席）R.E.Westney 在 1991 年 5 月发表的《90 年代项目的发展趋势》一文中提出的。R.E.Westney 给全面成本管理下的定义是："全面成本管理就是通过有效地使用专业知识和专业技术控制项目资源、成本、盈利和风险。"国际全面成本管理促进会对"全面成本管理"的系统方法所涉及的管理内容给出了界定，项目全面成本管理主要包括以下几个阶段与工作。

（1）启动阶段相关项目的成本管理工作。

（2）说明目的、使命、目标、指标、政策和计划阶段项目成本管理工作。

（3）定义具体要求和确定管理技术阶段的相关项目的成本管理工作。

（4）评估和选择项目方案阶段相关项目的成本管理工作。

（5）根据选定方案进行初步项目开发与设计阶段相关项目的成本管理工作。

（6）获得设备和资源阶段的相关项目的成本管理工作。

（7）实施阶段相关项目的成本管理工作。

（8）完善和提高阶段相关项目的成本管理工作。

（9）退出服务和重新分配阶段相关项目的成本管理工作。

（10）补救和处置阶段相关项目的成本管理工作。

二、建筑工程项目成本管理的因素及过程

（一）建筑工程项目成本管理应考虑的因素

（1）建筑工程项目成本管理首先要考虑完成项目活动所需资源的成本，这也是建设工程项目成本管理的主要内容。

（2）建筑工程项目成本管理要考虑各种决策对项目最终产品成本的影响程度，如增加对某个构件检查的次数会增加该过程的测试成本，但这样会减少项目客户的运营成本。在决策时，要比较增加的测试成本和减少的运营成本的大小关系，如果增加的测试成本小于减少的运营成本，则应该增加对某个构件的检查次数。

（3）建设工程项目成本管理还要考虑不同项目关系人对项目成本的不同需求，项目关系人会在不同的时间以不同的方式了解项目成本的信息。例如，在项目采购过程中，项目客户可能在物料的预定、发货和收货等阶段详细或大概地了解成本信息。

（二）建筑工程项目成本管理的过程

（1）工程项目成本控制的基本步骤。①比较：通过比较实际与计划费用，确定有无偏差及偏差大小；②分析：确定偏差的严重性及产生偏差的原因；③预测：按偏差发展趋势估计项目完成时的费用，并以此作为成本控制的决策依据；④纠偏：根据偏差分析、预测结果，采取相应缩小偏差行动；⑤检查：基于对纠偏措施执行情况、效果的确认，决定是否继续实施上述步骤，通过措施调整，持续进行纠偏活动，或在必要时，调整不合理的项目成本方案或成本目标。

（2）工程项目成本管理过程如图 6-1 所示。

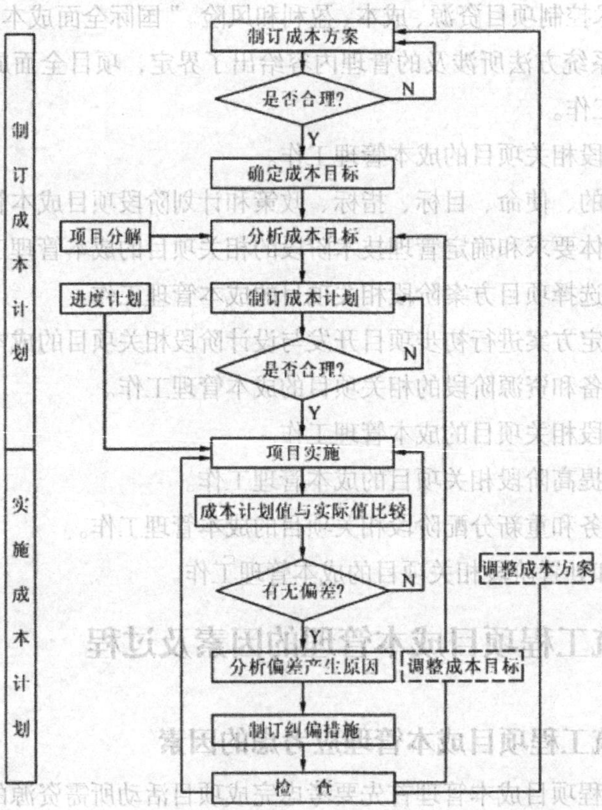

图 6–1　建筑工程项目成本管理程序

建筑工程项目成本管理可分为两方面：业主方建设项目投资控制和承包人施工项目成本控制。

第二节 施工成本计划

施工成本计划是以货币形式编制施工项目在计划期内的生产费用、成本水平、成本降低率以及为降低成本所采取的主要措施和规划的书面方案。它是建立施工项目成本管理责任制、开展成本控制和核算的基础。此外，它还是项目降低成本的指导文件，是设立目标成本的依据，即成本计划是目标成本的一种形式。施工成本计划应满足如下要求。

（1）合同规定的项目质量和工期要求。

（2）组织对项目成本管理目标的要求。

（3）以经济合理的项目实施方案为基础的要求。

（4）有关定额及市场价格的要求。

（5）类似项目提供的启示。

一、建筑工程项目成本计划的类型

（一）竞争性成本计划

竞争性成本计划是施工项目投标及签订合同阶段的估算成本计划。这类成本计划以招标文件中的合同条件、投标者须知、技术规范、设计图纸和工程量清单为依据，以有关价格条件说明为基础，结合调研、现场踏勘、答疑等情况，根据施工企业自身的工料消耗标准、水平、价格资料和费用指标等，对本企业完成投标工作所需要支出的全部费用进行估算。

（二）指导性成本计划

指导性成本计划是选派项目经理阶段的预算成本计划，是项目经理的责任成本目标。这是组织在总结项目投标过程、部署项目实施时，以合同价为依据，按照企业的预算定额标准制订的设计预算成本计划，且一般情况下确定责任总成本目标。

（三）实施性成本计划

实施性成本计划是项目施工准备阶段的施工预算成本计划。它是以项目实施方案为依据，以落实项目经理责任目标为出发点，采用企业的施工定额通过施工预算的编制而形成的实施性施工成本计划。

二、建筑工程项目成本计划的内容

施工项目成本计划应在开工前编制完成，以便将计划成本目标分解落实，为各项成本的执行提供明确的目标、控制手段和管理措施。

（一）编制说明

编制说明是对工程的范围，投标竞争过程及合同条件，承包人对项目经理提出的责任成本目标，施工成本计划编制的指导思想和依据等的具体说明。

（二）施工成本计划的指标

施工成本计划的指标应经过科学的分析预测确定，可以采用对比法、因素分析法等方法。施工成本计划一般包括三类指标：成本计划的数量指标、成本计划的质量指标、成本计划的效益指标。

（三）按工程量清单列出的单位工程计划成本汇总表

按工程量清单列出的单位工程计划成本汇总表，如表 6-1 所示。

表 6–1　单位工程计划成本汇总表

序号	清单项目编码	清单项目名称	合同价格	计划成本
1				
2				
……				

（四）按成本性质划分的单位工程成本汇总表

根据清单项目的造价分析，分别对人工费、材料费、机具费和企业管理费进行汇总，形成单位工程成本计划表。

三、建筑工程项目成本计划的编制依据

编制施工成本计划需要广泛收集相关资料并进行整理，以作为施工成本计划编制的依据。施工成本计划的编制依据包括以下内容。

（1）投标报价文件。

（2）企业定额、施工预算。

（3）项目实施规划或施工组织设计、施工方案。

（4）市场价格信息，如人工、材料、机械台班的市场价，企业颁布的材料指导价、企业内部机械台班价格、劳动力内部挂牌价格。

（5）周转设备内部租赁价格、摊销损耗标准。

（6）合同文件，包括已签订的工程合同、分包合同、结构件外加工合同和合同报价书等。

（7）类似项目的成本资料，如以往同类项目成本计划的实际执行情况及有关技术经济指标完成情况的分析资料。

（8）施工成本预测、决策的资料。

（9）项目经理部与企业签订的承包合同及企业下达的成本降低额、降低率和其他有关技术经济指标。

（10）拟采取的降低施工成本的措施。

四、建筑工程项目成本计划的编制步骤

（1）项目经理部按项目经理的成本承包目标确定建筑工程施工项目的成本管理目标和降低成本管理目标，后两者之和应低于前者。

（2）按分部分项工程对施工项目的成本管理目标和降低成本目标进行分解，确定各分部分项工程的目标成本。

（3）按分部分项工程的目标成本实行建筑工程施工项目内部成本承包，确定各承包队的成本承包责任。

（4）由项目经理部组织各承包班组确定降低成本技术组织措施，并计算其降低成本效果，编制降低成本计划，与项目经理降低成本目标进行对比，经过反复对降低成本措施进行修改最终确定降低成本计划。

（5）编制降低成本技术组织措施计划表以及降低成本计划表和施工项目成本计划表。

五、建筑工程项目成本计划的编制方法

施工成本计划的编制以成本预测为基础，关键是确定目标成本。计划的制订需结合施工组织设计的编制过程，通过不断的优化施工技术方案和合理配置生产要素进行工、料、机消耗的分析，制定一系列节约成本的措施，确定施工成本计划。一般情况下，施工成本计划总额应控制在目标成本的范围内，并建立在切实可行的基础上。

施工总成本目标确定之后，还需通过编制详细的实施性施工成本计划把目标成本层层分解，落实到施工过程的每个环节，有效地进行成本控制。施工成本计划的编制方式有以下几种。

（一）按项目成本组成编制项目成本计划

施工成本可以按成本构成分解为人工费、材料费、施工机具使用费、企业管理费和利润等，如图 6-2 所示。

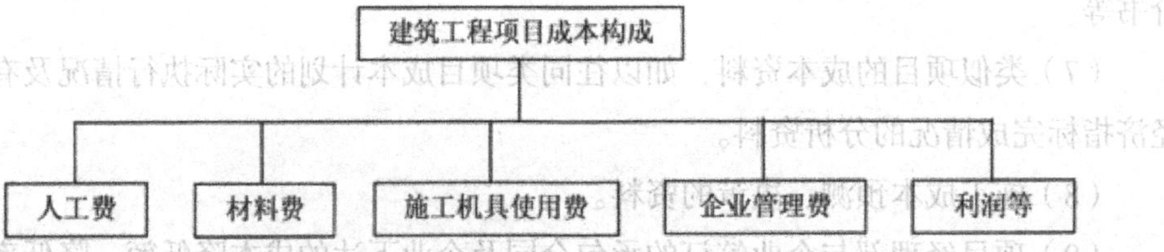

图 6–2　按施工项目成本组成分解的施工成本计划

（二）按施工项目组成编制施工成本计划

大中型工程项目通常是由若干单项工程构成的，而每个单项工程包括多个单位工程，每个单位工程又由若干个分部分项工程所构成。因此，首先要把项目总施工成本分解到单项工程和单位工程中，再进一步分解到分部工程和分项工程中，如图 6-3 所示。

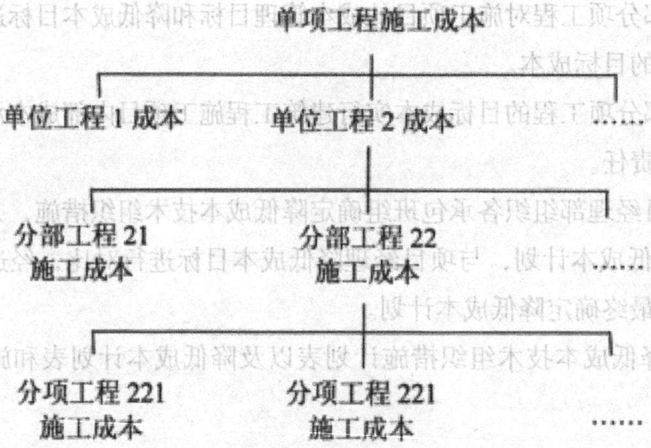

图 6–3　按项目组成分解的施工成本计划

在完成施工项目成本目标分解之后，接下来就要具体地分配成本，编制分项工程的成本支出计划，从而得到详细的分项工程成本计划表，如表 6-2 所示。

在编制成本计划时，要在项目方面考虑总的预备费，也要在主要的分项工程中安排适当的不可预见费，避免在具体编制成本计划时，可能发现个别单位工程或工程量表中某项内容的工程量计算有较大出入，使原来的成本预算失实，并在项目实施过程中对其尽可能地采取一些措施。

表 6–2　分项工程成本计划表

分项工程编码	工程内容	计量单位	工程数量	计划成本	本分项总计

（三）按工程进度编制施工成本计划

编制按时间进度的费用计划，通常可利用控制项目进度的网络图进一步扩充而得。利用网络图控制投资，即要求在拟订工程项目的执行计划时，一方面确定完成各项工作所需花费的时间，另一方面同时确定完成这一工作的合适的成本支出计划。在实践中，将工程项目分解为既能方便地表示时间，又能方便地表示施工成本支出计划的工作是不容易的。通常如果项目分解程度对时间控制合适的话，则对施工成本支出计划可能分解过细，以至于不可能对每项工作确定其施工成本支出计划；反之亦然。

通过对项目成本目标按时间进行分解，在网络计划基础上，可获得项目进度计划的横道图，并在此基础上编制费用计划。其表示方式有两种：一种是在总体控制时标网络图上表示，另一种是利用时间—成本累计曲线（S 形曲线）表示。下面主要介绍时间—成本累计曲线。

（1）时间—成本累计曲线（S 形曲线）。从整个工程项目进展全过程的特征看，一般在开始和结尾时，单位时间投入的资源、成本较少，中间阶段单位时间投入的资源量较多，与其相关单位时间投入的成本或完成任务量也呈同样变化，因而随时间进展的累计成本呈 S 形曲线。一般来说，它是按工程任务的最早开始时间绘制，称 ES 曲线；也可以按各项工作的最迟开始时间安排进度而绘制的 S 形曲线，称为 LS 曲线。两条曲线都是从计划开始时刻开始，完成时刻结束，因此，两条曲线是闭合的，形成一个形如“香蕉”的曲线，故将此称为“香蕉”曲线，如图 6-4 所示。在项目实施中任一时刻按进度—累计成本描述出的点所连成的曲线称为实际成本进度曲线，其理想状况是落在“香蕉”形曲线的区域内。项目经理可根据编制的成本支出计划来合理安排资金，同时项目经理也可以根据筹措的资金来调整 S 形曲线，即通过调整非关键路线上的工序项目的最早或最迟开工时间，力争将实际的成本支出控制在计划范围内。

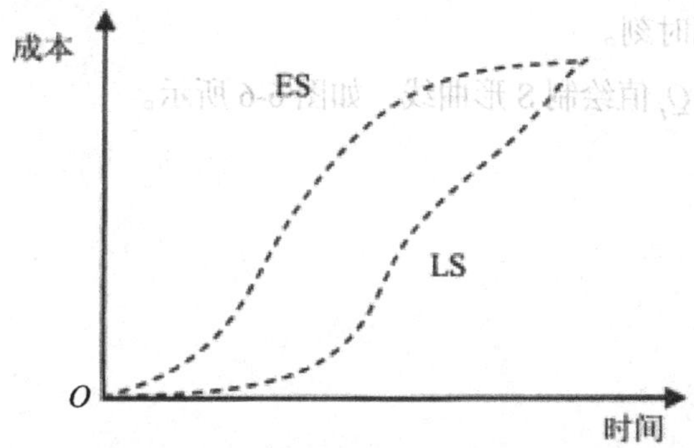

图 6–4　成本计划值的“香蕉”图

（2）时间—成本累计曲线的绘制。时间—成本累计曲线的绘制步骤如下。

①确定施工项目进度计划，编制项目进度计划横道图。

②根据每单位时间内完成的实物工程量或投入的人力、物力和财力计算单位时间的成本，如表 6-3 所示；在时标网络图上按时间编制成本支出计划，如图 6-5 所示。

表 6–3 某项目按月编制的资金使用计划表

时间 / 月	1	2	3	4	5	6	7	8	9	10	11	12
成本 / 万元	100	150	320	500	600	800	850	700	630	450	300	100

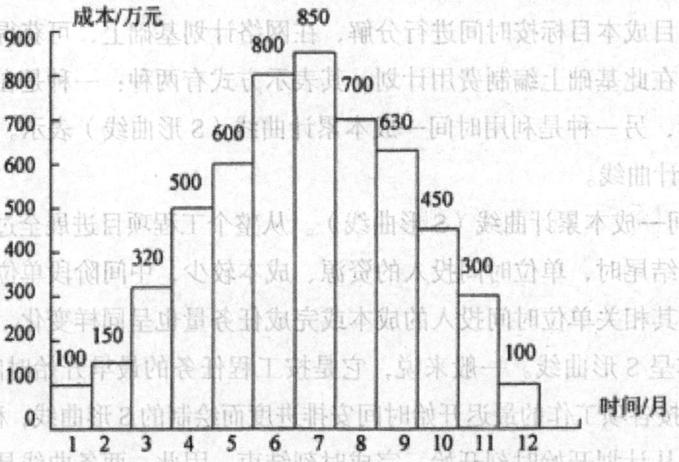

图 6–5 时标网络图上按月编制的成本计划

③计算规定时间 t 计算累计支出的成本额。其计算方法为：将各单位时间计划完成的成本额累加求和，按下式计算：

$$Q_t = \sum_{n=1}^{t} q_n$$

式中，Q_t——某时间 t 内计划累计支出成本额；

q_n——单位时间 n 的计划支出成本额；

t——某规定计划时刻。

④按各规定时间 Q_t 值绘制 S 形曲线，如图 6-6 所示。

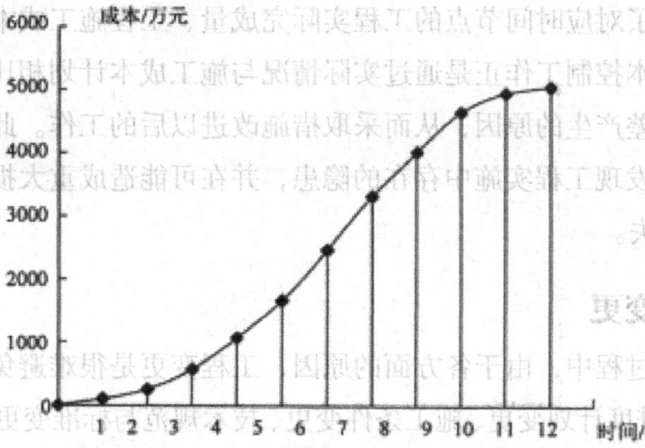

图 6–6　时间—成本累积曲线（S 形曲线）

一般而言，所有工作都按最迟开始时间开始，对节约资金贷款利息是有利的。但同时也降低了项目按期竣工的保证率，因此，项目经理必须合理地确定成本支出计划，达到既节约成本支出又能控制项目工期的目的。以上三种编制施工成本计划的方式并不是相互独立的，在实践中，往往是将这几种方式结合起来使用，从而取得扬长避短的效果。

第三节　施工成本控制

建筑工程项目成本控制是在项目成本的形成过程中，对生产经营所消耗的人力资源、物资资源和费用开支进行指导、监督、检查和调整，及时纠正将要发生和已经发生的偏差，把各项生产费用控制在计划成本的范围之内，以保证成本目标的实现。

一、建筑工程项目成本控制的依据

建筑工程项目成本控制的依据包括以下内容。

（一）工程承包合同

施工成本控制要以工程承包合同为依据，围绕降低工程成本这个目标，从预算收入和实际成本两方面研究节约成本、增加收益的有效途径，以求获得最大的经济效益。

（二）施工成本计划

施工成本计划是根据施工项目的具体情况制订的施工成本控制方案，既包括预定的具体成本控制目标，又包括实现控制目标的措施和规划，是施工成本控制的指导文件。

（三）进度报告

进度报告提供了对应时间节点的工程实际完成量、工程施工成本实际支付情况等重要信息。施工成本控制工作正是通过实际情况与施工成本计划相比较，找出二者之间的差别，分析偏差产生的原因，从而采取措施改进以后的工作。此外，进度报告还有助于管理者及时发现工程实施中存在的隐患，并在可能造成重大损失之前采取有效措施，尽量避免损失。

（四）工程变更

在项目的实施过程中，由于各方面的原因，工程变更是很难避免的。工程变更一般包括设计变更、进度计划变更、施工条件变更、技术规范与标准变更、施工次序变更、工程量变更等。一旦出现变更，工程量、工期、成本都有可能发生变化，从而使施工成本控制工作变得更加复杂和困难。因此，施工成本管理人员应当通过对变更要求中各类数据的计算、分析，及时掌握变更情况，包括已发生的工程量、将要发生的工程量、工期是否拖延、支付情况等重要信息，判断变更以及变更可能带来的索赔额度等。

除了上述几种施工成本控制工作的主要依据以外，施工组织设计、分包合同等有关文件资料也都是施工成本控制的依据。

二、建筑工程项目成本控制的步骤

成本控制的步骤就是把计划成本作为项目成本控制目标值，定期将工程项目实施过程中的实际支出额与过程项目成本控制目标进行比较，通过比较发现并找出偏差值，分析产生偏差的原因，在此基础上对将来的成本进行预测，并采取适当的纠偏措施，以确保施工成本控制目标的实现，如图 6-7 所示。

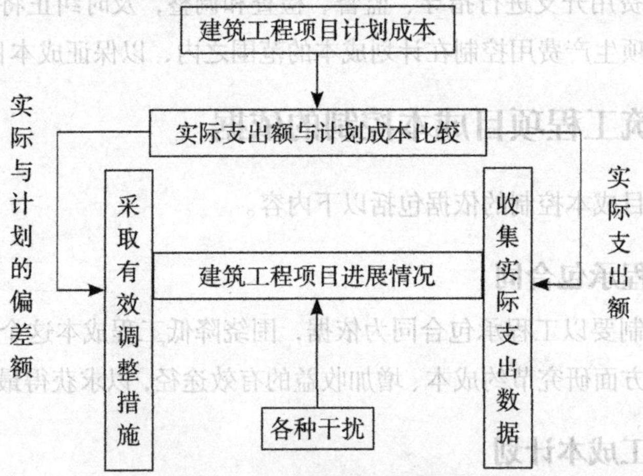

图 6–7　成本控制动态循环图

建筑工程项目成本控制步骤如下：

（一）比较

按照某种确定的方式将施工成本计划值与实际值逐项进行比较，以确定实际成本是否超过计划成本。

（二）分析

在比较的基础上，对比较的结果进行分析，以确定偏差的严重性及偏差产生的原因。这一步是施工成本控制工作的核心，其主要目的是找出产生偏差的原因，从而采取有针对性的措施，减少或避免相同原因的再次发生或减少由此造成的损失。

（三）预测

按照项目实施情况估算完成整个项目所需要的总成本，为资金准备和投资者决策奠定理论基础。

（四）纠偏

当工程项目的实际施工成本出现了偏差，应当根据工程的具体情况、偏差分析和预测的结果采取适当的措施，以期达到使施工成本偏差尽可能小的目的。纠偏是施工成本控制中最具实质性的一步。

纠偏首先要确定纠偏的主要对象，偏差原因有些是无法避免和控制的，如客观原因，充其量只能对其中少数原因做到防患于未然，力求减少该原因造成的经济损失。在确定了纠偏的主要对象之后，就需要采取有针对性的纠偏措施。纠偏可采用组织措施、经济措施、技术措施和合同措施等。

（五）检查

它是指对工程的进展进行跟踪和检查，及时了解工程进展状况以及纠偏措施的执行情况和效果，为今后的工作积累经验。

三、建筑工程项目成本控制的方法

（一）施工成本的过程控制方法

施工阶段是成本发生的主要阶段，该阶段的成本控制主要是通过确定成本目标并按计划成本组织施工，合理配置资源，对施工现场发生的各项成本费用进行有效的控制，其具体的控制方法如下：

1. 人工费的控制

人工费的控制实行“量价分离”的方法，将作业用工及零星用工按定额劳动量（工日）的一定比例综合确定用工数量与单价，通过劳务合同管理进行控制。

2. 材料费的控制

材料费的控制同样按照“量价分离”原则，控制材料价格和材料用量。

（1）材料价格的控制。施工项目的材料物资，包括构成工程实体的主要材料和结构件，以及有助于工程实体形成的周转使用材料和低值易耗品。从价值角度看，材料物资的价值约占建筑安装工程造价的60%甚至70%以上。因此，对材料价格的控制非常重要。

材料价格主要由材料采购部门控制。由于材料价格是由买价、运杂费、运输中的合理损耗等组成，因此，控制材料价格主要是通过掌握市场信息、应用招标和询价等方式控制材料、设备的采购价格。

对于买价的控制应事先对供应商进行考察，建立合格供应商名册。采购材料时，在合格供应商名册中选定供应商，在保证质量的前提下，争取最低买价；对运费的控制应就近购买材料、选用最经济的运输方式，要求供应商在指定的地点按规定的包装条件交货；对于损耗的控制，为防止将损耗或短缺计入项目成本，要求项目现场材料验收人员及时办理验收手续，准确计量材料数量。

（2）材料用量的控制。在保证符合设计要求和质量标准的前提下，合理使用材料，通过定额控制、指标控制、计量控制、包干控制等手段有效控制物资材料的消耗，具体方法如下：

①定额控制。对于有消耗定额的材料，以消耗定额为依据，实行限额领料制度。在规定限额内分期分批领用，超过限额领用的材料应先查明原因，经过一定审批手续方可领料。

②指标控制。对于没有消耗定额的材料则实行计划管理和指标控制的方法。根据以往项目的实际耗用情况，结合具体施工项目的内容和要求，确定领用材料指标，以控制发料。超过指标的材料必须经过一定的审批手续方可领用。

③计量控制。为准确核算项目实际材料成本，保证材料消耗准确，在发料过程中，要严格计量，并建立材料账，做好材料收发和投料的计量检查。

④包干控制。在材料使用过程中，对部分小型及零星材料（如钢钉、钢丝等）根据工程量计算出所需材料量，将其折算成费用，由作业者包干使用。

3. 施工机械使用费的控制

合理选择和使用施工机械设备对成本控制具有十分重要的意义，尤其是高层建筑施工。据某些工程实例统计，高层建筑地面以上部分的总费用中，垂直运输机械费用占6% ~ 10%。由于不同的起重运输机械具有不同的特点，因此，在选择起重运输机械时，首先应根据工程特点和施工条件确定采取的起重运输机械的组合方式。

施工机械使用费主要由台班数量和台班单价两方面决定，因此，为有效控制施工机械使用费支出，应主要从以下几个方面进行控制：

（1）合理安排施工生产，加强设备租赁计划管理，减少因安排不当引起的设备闲置。

（2）加强机械设备的调度工作，尽量避免窝工，提高现场设备利用率。

（3）加强现场设备的维修保养，避免因不正当使用造成机械设备的停置。

（4）做好机上人员与辅助生产人员的协调与配合，提高施工机械台班产量。

4. 施工分包费用的控制

分包工程价格的高低，必然对项目经理部的施工项目成本产生一定的影响。因此，施工项目成本控制的重要工作之一是对分包价格的控制。决定分包范围的因素主要是施工项目的专业性和项目规模。对分包费用的控制主要是做好分包工程的询价、订立互利平等的分包合同、建立稳定的分包关系网络、加强施工验收和分包结算等工作。

（二）挣得值法

挣得值法 EVM（Earned Value Management）作为一项先进的项目管理技术，是 20 世纪 70 年代美国开发研究的，首先在国防工业中应用并获得成功。目前，国际上先进的工程公司已普遍采用挣得值法进行工程项目的费用、进度综合分析控制。用挣得值法进行费用、进度综合分析控制，基本参数有三项，即已完工作预算费用、计划工作预算费用和已完工作实际费用。

1. 挣得值法的三个基本参数

（1）已完工作预算费用 BCWP（Budgeted Cost for Work Performed）是指在某一时间已经完成的工作（或部分工作），以批准认可的预算为标准所需要的资金总额，由于发包人正是根据这个值为承包人完成的工作量支付相应的费用，也就是承包人获得（挣得）的金额，故称为挣得值或赢得值。

已完工作预算费用（BCWP）= 已完成工作量 × 预算单价

（2）计划工作预算费用 BCWS（Budgeted Cost for Work Scheduled），即根据进度计划，在某一时刻应当完成的工作（或部分工作），以预算为标准所需要的资金总额。一般来说，除非合同有变更，BCWS 在工程实施过程中应保持不变。

计划工作预算费用（BCWS）= 计划工作量 × 预算单价

（3）已完工作实际费用 ACWP（Actual Cost for Work Performed），即到某一时刻为止，已完成的工作（或部分工作）所实际花费的总金额。

已完工作实际费用（ACWP）= 已完成工作量 × 实际单价

2. 挣得值法的四个评价指标

在这三个基本参数的基础上，可以确定挣得值法的四个评价指标，它们都是时间的函数。

（1）费用偏差 CV（Cost Variance）是指检查期间已完工作预算费用与已完工作实际费用之间的差异，计算公式为：

费用偏差（CV）= 已完工作预算费用（BCWP）– 已完工作实际费用（ACWP）

当费用偏差（CV）< 0 时，表示项目运行超出预算费用，执行效果不佳；当费用偏差（CV）> 0 时，表示实际消耗费用低于预算费用，项目运行有结余或效率高。

（2）进度偏差 SV（Schedule Variance）是指检查期间已完工作预算费用与计划工作预算费用的差异，计算公式为：

进度偏差（SV）= 已完工作预算费用（BCWP）– 计划工作预算费用（BCWS）

当进度偏差（SV）< 0 时，表示进度延误，即实际进度落后于计划进度；当进度偏差（SV）> 0 时，表示进度提前，即实际进度快于计划进度。

（3）费用绩效指数 CPI（Cost Performed Index）是指已完工作费用实际值对预算值的偏离程度，是挣得值与实际费用值之比，计算公式为：

费用绩效指数（CPI）= 已完工作预算费用（BCWP）/ 已完工作实际费用（ACWP）

当费用绩效指数（CPI）< 1 时，表示超支，即实际费用高于预算费用；当费用绩效指数（CPI > 1 时，表示节支，即实际费用低于预算费用。

（4）进度绩效指数 SPI（Schedule Performed Index）将偏差程度与进度结合起来，SPI 是指项目挣得值与计划值之比，计算公式为：

进度绩效指数（SPI）= 已完工作预算费用（BCWP）/ 计划工作预算费用（BCWS）

当进度绩效指数（SPI）< 1 时，表示进度延误，即实际进度比计划进度慢；当进度绩效指数（SPI）> 1 时，表示进度提前，即实际进度比计划进度快。

费用偏差和进度偏差反映的是绝对偏差，结果很直观，有助于成本管理人员了解项目费用出现偏差的绝对数额，并依此采取一定的措施，制订或调整费用支出计划和资金筹措计划，但是，绝对偏差有其不容忽视的局限性。如同样是 10 万元的费用偏差，对总费用 1000 万元的项目和总费用 1 亿元的项目而言，其严重性显然是不同的。因此，费用（进度）偏差仅适用于对同一项目做偏差分析。

费用绩效指数和进度绩效指数反映的是相对偏差，它不受项目层次的限制，也不受项目时间的限制，因而在同一项目和不同项目比较中均可采用。在项目的费用、进度综合控制中引入挣得值法，可以克服过去进度和费用分开控制的缺点，即当发现费用超支时，很难立即知道是由于费用超出预算，还是由于进度提前。相反，当发现费用低于预算时，也很难立即知道是由于费用节省还是由于进度拖延，而引入挣得值法即可定量地判断进度、费用的执行效果。

利用挣得值法进行分析，当费用发生偏差时，可以采用相应对策进行费用控制，如表 6-4 所示。

表 6–4　挣得值法参数分析与对应措施表

序号	图形	参数间关系	分析	措施
1	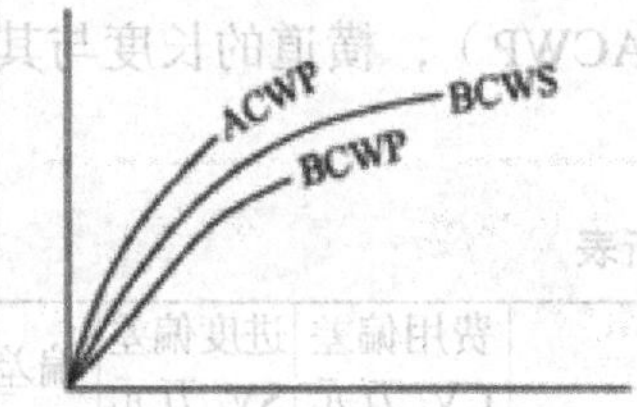	ACWP > BCWS > BCWP SV < 0 CV < 0	进度较慢 投入延后 效率较低	用工作效率高的人员更换效率低的人员
2	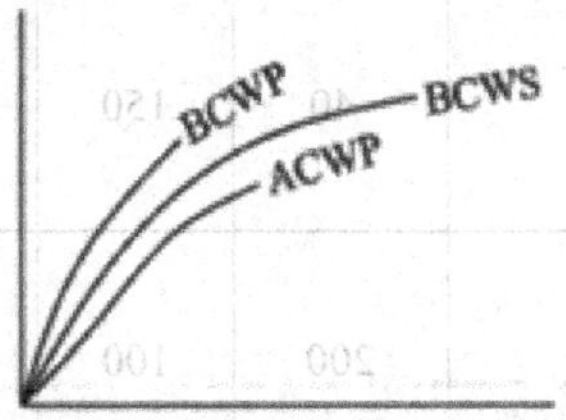	BCWP > BCWS > ACWP SV > 0 CV > 0	进度较快 投入超前 效率高	若偏离不大，维持现状
3	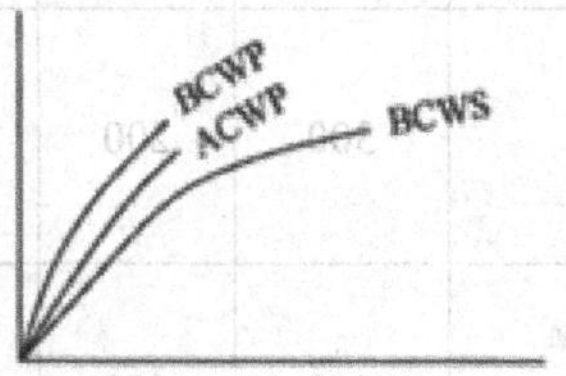	BCWP > ACWP > BCWS SV > 0 CV > 0	进度快 投入超前 效率较高	抽出部分人员和资金，放慢速度
4	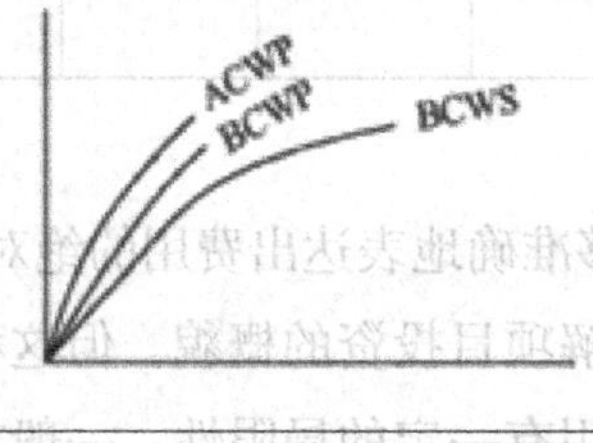	ACWP > BCWP > BCWS SV > 0 CV < 0	进度较快 投入超前 效率较低	抽出部分人员，增加少量骨干人员
5	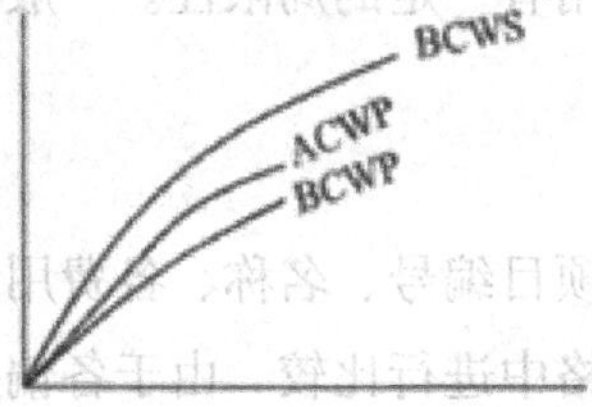	BCWS > ACWP > BCWP SV < 0 CV < 0	进度慢 投入延后 效率较低	增加高效人员和资金的投入
6	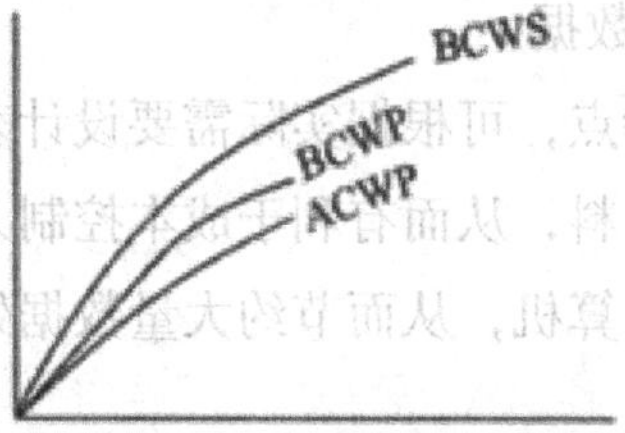	BCWS > BCWP > ACWP SV < 0 CV > 0	进度较慢 投入延后 效率较高	迅速增加人员和投入

（三）偏差分析的表达方法

对于工程项目费用偏差分析可以采用不同的表达方法，常用的有横道图法、表格法和曲线法。

1. 横道图法

用横道图法进行费用偏差分析是用不同的横道标识已完工作预算费用（BCWP）、计划工作预算费用（BCWS）和已完工作实际费用（ACWP），横道的长度与其金额成正比例，如表 6-7 所示。

表 6–5　费用偏差横道图分析表

项目编码	项目名称	费用参数数额 / 万元	费用偏差 CV/ 万元	进度偏差 SV/ 万元	偏差原因
31	模板工程	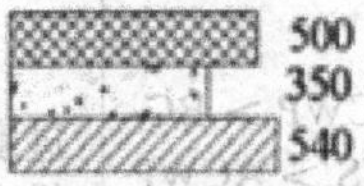	-40	150	
32	混凝土工程	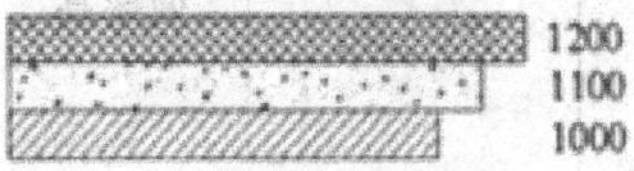	200	100	
33	砌筑工程	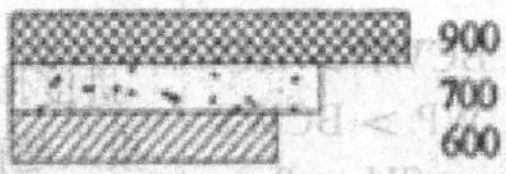	300	200	
合计		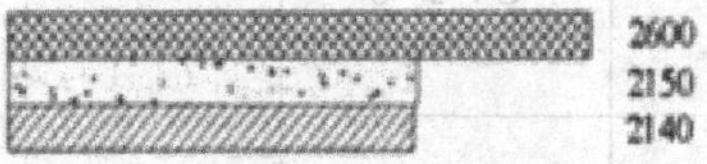	460	450	

图例：

横道图法具有形象、直观、一目了然等优点，它能够准确地表达出费用的绝对偏差，而且使管理者能直观地感受到偏差的严重性，便于了解项目投资的概貌。但这种方法反映的信息量少，主要反映累计偏差和局部偏差，应用有一定的局限性。一般在项目的较高管理层应用。

2. 表格法

表格法是进行偏差分析最常用的一种方法。它将项目编号、名称、各费用参数以及费用偏差数综合归纳入一张表格中，并且直接在表格中进行比较。由于各偏差参数都在表中列出，费用管理者能够综合了解并处理这些数据。

用表格法进行成本分析具有灵活、适用性强的特点，可根据实际需要设计表格，进行增减项，信息量大；可以反映偏差分析所需的资料，从而有利于成本控制人员及时采取针对性措施，加强控制。表格处理可借助于计算机，从而节约大量数据处理所需的人力，并大大提高速度。

3. 曲线法

曲线法横坐标是项目实施的日历时间，纵坐标是项目实施过程中消耗的资源。通常三个参数可以形成三条曲线，即计划工作预算费用（BCWS）、已完工作预算费用

（BCWP）、已完工作实际费用（ACWP）曲线，如图 6-8 所示。

已完工作预算费用与已完工作实际费用两项参数之差（CV=BCWP–ACWP），反映项目进展的费用偏差。

已完工作预算费用与计划工作预算费用两项参数之差（SV=BCWP–BCWS），反映项目进展的进度偏差。

采用挣得值法进行费用、进度综合控制，还可以根据当前的进度、费用偏差情况，通过原因分析对趋势进行预测，预测项目结束时的进度、费用情况。

项目完工预算 BAC（Budget At Completion）是指编制计划时预计项目的完工费用。

预测的项目完工估算 EAC（Estimate At Completion）指计划执行过程中根据当前进度、费用偏差情况预测项目的完工总费用。

预计费用偏差 ACV（At Completion Variance）是指根据当前进度和费用偏差情况预测项目完工时的费用偏差。

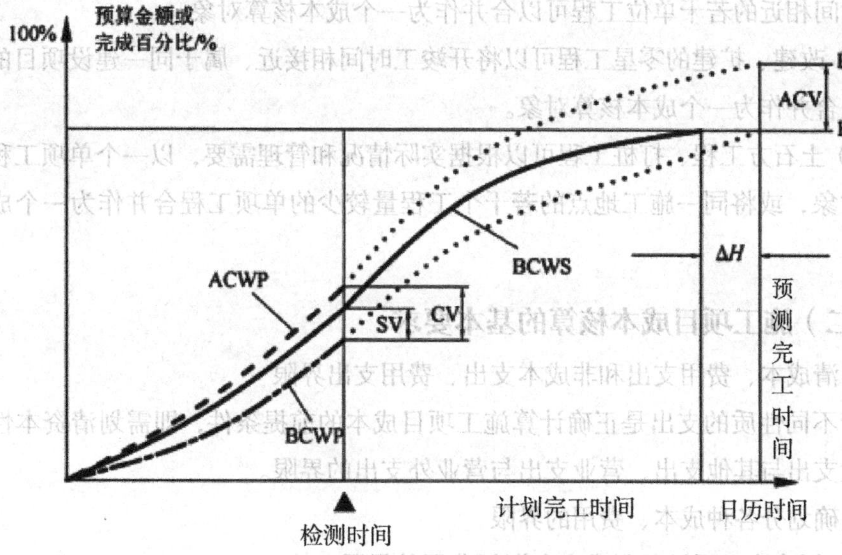

图 6–8　挣得值法评价曲线

第四节　施工成本核算与分析

一、建筑工程项目成本核算

成本核算是对工程项目施工过程中所直接发生的各种费用进行的项目施工成本核算。通过核算确定成本盈亏情况，为及时改善成本管理提供基础依据。

（一）建筑工程项目成本核算的对象

建筑工程项目成本核算对象是指在计算工程成本中，确定归集和分配生产费用的具体对象，即生产费用承担的客体。具体的成本核算对象主要应根据企业生产的特点加以确定，同时还应考虑成本管理上的要求。

施工项目不等于成本核算对象。一个施工项目可以包括几个单位工程，需要分别核算。单位工程是编制工程预算、制订施工项目工程成本计划和与建设单位结算工程价款的计算单位，一般有以下几种划分方法：

（1）一个单位工程由几个施工单位共同施工时，各施工单位都应以同一单位工程为成本核算对象，各自核算自行完成的部分。

（2）规模大、工期长的单位工程可以将工程划分为若干部位，以分部位的工程作为成本核算对象。

（3）同一建设项目由同一施工单位施工，并在同一施工地点、属同一结构类型、开竣工时间相近的若干单位工程可以合并作为一个成本核算对象。

（4）改建、扩建的零星工程可以将开竣工时间相接近、属于同一建设项目的各个单位工程合并作为一个成本核算对象。

（5）土石方工程、打桩工程可以根据实际情况和管理需要，以一个单项工程为成本核算对象，或将同一施工地点的若干个工程量较少的单项工程合并作为一个成本核算对象。

（二）施工项目成本核算的基本要求

1. 划清成本、费用支出和非成本支出、费用支出界限

划清不同性质的支出是正确计算施工项目成本的前提条件，即需划清资本性支出和收益性支出与其他支出、营业支出与营业外支出的界限。

2. 正确划分各种成本、费用的界限

（1）划清施工项目工程成本和期间费用的界限。

（2）划清本期工程成本与下期工程成本的界限。

（3）划清不同成本核算对象之间的成本界限。

（4）划清未完工程成本与已完工程成本的界限。

3. 加强成本核算的基础工作

（1）建立各种财产物资的收发、领退、转移、报废、清查、盘点、索赔制度。

（2）建立、健全与成本核算有关的各项原始记录和工程量统计制度。

（3）制定或修订工时、材料、费用等各项内部消耗定额以及材料、结构件、作业、劳务的内部结算指导价。

（4）完善各种计量检测设施，严格计量检验制度，使项目成本核算具有可靠的基础。

（5）项目成本计量检测必须有账有据。成本核算中的数据必须真实可靠，一定要审核无误，并设置必要的生产费用账册，增设成本辅助台账。

（三）施工项目成本核算的原则

（1）确认原则。对各项经济业务中发生的成本都必须按一定的标准和范围加以认定和记录。在成本核算中，常常要进行再确认，甚至是多次确认。

（2）分期核算原则。企业为了取得一定时期的施工项目成本需将施工生产活动划分为若干时期，并分期计算各项项目成本。成本核算的分期应与会计核算的分期相一致。

（3）相关性原则。在具体成本核算方法、程序和标准的选择上，在成本核算对象和范围的确定上，成本核算应与施工生产经营特点和成本管理要求特性相结合，并与企业一定时期的成本管理水平相适应。

（4）一贯性原则。企业成本核算所采用的方法应前后一致。只有这样才能使企业各项成本核算资料口径统一、前后连贯、相互可比。

（5）实际成本核算原则。企业核算要采用实际成本计价，即必须根据计算期内实际产量以及实际消耗和实际价格计算实际成本。

（6）及时性原则。企业成本的核算、结转和成本信息的提供应当在要求时间内完成。

（7）配比原则。营业收入与其相对应的成本、费用应当相互配合。

（8）权责发生制原则。凡是当期已经实现的收入和已经发生或应当负担的费用，不论款项是否收付都应作为当期的收入或费用处理；凡是不属于当期的收入和费用，即使款项已经在当期收付也不应作为当期的收入和费用。

（9）谨慎原则。在市场经济条件下，在成本、会计核算中应当对企业可能发生的损失和费用做出合理预计，以增强抵御风险的能力。

（10）区分收益性支出与资本性支出原则。成本、会计核算应当严格区分收益性支出与资本性支出界限，以便正确地计算企业当期损益。收益性支出是指该项支出的发生是为了取得本期收益，即仅仅与本期收益的取得有关。资本性支出是指不仅为取得本期收益而发生的支出，同时该项支出的发生有助于以后会计期间的支出。

（11）重要性原则。对成本有重大影响的业务内容应作为核算的重点，力求精确，而对那些不太重要的琐碎的经济业务内容可以相对从简处理，不要事无巨细地均做详细核算。

（12）清晰性原则。项目成本记录必须直观、清晰、简明、可控、便于理解和利用。

（四）施工项目成本核算的方法

1. 建立以项目为成本中心的核算体系

企业内部通过机制转换，形成和建立了内部劳务（含服务）市场、机械设备租赁市场、材料市场、技术市场和资金市场。项目经理部与这些内部市场主体发生的是租赁买卖关系，一切都以经济合同结算关系为基础。它们以外部市场通行的市场规则和企业内部相应的调控手段相结合的原则运行。

2. 实际成本数据的归集

项目经理部必须建立完整的成本核算财务体系，应用会计核算的方法，在配套的专业核算辅助下，对项目成本费用的收、支、结、转进行登记、计算和反映，归集实际成本数据。项目成本核算的财务体系主要包括会计科目、会计报表和必要的核算台账。

（1）会计科目主要包括过程施工、材料采购、主要材料、结构构件、材料成本差异、预提费用、待摊费用、专项工程支出、应付购货款、管理费、内部往来、其他往来、发包单位、工程款往来等。

（2）会计报表主要包括工程成本表、竣工工程成本表等。

（3）项目成本核算台账如表 6-10 所示。

表 6–6　项目经理部成本核算台账

序号	台账名称	责任人	原始资料来源	设置要求
1	人工费台账	预算员	劳务合同结算单	分部分项工程的工日数，实物量金额
2	机械使用费台账	核算员	机械租赁结算单	各机械使用台班金额
3	主要材料收发存台账	材料员	入库单、限额领料单	反映月度分部分项收发、存储量金额
4	周转材料使用台账	材料员	周转材料租赁结算单	反映月度租用数量、动态
5	设备料台账	材料员	设备租赁结算单	反映月度租用数量、动态
6	钢筋、钢结构构件门窗、预埋件台账	翻样技术员	入库单进场数领用单	反映进场、耗用、余料、数量和金额动态
7	商品混凝土专用台账	材料员	商品混凝土结算单	反映月度收发存的数量和金额
8	其他直接台账	核算员	与各子目相应的单据	反映月度耗费的金额
9	施工管理费台账	核算员	与各子目相应的单据	反映月度耗费的金额
10	预算增减费台账	预算员	技术核定单、返工记录、施工图预算定额、实际损耗资料、调整账单、签证单	施工图预算增减账内容、金额、预算增减账与技术核定单内容一致，同步进行
11	索赔记录台账	成本员	向有关单位收取的索赔单据	反应及时、便于收取
12	资金台账	成本员、预算员	工作量、预算增减单、工程款账单、收款凭证、支付凭证	反映工程价款收支及拖欠款情况

续表

序号	台账名称	责任人	原始资料来源	设置要求
13	资料文件收发台账	资料员	工程合同，与各部门来往的各类文件、纪要、信函、图纸、通知等资料	内容、日期、处理人意见，收发人签字等，反映全面
14	形象进度台账	统计员	工程实际进展情况	按各分部分项工程根据记录
15	产值结构台账	统计员	施工预算、工程形象进度	按“三同步”要求，正确反映每月的施工值
16	预算成本构成台账	预算员	施工预算、施工图预算	按分部分项单列各项成本种类，金额占总成本的比重
17	质量成本科目台账	技术员	用于项目的损耗实物量费用原始单据	便于结算费用
18	成本台账	成本员	汇集计量有关成本费用资料	反映“三同步”
19	甲方供料台账	核算员、材料员	建设单位（总承包单位）提供的各种材料构件验收、领用单据（包括三料交料情况）	反映供料实际数量、规格、损坏情况

3. “三算”跟踪分析

“三算”跟踪分析是对分部分项工程的实际成本与预算成本即合同预算（或施工图预算）成本进行逐项分别比较，反映成本目标的执行结果，即事后实际成本与事前计划成本的差异。

为了及时、准确、有效地进行“三算”跟踪分析，应按分部分项内容和成本要素划分“三算”跟踪分析，应按分部分项内容和成本要素划分“三算”跟踪分析项目，具体操作可先按成本要素分别编制，然后再汇总分部分项综合成本。

项目成本偏差有实际偏差、计划偏差和目标偏差，分别按下式计算：

实际偏差 = 实际成本 - 合同预算成本

计划偏差 = 合同预算成本 - 施工预算成本

目标偏差 = 实际成本 - 施工预算成本

一般来说，项目的实际成本总是以施工预算成本为均值轴线上下波动。通常，实际成本总是低于合同预算成本，偶尔也可能高于合同预算成本。

在进行合同预算成本、施工预算成本、实际成本三者比较时，合同预算成本和施工预算成本是静态的计划成本；实际成本则是来源于后期的施工过程，它的信息载体是各种日报、材料消耗台账等。通过这些报表就能够收集到实际工、料等的准确数据，然后将这些数据与施工预算成本、合同预算成本逐项地进行比较。一般每月度比较一次，并严格遵循“三同步”原则。

二、建筑工程项目成本分析

成本分析的主要目的是利用施工项目的成本核算资料，全面检查与考核成本变动情况，将目标成本与施工项目的实际成本进行比较，系统研究成本升降的各种因素及其产生的原因，总结经验教训，寻找降低项目施工成本的途径，以进一步改进成本管理工作。

（一）施工企业成本分析的内容

影响施工项目成本变动的因素有两个方面，一是外部的属于市场经济的因素；二是内部的属于企业经营管理的因素。施工项目成本分析的重点是内部因素，包括以下几方面内容：

（1）材料、能源利用的效果。在其他条件不变的情况下，材料、能源消耗定额的高低直接影响材料、燃料成本的升降，其价格变动直接影响产品成本升降。

（2）机械设备的利用效果。施工企业的机械设备有自有和租用两种。租用又存在两种情况：一是按产量进行承包，并按完成产量计算费用；二是按使用时间计算机械费用。自有机械则要提高机械完好率和利用率，因为自有机械停用仍要负担固定费用。

（3）施工质量水平的高低。施工质量水平的高低是影响施工项目成本的主要因素之一，提高施工项目质量水平可降低施工中的故障成本，减少未达到质量标准而发生的一切损失费用。但为保证和提高项目质量而支出的费用也会相应增加。

（4）人工费用水平的合理性。人工费用合理性是指人工费既不过高，也不过低。人工费过高会增加施工项目的成本；反之，工人的积极性就不高，施工项目的质量就可能得不到保证。

（5）其他影响施工项目成本变动的因素。除上述四项以外的其他直接费用，以及为施工准备、组织施工和管理所需要的费用。

（二）施工项目成本分析的原则

（1）实事求是。成本分析一定要有充分的事实依据，对事物进行实事求是的评价。

（2）用数据说话。成本分析要充分利用统计核算、业务核算、会计核算和有关辅助记录的数据进行定量分析，尽量避免抽象的定性分析。

（3）注重时效。成本分析要及时，发现问题要及时，解决问题要及时。

（4）为生产经营服务。成本分析要分析矛盾产生的原因，并提出积极有效的解决矛盾的合理化建议。

（三）项目成本分析的内容

项目成本分析的内容包括成本偏差的数量分析、成本偏差的原因分析以及成本偏差的要素分析等。

1. 成本偏差的数量分析

成本偏差的数量分析就是通过有关技术经济指标的对比检查计划的完成情况。对比的内容包括工程项目分项成本和各个成本项目要素进行实际成本、计划成本、预算成本的相互对比，比较的结果即工程成本偏差数量。通过相互对比找差距、找原因，有效地进行成本分析，以提高成本管理水平、降低工程成本。成本间互相对比的结果分别为计划偏差和实际偏差。

（1）计划偏差。计划偏差即计划成本与预算成本相比较的差额，它反映了成本事前预控制所达到的目标，即

计划偏差 = 预算成本 – 计划成本

这里的计划成本是指现场目标成本即施工预算成本，而预算成本可分别指施工图预算成本、投标书合同预算成本或项目管理责任目标成本三个层次的预算成本。对应的计划偏差分别反映项目计划成本与社会平均成本、竞争性标价成本、企业预期目标成本的差异。正值的计划偏差，反映成本预控的计划效益是管理者在计划过程中智慧和经验投入的结果。

分析计划偏差的目的是检验和提高工程成本计划的正确性和可行性，充分发挥工程成本计划指导实际施工的作用。在一般情况下，计划成本应该等于以最经济合理的施工方案和企业内部施工定额所确定的施工预算成本。

（2）实际偏差。实际偏差即实际成本与计划成本相比较的差额，反映施工项目成本控制的实绩，也是反映和考核项目成本控制水平的依据。

实际偏差 = 计划成本 – 实际成本

分析实际偏差的目的在于检查计划成本的执行情况。实际偏差为负值的时候，反映成本控制中存在的缺点和问题，应挖掘成本控制的潜力，缩小和纠正与目标的偏差，保证计划成本的实现。

2. 成本偏差的原因分析

成本偏差的数量分析只是从总体上认识核算对象（成本要素、工程分项等）成本的运行情况、超支或节约的数量大小。在此基础上还必须进一步了解造成成本偏差的原因及其影响情况。影响成本偏差的因素有很多，既有客观的因素，也有主观的因素。可以说在项目的计划和实施中，以及在技术、组织、管理、合同等任何一方面出现问题时都会反映在成本上，造成成本偏差。

成本偏差的原因分析的常用方法有因果分析图法、因素替换法、差额计算法、ABC 分类法、相关分析法、层次分析法等。

项目施工过程中的成本分析目的是知道后续施工的成本管理和控制，项目经理应及时组织项目管理人员研究成本分析文件资料，沟通成本信息，增强成本意识，并群策群力寻求改善成本的对策和途径。针对分析得出的偏差发生原因采取纠偏措施，对偏差加以纠正，这才是成本偏差控制的核心。

3. 成本偏差的要素分析

在明确偏差原因及其影响的情况下，经常需要再从生产要素的角度分别分析其成本偏差的情况，以便进一步改善生产要素的采购、配置、组织和使用管理和控制过程成本。

（1）人工费偏差分析。在工程项目进行人工费分析时，应着重分析执行预算定额是否认真，结合人工费的增减，分析估计用工数量控制情况和工资单价是否太高。

（2）材料费偏差分析。材料费包括主要材料、构配件和周转材料费。由于主要材料是采购来的，周转材料是租来的，构配件是委托加工的，情况各不相同，应分别进行分析。

（四）成本分析的基本方法

1. 比较法

比较法又称指标对比分析法，是指对比技术经济指标和检查目标的完成情况，分析产生差异的原因，进而挖掘降低成本的方法。这种方法通俗易懂、简单易行、便于掌握，因而得到了广泛的应用，但在应用时必须注意各技术经济指标的可比性。比较法的应用通常有以下几种形式：

（1）将本期实际指标与目标指标对比。以此检查目标完成情况，分析影响目标完成的积极因素和消极因素，以便及时采取措施，保证成本目标的实现。在进行实际指标与目标指标对比时，还应注意目标本身有无问题，如果目标本身出现问题，则应调整目标，重新评价实际工作。

（2）将本期实际指标与上期实际指标对比。通过本期实际指标与上期实际指标对比，可以看出各项技术经济指标的变动情况，反映施工管理水平的提高程度。

（3）将本期实际指标与本行业平均水平、先进水平对比。通过这种对比，可以反映本项目的技术和经济管理水平与行业的平均水平及先进水平的差距，进而采取措施提高本项目管理水平。

2. 因素分析法

因素分析法又称连环置换法，可用来分析各种因素对成本的影响程度。在进行分析时，假定众多因素中的一个因素发生了变化，而其他因素则不变，然后逐个替换，分别比较其计算结果，以确定各个因素的变化对成本的影响程度。因素分析法的计算步骤如下：

（1）确定分析对象，计算实际与目标数的差异。

（2）确定该指标是由哪几个因素组成的，并按其相互关系进行排序（排序规则：先实物量，后价值量；先绝对值，后相对值）。

（3）以目标数为基础，将各因素的目标数相乘，作为分析替代的基数。

（4）将各个因素的实际数按照已确定的排列顺序进行替换计算，并将替换后的实际数保留下来。

（5）将每次替换计算所得的结果与前一次的计算结果相比较，两者的差异即为该因素对成本的影响程度。

（6）各个因素的影响程度之和应与分析对象的总差异相等。

3. 差额计算法

差额计算法是因素分析法的一种简化形式，它利用指数的各个因素的实际数与计划数的差额按照一定的顺序，直接计算出各个因素变动时对计划指标完成的影响程度。

4. 比率法

用两个以上指标的比例进行分析。其特点是先把分析的数值变成相对数，再观察其相互之间的关系。常用方法如表 6-11 所示。

表 6–7　项目成本分析常用的比率法

常用方法	主要内容
相关比率法	由于项目经济活动的各个方面是相互联系、相互依存、相互影响的，因而可以将两个性质不同且相关的指标加以对比，求出比率，并以此来考察经营成果的好坏
构成比率法	构成比率法又称为比重分析法或结构对比分析法。通过构成比率，可以考察成本总量的构成情况及各成本项目占总成本总量的比重，同时也可看出量、本、利的比例关系（预算成本、实际成本和降低成本的比例关系），从而寻求降低成本的途径
动态比率法	动态比率法是将同类指标不同时期的数值进行对比，求出比率，以分析该项指标的发展方向和发展速度。动态比率的计算通常采用基期指数和环比指数两种方法

第七章　施工项目现场管理

第一节　施工项目现场管理概述

一、施工项目现场管理的基本知识

（一）施工项目现场管理的基本概念

施工项目现场指从事工程施工活动经批准占用的施工场地。该场地既包括红线以内占用的建筑用地和施工用地，又包括红线以外现场附近经批准占用的临时施工用地。施工项目现场管理是指项目经理部按照《施工现场管理规定》和城市建设管理的有关法规，科学合理地安排使用施工现场，协调各专业管理和各项施工活动，控制污染，创造文明安全的施工环境和人、材、物、资金流畅通的施工秩序所进行的一系列管理工作。施工项目现场管理是指这些工作如何科学筹划合理使用，并与环境各因素保持协调关系，成为文明施工现场。

（二）施工项目现场管理的任务

施工项目现场管理的任务，主要从以下四方面进行分析。

1. 施工枢纽站

良好的施工项目现场有助于施工活动正常进行，施工现场是施工的“枢纽站”，大量的物资进场后“停站”于施工现场。活动于现场的大量劳动力、机械设备和管理人员，通过施工活动将这些物资一步步地转变成建筑物或构筑物。这个“枢纽站”能否管理好，涉及人流、物流和财流是否畅通，涉及施工生产活动是否顺利进行。

2. 专业绳结

施工现场是一个“绳结”，把各个专业管理联系在一起。在施工现场，各项专业管理工作既按合同分工分头进行，而又密切协作，相互影响、相互制约，很难完全分开。施工现场管理的好坏，直接关系到各专业管理的技术经济效果。

3. 现场镜子

工程施工现场管理是一面"镜子"，能"照出"施工单位的面貌。通过观察工程施工现场，施工单位的精神面貌、管理面貌，施工面貌赫然显现，一个文明的施工现场有着重要的社会效益，能够赢得很好的社会信誉。反之也会损害施工企业的社会信誉。

4. 法规焦点

工程施工现场管理是贯彻执行有关法规的"焦点"。施工现场与许多城市管理法规有关，诸如房地产开发、城市规划、市政管理、环境保护、市容美化、环境卫生、城市绿化、交通运输、消防安全、文物保护、居民安全、人防建设、居民生活保障、工业生产保障、文明建设等。每一个在施工现场从事施工和管理工作的人员，都应有法治观念，需要执法、守法、护法。每一个与施工现场管理发生联系的单位都关注工程施工现场管理。所以施工现场管理是一个严肃的社会问题和法治问题，不能有半点疏忽。

（三）施工项目现场管理的内容

建筑工程施工项目现场管理的主要内容包括以下五个方面。

①合理规划施工用地。根据施工项目及建设用地特点，应充分合理利用施工场地；如场地空间不足，应向有关部门申请后方可利用场外临时施工用地。

②科学设计施工总平面图。施工组织设计中要科学设计施工总平面图，并随着施工的进展，不断修改完善。大型机械及重要设施，布局要合理，不要频繁调整。根据建筑总平面图、单位工程施工图、拟订的施工方案、现场地理位置和环境及政府部门的管理标准，充分考虑现场布置的科学性、合理性、可行性，设计施工总平面图、单位工程施工平面图。单位工程施工平面图应根据施工内容和分包单位的变化，设计出阶段性施工平面图，并在阶段性进度目标开始实施前，通过施工协调会议确认后实施。

③建立施工现场管理组织。明确项目经理人的地位及职责，建立健全各级施工现场管理组织。建立健全施工现场管理规章制度，班组实行自检互检交接制度。

项目经理全面负责施工过程中的现场管理，并建立施工项目现场管理组织体系；施工项目现场管理组织应由主管生产的副经理、主任工程师、分包人、生产、技术、质量、安全、保卫、消防、材料、环保、卫生等管理人员组成；建立施工项目现场管理规章制度和管理标准、实施措施、监督办法和奖惩制度；根据工程规模、技术复杂程度和施工现场的具体情况，遵循"谁生产，谁负责"的原则，建立按专业、岗位、区片的施工现场管理责任制，并组织实施；建立现场管理例会和协调制度，通过调度工作实施的动态管理，做到经常化、制度化。

④建立文明施工现场。施工现场入口处应有施工单位标志及现场平面布置图，应在施工现场悬挂现场规章制度、岗位责任制等。按规定要求堆放好各种施工材料等。

遵循国务院及地方建设行政主管部门颁布的施工现场管理法规和规章认真管理施工现场。按审核批准的施工总平面图布置和管理施工现场，规范场容。项目经理部应对施工现场场容、文明形象管理做出总体策划和部署，分包人应在项目经理部指导和协调下，按照分区划块原则做好分包人施工用地场容、文明形象管理的规划。经常检查施工项目现场管理的落实情况，听取社会公众、近邻单位的意见，发现问题，及时处理，不留隐患，避免再度发生问题，并实施奖惩。接受政府建设行政主管部门的考评机构和企业对建设工程施工现场管理的定期抽查、日常检查、考评和指导。加强施工现场文明建设，展示和宣传企业文化，塑造企业及项目经理部的良好形象。

⑤及时清场转移。施工结束后，应及时组织清场，向新工地转移组织剩余物资退场，拆除临时设施，清除建筑垃圾，按市容管理要求恢复临时占用土地。

（四）施工项目现场管理的要求

1. 现场标志

①在施工现场门头设置企业名称、标志。

②在施工现场主要进出口处醒目位置设置施工现场公示牌和施工总平面图，具体有工程概况（项目名称）牌（见图 7-1），施工总平面图，安全无重大事故计数牌，安全生产、文明施工牌，项目主要管理人员名单及项目经理部组织结构图，防火须知牌及防火标志（设置在施工现场重点防火区域和场所），安全纪律牌（设置在相应的施工部位、作业点、高空施工区及主要通道口）。

工程名称：	**建筑面积：**
建设单位：	
设计单位：	
施工单位：	**工地负责人：**
开工日期：	**竣工日期：**

图 7–1　工程概况牌内容

2. 场容管理

①遵守有关规划、市政、供电、供水、交通、市容、安全、消防、绿化、环保、环卫等部门的法规、政策，接受其监督和管理，尽力避免和降低施工作业对环境的污染和对社会生活正常秩序的干扰。

②施工总平面图设计应遵循施工现场管理标准，合理可行，充分利用施工场地和空间，降低各工种、作业活动的相互干扰，符合安全防火、环保要求，保证高效、有序、顺利、文明施工。

③施工现场实行封闭式管理，在现场周边应设置临时维护设施（市区内其高度应不低于 1.8 m），维护材料要符合市容要求；在建工程应采用密闭式安全网全封闭。

④布置施工项目的主要机械设备、脚手架、模具，施工临时道路及进出口，水、气、电管线，材料制品堆场及仓库，土方及建筑垃圾，变配电间、消防设施、警卫室、现场办公室、生产生活临时设施，加工场地、周转使用场地等井然有序。

⑤施工物料器具除应按照施工平面图指定位置就位布置外，尚应根据不同特点和性质，规范布置方式和要求，做到位置合理、码放整齐、限宽限高、上架入箱、规格分类、挂牌标识，便于来料验收、清点、保管和出库使用。

⑥大型机械和设施位置应布局合理，力争一步到位；需按施工内容和阶段调整现场布置时，应选择调整耗费较小，影响面小或已经完成作业活动的设施；大宗材料应根据使用时间，有计划地分批进场，尽量靠近使用地点，减少二次搬运，以免浪费。

⑦施工现场应设置场通道排水沟渠系统，工地地面宜做硬化处理，场地不积水、泥浆，保持道路干燥坚实。

⑧施工过程应合理有序，尽量避免前后反复，影响施工；对平面和高度也要进行合理分块分区，尽量避免各分包或各工种交叉作业、互相干扰，维持正常的施工秩序。

⑨坚持各项作业“落手清”，即工完料尽场地清。杜绝废料残渣遍地、好坏材料混杂，改善施工现场脏、乱、差、险的状况。

⑩做好原材料、成品、半成品、临时设施的保护工作。

⑪明确划分施工区域、办公区、生活区域。生活区内宿舍、食堂、厕所、浴室齐全，符合卫生标准；各区都有专人负责，创造一个整齐、清洁的工作和生活环境。

3. 环境保护

①施工现场泥浆、污水未经处理不得直接排入城市排水设施和河流、湖泊、池塘。

②除有符合规定的装置外，不得在施工现场熔化沥青或焚烧油毡、油漆，也不得焚烧其他可产生有毒有害烟尘和恶臭气味的废弃物，禁止将有毒有害废弃物做土方回填。

③建筑垃圾、渣土应在指定地点堆放，及时运到指定地点清理；高空施工的垃圾和废弃物应采用密闭式串筒或其他措施清理搬运；装载建筑材料、垃圾、渣土等散碎物料的车辆应有严密遮挡措施，防止飞扬、洒漏或流溢；进出施工现场的车辆应经常冲洗，保持清洁。

④在居民和单位密集区域进行爆破、打桩等施工作业前，项目经理部除按规定报告申请批准外，还应将作业计划、影响范围、程度及有关措施等情况，向有关的居民和单位通报说明，取得协作和配合；对施工机械的噪声与振动扰民，应有相应的措施予以控制。

⑤经过施工现场的地下管线，应由发包人在施工前通知承包人，标出位置，加以保护。

⑥施工时发现文物、古迹、爆炸物、电缆等，应当停止施工，保护好现场，及时向有关部门报告，按照有关规定处理后方可继续施工。

⑦施工中需要停水、停电、封路而影响环境时，必须经有关部门批准，事先告示，并设有标志。

⑧温暖季节宜对施工现场进行绿化布置。

4. 防火保安

①应做好施工现场保卫工作，采取必要的防盗措施。现场应设立门卫，根据需要设置警卫。施工现场的主要管理人员应佩戴证明其身份的证件，采用现场施工人员标识，有条件时可对进出场人员使用磁卡管理。

②承包人必须严格按照《中华人民共和国消防条例》的规定，在施工现场建立和执行防火管理制度，现场必须安排消防车出入口和消防道路，设置符合要求的消防设施，保持完好的备用状态。在容易发生火灾的地区或储存、使用易燃、易爆器材时，承包人应当采取特殊的消防安全措施。施工现场严禁吸烟，必要时可设吸烟室。

③施工现场的通道、消防入口、紧急疏散楼道等，均应有明显标志或指示牌。有高度限制的地点应有限高标志：临街脚手架、高压电缆，起重把杆回转半径伸至街道的，均应设安全隔离棚；在行人、车辆通行的地方施工，应当设置沟、井、坎、穴覆盖物和标志，夜间设置灯光警示标志；危险品库附近应有明显标志及围挡措施，并设专人管理。

④施工中需要进行爆破作业的，必须经上级主管部门审查批准，并持说明爆破器材的地点、品名、数量、用途、四邻距离的文件和安全操作规程，向所在地县、市公安局申领“爆破物品使用许可证”，由具备爆破资质的专业人员按有关规定进行施工。

⑤关键岗位和有危险作业活动的人员必须按有关规定，经培训、考核，持证上岗。

⑥承包人应考虑规避施工过程中的一些风险因素，并向保险公司投施工保险和第三者责任险。

5. 卫生防疫及其他

①现场应准备必要的医疗保健设施点。在办公室内显著位置张贴急救车和有关医院电话号码。

②施工现场不宜设置职工宿舍，设置时应尽量和施工场地分开。

③现场应设置饮水设施，食堂、厕所要符合卫生要求，根据需要制定防暑降温措施，并进行消毒、防毒和注意食品卫生等。

④现场应进行节能、节水管理，必要时下达使用指标。现场涉及的保密事项应通知有关人员执行。

⑤参加施工的各类人员都要保持个人卫生、仪表整洁，同时还应注意精神文明，遵守公民社会道德规范，不打架、赌博、酗酒等。

二、施工现场平面布置的管理

（一）施工现场平面布置

1. 合理规划施工用地

首先要保证场内占地的合理使用。当场内空间不充足时，应同建设单位按规定向规划部门和公安交通部门申请，经批准后才能获得并使用场外临时施工用地。

2. 按施工组织设计中施工平面图设计布置现场

施工现场的平面布置，是根据工程特点和场地条件，以配合施工为前提进行合理安排的，有一定的科学根据。但是，在施工过程中，往往会出现不执行现场平面布置的情况，从而造成人力、物力浪费的情况。比如以下几种情况：

①材料、构件不按规定地点堆放，造成二次搬运，不仅浪费人力，材料、构件在搬运中还会受到损失。

②钢模和钢管脚手架等周转设备，用后不予整修并堆放不整齐，而是任意乱堆乱放，既影响场容整洁，又容易造成损失，特别是将周转设备放在路边，一旦车辆开过，轻则变形，重则报废。

③任意开挖道路，又不采取措施，造成交通中断，影响物资运输。

④排水系统不畅，遇雨则现场积水严重，造成不安全事故，对材料产生不利影响。

3. 根据施工进展的具体需要，按阶段调整施工现场的平面布置

不同的施工阶段，施工的需要不同，现场的平面布置亦应进行调整。当然，施工内容变化是主要原因，另外分包单位也随之变化，新的分包单位也会对施工现场提出新的要求。因此，调整也不能太频繁，以免造成浪费。一些重大设施应基本固定，调整对象应是浪费不大、规模小的设施，或已经实现功能失去作用的设施，代之以满足新需要的设施。

4. 加强对施工现场使用的检查

现场管理人员应经常检查同场布置是否按平面布置图进行，是否符合各项规定，是否满足施工需要，还有哪些薄弱环节，从而为调整施工现场布置提供有用的信息，加强对施工现场使用的检查，也可使施工现场保持相对稳定，不被复杂的施工过程打乱或破坏。

（二）文明施工现场的建立

1. 文明施工现场

文明施工现场指按照有关法规的要求，使施工现场和临时占地范围内秩序井然、文明安全，环境得到保持，绿地树木不被破坏，交通畅达，文物得以保存，防火设施完备，居民不受干扰，场容和环境卫生均符合要求。

2. 措施与要求

建立文明施工现场有利于提高工程质量和工作质量，提高企业信誉。为此，应当做到“主管挂帅，系统把关，普遍检查，建章建制，责任到人，落实整改，严明奖惩”，及时清场转移。

①主管挂帅，即公司和分公司均成立主要领导挂帅，各部门主要负责人参加的施工现场管理领导小组，在企业范围内建立以项目管理班子为核心的现场管理组织体系。

②系统把关，即各管理业务系统对现场的管理进行分口负责，每月组织检查，发现问题及时整改。

③普遍检查，即对现场管理的检查内容，按达标要求逐项检查，填写检查报告，评定现场管理先进单位。

④建章建制，即建立施工现场管理的检查规章制度和实施办法，按法办事，不得违背。

⑤责任到人，即管理责任不但要明确到部门，而且各部门要明确到人，以便落实管理工作。

⑥落实整改，即对各种问题，一旦发现，必须采取措施纠正，避免再度发生。无论涉及哪一级、哪个部门、哪个人，绝不能姑息迁就，必须整改落实。

⑦严明奖惩。如果成绩突出，便应按奖惩办法予以奖励；如果有问题，要按规定给予必要的处罚。

⑧及时清场转移。施工结束后，项目管理班子应及时组织清场，将临时设施拆除，剩余物资退场，组织向新工程场地转移，以便整治规划场地，恢复临时占用工地，不留后患。

（三）施工现场环境管理

1. 一般规定

工程施工前，项目管理机构应进行下列调查：施工现场和周边环境条件；施工可能对环境带来的影响；制订环境管理计划的其他条件。项目管理机构应进行项目环境管理策划，确定施工现场环境管理目标和指标，编制项目环境管理计划。

2. 管理要求

施工现场应符合下列环境管理要求：

①工程施工方案和专项措施应保证施工现场及周边环境安全、文明，减少噪声污染、光污染、水污染及大气污染，杜绝重大污染事件的发生。

②在施工过程中应进行垃圾分类，实现固体废弃物的循环利用，设专人按规定处置有毒、有害物质，禁止将有毒、有害废弃物用于现场回填或混入建筑垃圾中外运。

③按照分区划块原则，规范施工污染排放和资源消耗管理，进行定期检查或测量，实施预控和纠偏措施，保持现场良好的作业环境和卫生条件。

④针对施工污染源或污染因素，进行环境风险分析，制订环境污染应急预案，预防可能出现的非预期损害；在发生环境事故时，应进行应急响应以消除或减少污染，隔离污染源并采取相应措施防止二次污染。

⑤组织应在施工过程及竣工后，进行环境管理绩效评价。

第二节 施工项目安全管理

一、现场安全生产管理的目的

现场安全生产管理的目的是保护施工现场的人身安全和设备安全，减少和避免不必要的损失，要达到这个目的，就必须强调按规定的标准去管理，不允许有任何细小的疏忽。否则，会造成难以估量的损失，其中包括人身、财产和资金等损失。

①不遵守现场安全操作规程，容易发生工伤事故，甚至死亡事故，不仅会造成相关人员的人身伤害，而且项目还要支付一笔大额的医药费、抚恤金，甚至还会造成停工损失。

②不遵守机电设备的操作规程，容易发生一般设备事故，甚至重大设备事故，不仅会损坏机电设备，还会影响正常施工。

③忽视消防工作和消防设施的检查，容易发生火警和对火警的有效抢救，其后果更是不可想象。

二、施工项目管理任务分析

1. 人的不安全行为

控制靠人，人也是控制的对象。人的行为是安全的关键。人的不安全行为可能导致安全事故的发生，因此要对人的不安全行为加以分析。

人的不安全行为是人的生理和心理特点的反映，主要表现在身体缺陷、错误行为和违纪违章三个方面。

①身体缺陷。身体缺陷包括疾病、职业病、精神失常、智商过低、紧张、烦躁、疲劳、易冲动、易兴奋、运动迟钝、对自然条件和其他环境过敏、不适应复杂和快速工作、应变能力差等。

②错误行为。错误行为包括嗜酒、吸毒、吸烟、赌博、玩耍、嬉闹、追逐、误视、误听、误嗅、误触、误动作、误判断、意外碰撞和受阻、误入险等。

③违纪违章。违纪违章包括粗心大意、漫不经心、注意力不集中、不履行安全措施、安全检查不认真、不按工艺规程或标准操作、不按规定使用防护用品、玩忽职守有意违章等。

统计资料表明，有 88% 的安全事故是由人的不安全行为造成的，而人的生理和心理特点直接影响人的不安全行为。因此在安全控制中，定期检验可抓住人的不安全行为这一关键因素，采取策略应对。在采取相应策略时，又必须针对人的生理和心理特点对安全的影响，培养劳动者的自我保护能力，以结合自身生理和心理特点预防不安全行为发生，增强安全意识，做好安全控制。

2. 物的不安全状态

如果人的心理和生理状态都能适应物质和环境条件，而物质和环境条件又能满足劳动者生理和心理的需要，便不会产生不安全行为，反之就可能导致安全伤害事故。

物的不安全状态表现为三方面：设备和装备的技术性能降低、强度不够、结构不良、磨损、老化、失灵、腐蚀、物理和化学性能达不到要求等；作业场所的缺陷是指施工场地狭窄、立体交叉作业组织不当、多工种交叉作业不协调、道路狭窄、机械拥挤、多单位同时施工等；物质和环境的危险源有化学方面的、机械方面的、电气方面的、环境方面的等。

物和环境均有危险源存在，是产生安全事故的另一种主要因素。在安全控制中，必须根据施工具体条件，采取有效措施断绝危险源。当然，在分析物质、环境因素对安全的影响时，也不能忽视劳动者本身生理和心理的特点。故在创造和改善物质、环境的安全条件时，也应从劳动者生理和心理状态出发，使两方面相互适应，解决采光照明、树立彩色标志、调节环境温度、加强现场管理等，都是将人的不安全行为导因和物的不安全状态的排除结合起来考虑，以控制安全事故、确保安全的重要措施。

三、施工项目安全控制的基本原则

1. 管生产必须管安全

安全蕴于生产中，并对生产发挥促进与保证作用。安全和生产管理的目标及目的高度一致和完全统一。安全控制是生产管理的重要组成部分，一切与生产有关的机构和人员，都必须参与安全控制并承担安全责任。

2. 必须明确安全控制的目的

安全控制的目的是对生产中的人、物、环境因素状态的控制，有效地控制人的不安全因素和物的不安全状态，消除或避免事故发生，达到保护劳动者的安全与健康的目的。

3. 必须贯彻预防为主的方针

安全生产的方针是“安全第一，预防为主”。安全第一是从保护生产力的角度和高度，表明在生产范围内安全与生产的关系，肯定安全在生产活动中的位置和重要性。

在生产活动中进行的安全控制，要针对生产的特点，对生产因素采取管理措施，有效地控制不安全因素，把可能发生的事故消灭在萌芽状态，以保证生产活动中人的安全与健康。

贯彻预防为主，要端正对生产中不安全因素的认识，端正消除不安全因素的态度，选准消除不安全因素的时机。在安排与布置生产内容时，应针对施工生产中可能出现的危险因素，采取措施予以消除。在生产活动过程中，经常检查、及时发现不安全因素，采取措施，明确责任，并尽快、坚决地予以消除。

4. 坚持动态管理

安全管理不只是少数人和安全机构的事，而是一切与生产有关的人共同的事。生产组织者在安全管理中的作用固然重要，但全员参与管理更重要。安全管理涉及生产活动的方方面面，涉及从开工到竣工交付的全部生产过程、全部的生产时间和一切变化的生产要素。因此在生产活动中必须坚持全员、全过程、全方位、全天候的动态安全管理。

5. 不断提高安全控制水平

生产活动是在不断发展与变化的，导致安全事故的因素也处在变化中，因此要随生产的变化调整安全控制工作，还要不断地提高安全控制水平，以取得更好的效果。

四、相关的法律法规

项目经理部应在学习国家、行业、地区、企业安全法规的基础上，制定本项目部的安全管理制度，并以此为依据，对施工项目安全施工进行经常性、制度化、规范化管理，也就是执法。守法是按照安全法规的规定进行工作，使安全法规变为行动，产生效果。

有关安全生产的法规很多。中央和国务院颁布的安全生产法规有《工厂安全生产规程》《建筑安装工程安全技术操作规程》《工人职员伤亡事故报告规程》等。国务院各部委颁布的安全生产条例和规定也很多，如国务院令第 393 号《建设工程安全生产管理条例》。有关安全生产的标准与规程有《建筑施工安全检查标准》（JGJ 59—2011）、《液压滑动模板施工安全技术规程》（JGJ 65—2013）、《高处作业分级》（GB/T 3608—2008）等。另外，施工企业应建立安全规章制度（企业的安全“法规”），如安全生产责任制、安全教育制度、安全检查制度、安全技术措施计划制度、分项工程工艺安全制度、安全事故处理制度、安全考核办法、劳动保护制度和施工现场安全防火制度等。

五、建立施工项目安全组织系统和安全责任系统

1. 组织系统

建立“施工项目安全生产组织管理系统”（如图 7-2 所示）和“施工项目安全施工责任保证系统”（如图 7-3 所示），为施工项目安全施工提供组织保证。

2. 项目经理的安全生产职责

①对参加施工的全体职工的安全与健康负责，在组织与指挥生产的过程中，把安全生产责任落实到每一个生产环节中，严格遵守安全技术操作规程。

②组织施工项目安全教育。对项目的管理人员和施工操作人员，按其各自的安全职责范围进行教育，建立安全生产奖励制度。对违章和失职者要予以处罚，对避免事故发生、按章工作并做出成绩者给予奖励。

③工程施工中发生重大事故时，应立即组织人员保护现场，向上级主管部门汇报，积极配合劳动部门、安全部门和司法部门调查事故原因，提出预防事故重复发生和防止事故危害扩大的初步措施。

④配备安全技术员以协助项目经理履行安全职责。安全技术员应具有同类或类似工程的安全技术管理经验，能较好地完成本职工作；取得有关部门考核合格的专职安全技术人员证书；掌握施工安全技术基本知识；热心于安全技术工作。

项目经理的安全管理内容是：定期召开安全生产会议，研究安全决策，确定各项措施执行人；每天对施工现场进行巡视，处理不安全因素及安全隐患；开展现场安全生产活动；建立安全生产工作日志，记录每天的安全生产情况。

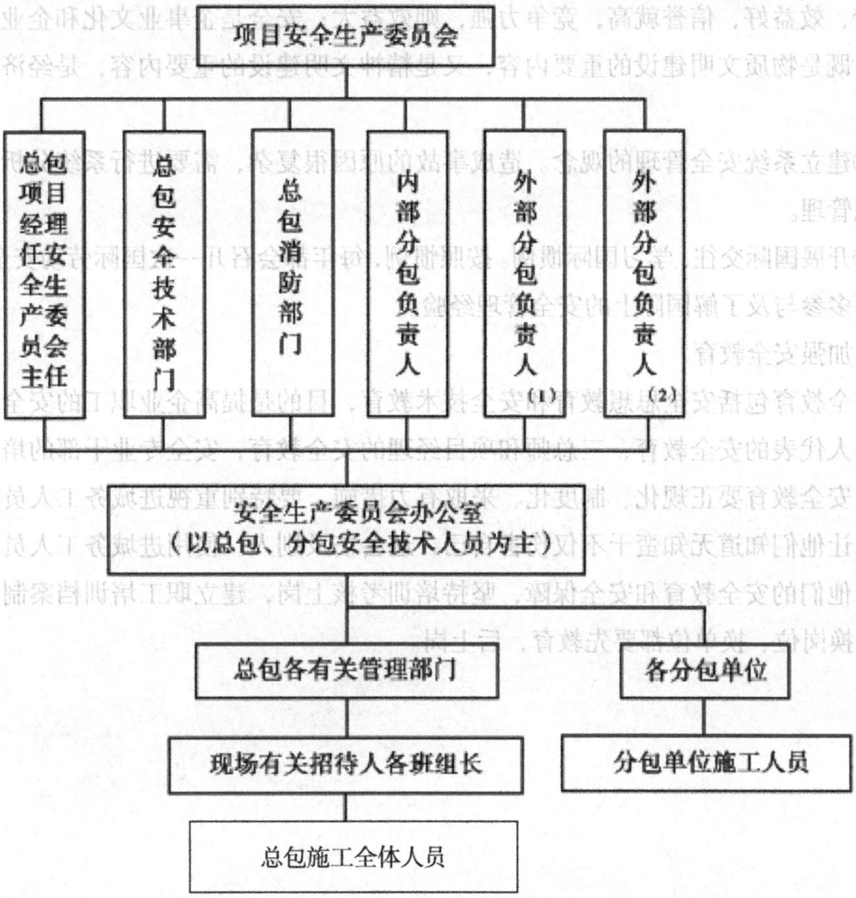

图 7–2　施工项目安全生产组织管理系统

3. 提高对施工安全控制的认识

①要认识到建筑市场的管理和完善与施工安全紧密相关。施工安全与业主责任制的健全有关。只有健全招投标制，才能促使企业自觉地重视施工安全管理，要使施工安全与劳动保护成为合同管理工作的重要内容，体现宪法劳动保护的原则，建设监理也是搞好施工安全的一条重要途径。

②要建立工伤保险机制。工伤保险是一种人身保险，也是社会保险体系的重要组成部分。我国的社会保险包括四大险种，即失业保险、养老保险、医疗保险和工伤保险。建立工伤保险新机制是利用经济的办法促使企业、工人及社会各方面与施工安全保持切身利益关系，主动自觉地进行安全管理。

③工程质量与施工安全是统一的，只要工程建设存在，就有质量和安全问题。质量的安全体现了产品生产中的统一性，安全是工作质量的体现。

④在市场经济条件中，应增强施工安全和法治观念，法治观念的核心是责任制。

⑤建立安全效益观念，即安全的投入会带来更大的效益。安全好，住房伤亡少，

损失少，效益好，信誉就高，竞争力强，则效益大；安全是企事业文化和企业精神的反映，既是物质文明建设的重要内容，又是精神文明建设的重要内容，是经济效益的所在。

⑥建立系统安全管理的观念。造成事故的原因很复杂，需要进行系统分析，并加强组织管理。

⑦开展国际交往，学习国际惯例。按照惯例，每年都会召开一次国际劳动安全会议，我们要多参与及了解国际上的安全管理经验。

4. 加强安全教育

安全教育包括安全思想教育和安全技术教育，目的是提高企业职工的安全施工意识，法人代表的安全教育、三总师和项目经理的安全教育，安全专业干部的培训也要加强，安全教育要正规化、制度化、采取有力措施。要特别重视进城务工人员的安全教育，让他们知道无知蛮干不仅伤害自己，还会伤及别人。使用进城务工人员的主体应负责他们的安全教育和安全保障，坚持培训考核上岗，建立职工培训档案制度。换工种、换岗位、换单位都要先教育，后上岗。

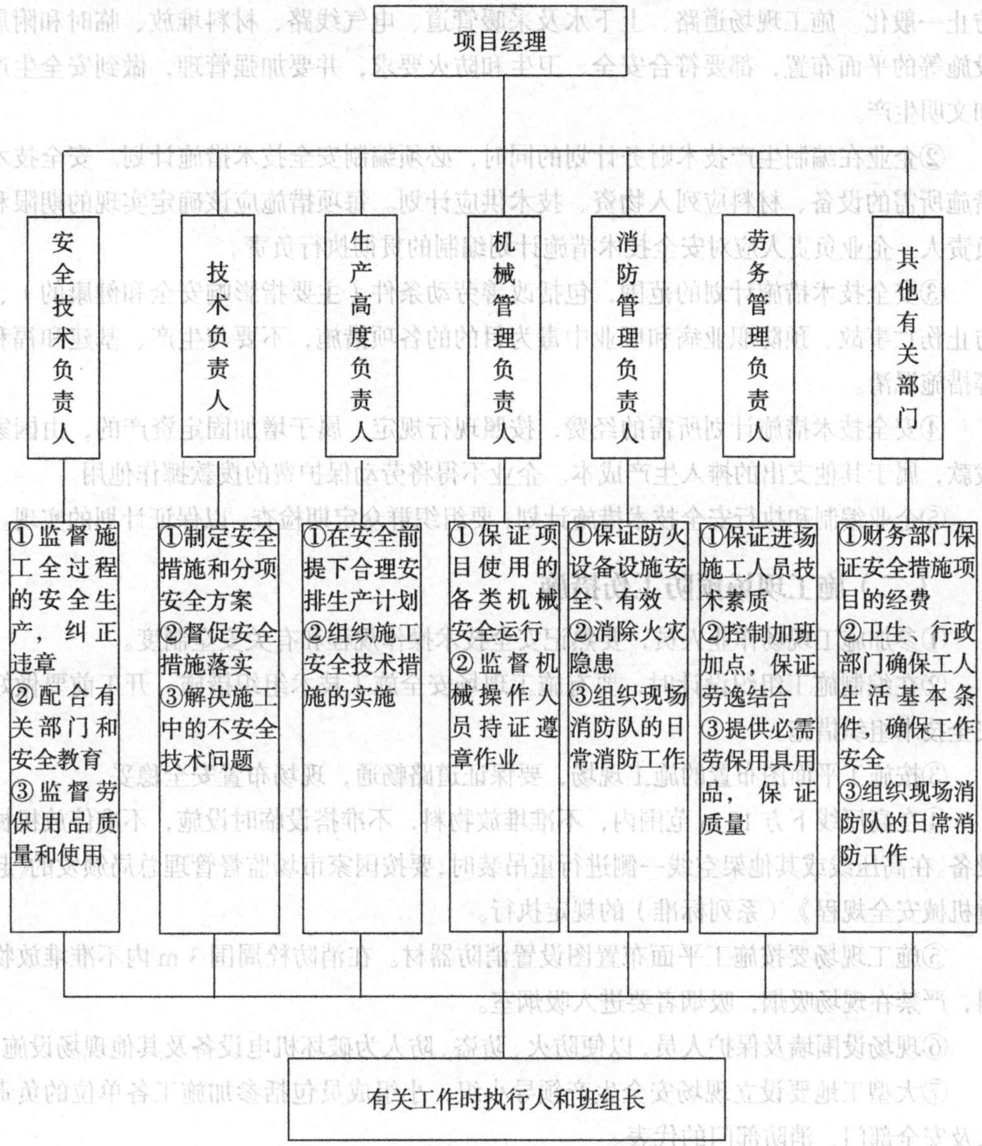

图 7–3　施工项目安全施工责任保证系统

六、采取的安全技术措施

（一）有关技术组织措施的规定

为了进行安全生产、保障工人的健康和安全，施工企业必须加强安全技术组织措施管理、编制安全技术组织措施计划，积极预防安全事故的发生，具体规定如下所述：

①所有工程的施工组织设计（施工方案）都必须有安全技术措施；爆破、吊装、水下、深坑、支模、拆除等大型特殊工程，都需要编制单项安全技术方案，否则不得开工。安全技术措施要有针对性，要根据工程特点、施工方法、劳动组织和作业环境来制定，

防止一般化。施工现场道路、上下水及采暖管道、电气线路、材料堆放、临时和附属设施等的平面布置，都要符合安全、卫生和防火要求，并要加强管理，做到安全生产和文明生产。

②企业在编制生产技术财务计划的同时，必须编制安全技术措施计划。安全技术措施所需的设备、材料应列入物资、技术供应计划。每项措施应该确定实现的期限和负责人。企业负责人应对安全技术措施计划编制的贯彻执行负责。

③安全技术措施计划的范围，包括改善劳动条件（主要指影响安全和健康的）、防止伤亡事故、预防职业病和职业中毒为目的的各项措施，不要与生产、基建和福利等措施混淆。

④安全技术措施计划所需的经费，按照现行规定，属于增加固定资产的，由国家拨款，属于其他支出的摊入生产成本。企业不得将劳动保护费的拨款挪作他用。

⑤企业编制和执行安全技术措施计划，要组织群众定期检查，以保证计划的实现。

（二）施工现场预防工伤措施

①参加施工现场作业人员，要熟记安全技术操作规程和有关安全制度。

②在编制施工组织设计时，要有施工现场安全施工技术组织措施。开工前要做好安全技术组织措施。

③按施工平面图布置的施工现场，要保证道路畅通，现场布置安全稳妥。

④在高压线下方 10 m 范围内，不准堆放物料，不准搭设临时设施，不准停放机械设备。在高压线或其他架空线一侧进行重吊装时，要按国家市场监督管理总局颁发的《起重机械安全规程》（系列标准）的规定执行。

⑤施工现场要按施工平面布置图设置消防器材。在消防栓周围 3 m 内不准堆放物料，严禁在现场吸烟，吸烟者要进入吸烟室。

⑥现场设围墙及保护人员，以便防火、防盗、防人为破坏机电设备及其他现场设施。

⑦大型工地要设立现场安全生产领导小组，小组成员包括参加施工各单位的负责人及安全部门、消防部门的代表。

⑧安全工作要贯彻“预防为主”的一贯方针，把安全工作当成一个系统来抓，并对照过去的经验教训选择安全措施方案，实现安全措施计划。对措施效果应进行分析总结，进一步研究改进防范措施的六个环节，使其作为安全管理的周期性流程，达到最佳的安全状态。

另外，还要专门制定预防高空坠落的技术组织措施，预防物体打击事故的技术组织措施，预防机械伤害事故的技术组织措施，防止触电事故的技术组织措施，电焊、气焊安全技术组织措施，防止坍塌事故的技术组织措施，脚手架安全技术组织措施，冬雨季施工安全技术措施，分项工程工艺安全规程等。

七、安全检查

安全检查是发现不安全行为和不安全状态的重要途径，是消除事故隐患、落实整改措施、防止事故伤害、改善劳动条件的重要工作方法。安全检查的形式有普遍检查、专业检查和季节性检查。

1. 安全检查的内容

安全检查的内容主要是查思想、查管理、查制度、查现场、查隐患和查事故处理。

2. 安全检查的组织

①建立安全检查制度，按制度要求的规模、时间、原则、处理、赔偿全面落实。

②成立由第一责任人、业务部门、人员参加的安全检查组织。

③安全检查必须做到有计划、有目的、有准备、有整改、有总结、有处理。

3. 安全检查方法

常用的安全检查方法有一般检查方法和安全检查表法。

①一般检查方法，常采用看、听、嗅、问、查、测、验、析等方法。

a. 看：看现场环境和作业条件、看实物和实际操作、看记录和资料等。

b. 听：听汇报、听介绍、听反映、听意见或批评、听机械设备的运转响声或承重物发出的微弱声等。

c. 嗅：对挥发物、腐蚀物、有毒气体进行辨别。

d. 问：对影响安全问题详细询问，寻根究底。

e. 查：查明问题、查对数据、查清原因、追查责任。

f. 测：测量、测试、监测。

g. 验：进行必要的试验或化验。

h. 析：分析安全隐患、原因。

②安全检查表法是一种原始的、初步的定性分析方法，它通过事先拟定的安全检查明细表或清单，对安全生产进行初步的诊断和控制。

八、施工现场防火

1. 施工现场防火及特点

①建筑工地易燃建筑物多，全场狭小，缺乏有效的安全距离，因此，一旦起火，容易蔓延成灾。

②建筑工地易燃材料多，如木材、木模板、脚手架、沥青、油漆、乙炔发生器、保温材料和油毡等。因此，应特别加强管理。

③建筑工地临时用电线路多，容易漏电起火。

④在施工期间，随着工程的进展，工种增多，施工方法不同，会出现不同的火灾隐患。

⑤建筑工地临时现场产生火灾的危险性大，交叉作业多，管理不便，火灾隐患不易发现。

⑥施工现场消防水源和消防道路均系临时设置，消防条件差，一旦起火，灭火困难。

总之，建筑施工现场产生火灾的危险性大，稍有疏忽，就可能发生火灾事故。

2. 施工现场的火灾隐患

①石灰受潮发热起火。工地储存的生石灰，在遇水和受淹后，便会在熟化的过程中达到 800℃左右，遇到可燃烧的材料后便会引火燃烧。

②木屑自燃起火。大量木屑堆积时，就会发热，积热量增多后，再吸收氧气，便可能自己起火。

③熬沥青作业不慎起火。熬制沥青温度过高或加料过多，会沸腾外溢，或产生易燃蒸汽，接触火源而起火。

④仓库内的易燃物触及明火就会燃烧起火。这些易燃物有塑料、油类、木材、油漆、燃料、防护品等。

⑤焊接作业时火星溅到易燃物上引火。

⑥电气设备短路或漏电，冬季施工用电热法养护不慎起火。

⑦乱扔烟头，遇易燃物引火。

⑧烟囱、炉灶、火炕、冬季炉火取暖或养护，管理不善起火。

⑨雷击起火。

⑩生活用房不慎起火，蔓延至施工现场。

3. 火灾预防管理工作

①对上级有关消防工作的政策、法规、条例要认真贯彻执行，将防火纳入领导工作的议事日程，做到在计划、布置、检查、总结、评比时均考虑防火工作，制定各级领导防火责任制。

②企业建立防火责任制度，其主要内容包括以下方面：

a. 各级安全责任制；

b. 工人安全防火岗位责任制；

c. 现场防火工具管理制度；

d. 重点部位安全防火制度；

e. 安全防火检查制度；

f. 火灾事故报告制度；

g. 易燃、易爆物品管理制度；

h. 用火、用电管理制度；

i. 防火宣传、教育制度。

③建立安全防火委员会。由现场施工负责人主持，进入现场后立即建立。有关技术、安全保卫、行政等部门参加，在项目经理的领导下开展工作。其职责是：

a. 贯彻国家消防工作方针、法律、文件及会议精神，结合本单位具体情况部署防火工作；

b. 定期召开防火检查，研究布置现场安全防火工作；

c. 开展安全消防教育和宣传；

d. 组织安全防火检查，提出消防隐患措施，并监督落实；

e. 制定安全消防制度及保证防火的安全措施；

f. 对防火灭火有功人员进行奖励，对违反防火制度及造成事故的人员进行批评、处罚以至追究责任。

④设专职、兼职防火员、成立消防组织。其职责如下：

a. 监督、检查、落实防火责任的情况；

b. 审查防火工作措施并监督实施；

c. 参加制定、修改防火工作制度；

d. 经常进行现场防火检查，协助解决问题，发现火灾隐患有权指令停止生产或查封，并立即报告有关领导研究解决；

e. 推广消防工作先进经验；

f. 对工人进行防火知识教育，组织义务消防队员培训和灭火练习；

g. 参加火灾事故调查、处理和上报。

九、安全生产管理规定（参照 GB/T 50326—2017）

（一）一般规定

组织应建立安全生产管理制度，坚持以人为本、预防为主，确保项目处于本质安全状态；组织应根据有关要求确定安全生产管理方针和目标，建立项目安全生产责任制度，健全职业健康安全管理体系，改善安全生产条件，实施安全生产标准化建设；组织应建立专门的安全生产管理机构，配备合格的项目安全管理负责人和管理人员，进行教育培训并持证上岗。项目安全生产管理机构及管理人员应当恪尽职守、依法履行职责；组织应按规定提供安全生产资源和安全文明施工费用，定期对安全生产状况进行评价，确定并实施项目安全生产管理计划，落实整改措施。

（二）安全生产管理计划

项目管理机构应根据合同的有关要求，确定项目安全生产管理范围和对象，制订项目安全生产管理计划，在实施中根据实际情况进行补充和调整。项目安全生产管理计划应按规定审核、批准后实施。

项目安全生产管理计划应满足事故预防的管理要求，并应符合下列规定：针对项目危险源和不利环境因素进行辨识与评估的结果，确定对策和控制方案；对危险性较大的分部分项工程编制专项施工方案；对分包人的项目安全生产管理、教育和培训提出要求；对项目安全生产交底、有关分包人制订的项目安全生产方案进行控制的措施；制订应急准备与救援预案。

项目管理机构应开展有关职业健康和安全生产方法的前瞻性分析，选用适宜可靠的安全技术,采取安全文明的生产方式。项目管理机构应明确相关过程的安全管理接口，进行勘察、设计、采购、施工、试运行过程安全生产的集成管理。

（三）安全生产管理实施与检查

项目管理机构应根据项目安全生产管理计划和专项施工方案的要求，分级进行安全技术交底。对项目安全生产管理计划进行补充、调整时，仍应按原审批程序执行。

施工现场的安全生产管理应符合下列要求：落实各项安全管理制度和操作规程，确定各级安全生产责任人；各级管理人员和施工人员应进行相应的安全教育，依法取得必要的岗位资格证书；各施工过程应配置齐全劳动防护设施和设备，确保施工场所安全；作业活动严禁使用国家及地方政府明令淘汰的技术、工艺、设备、设施和材料；作业场所应设置消防通道、消防水源，配备消防设施和灭火器材，并在现场入口处设置明显标志；作业现场场容、场貌、环境和生活设施应满足安全文明达标要求；食堂应取得卫生许可证，并应定期检查食品卫生，预防食物中毒；项目管理团队应确保各类人员的职业健康需求，防止可能产生的职业和心理疾病；应落实减轻劳动强度、改善作业条件的施工措施。

项目管理机构应建立安全生产档案，积累安全生产管理资料，利用信息技术分析有关数据辅助安全生产管理。项目管理机构应根据需要定期或不定期对现场安全生产管理以及施工设施、设备和劳动防护用品进行检查、检测，并将结果反馈至有关部门，整改不合格并跟踪监督。项目管理机构应全面掌握项目的安全生产情况，进行考核和奖惩，对安全生产状况进行评估。

（四）安全生产应急响应与事故处理

项目管理机构应识别可能的紧急情况和突发过程的风险因素，编制项目应急准备与响应预案。应急准备与响应预案应包括下列内容：应急目标和部门职责；突发过程的风险因素及评估；应急响应程序和措施；应急准备与响应能力测试；需要准备的相关资源。

项目管理机构应对应急预案进行专项演练，对其有效性和可操作性实施评价并修改完善。发生安全生产事故时，项目管理机构应启动应急准备与响应预案，采取措施进行抢险救援，防止发生二次伤害。

项目管理机构在事故应急响应的同时，应按规定上报上级和地方主管部门，及时成立事故调查组对事故进行分析，查清事故发生原因和责任，进行全员安全教育，采取必要措施防止事故再次发生。组织应在事故调查分析完成后进行安全生产事故的责任追究。

（五）安全生产管理评价

组织应按相关规定实施项目安全生产管理评价，评估项目安全生产能力满足规定要求的程度。安全生产管理宜由组织的主管部门或其授权部门进行检查与评价。评价的程序、方法、标准、评价人员应执行相关规定。项目管理机构应按规定实施项目安全管理标准化工作，开展安全文明工地建设活动。

第三节 施工项目现场管理评价

一、施工项目现场管理评价概述

为了加强施工现场管理、提高施工现场管理水平、实现文明施工、确保工程质量的安全，应该对施工现场管理进行综合评价。

（一）综合评价内容

评价内容应包括经营行为管理、工程质量管理、施工安全管理文明施工管理及施工队伍管理五个方面。

1. 经营行为管理评价

经营行为管理评价的主要内容是合同签订及履约、总分包、施工许可证、企业资质、施工组织设计及实施情况。经营中不得有以下行为：未取得许可证而擅自开工；企业资质等级与其承担的工程任务不符；层层转包；无施工组织设计；由于建筑施工企业的原因严重影响合同履约。

2. 工程质量管理评价

工程质量管理评价的主要内容是质量体系建立运转的情况、质量管理状态、质量保证资料情况。不得有以下情况：无质量体系；工程质量不合格；无质量保证资料。工程质量检查按有关标准规范执行。

3. 施工安全管理评价

施工安全管理评价的主要内容包括安全生产保证体系及执行，施工安全各项措施情况等。施工安全管理不得有以下情况：无安全生产保证体系；无安全施工许可证；

施工现场的安全设施不合格；发生人员死亡事故。

4. 文明施工管理评价

文明施工管理评价的主要内容是场容场貌、料具管理、消防保卫、环境保护、职工生活状况等。文明施工管理不得有以下情况：施工现场的场容场貌严重混乱；不符合管理要求；无消防设施或消防设施不合格；职工集体食物中毒。

5. 施工队伍管理评价

施工队伍管理评价的主要内容包括项目经理及其他人员持证上岗、民工的培训和使用、社会治安综合治理情况等。

（二）综合评价方法

①日常检查制。每个施工现场一个月综合评价一次。

②评分方法。检查之后评分，5 个方面评分比重不同。假如总分满分为 100 分，可以给经营行为管理、工程质量管理、施工安全管理、文明施工管理、施工队伍管理分别评为 20 分、25 分、25 分、20 分、10 分。

③评分结果。结合评分结果可用作对企业资质实行动态管理的依据之一，作为企业申请资质等级升级的条件，作为对企业进行奖罚的依据。一般说来，只有综合评分达 70 分及其以上，方可算作合格施工现场；如为不合格现场，应给予施工现场和项目经理警告或罚款。

二、施工项目管理的规定（参照 GB/T 50326—2017）

1. 一般规定

项目经理部应认真搞好施工现场管理，做到文明施工、安全有序、整洁卫生、不扰民、不损害公众利益。

现场门头应设置承包人的标志。承包人项目经理部应负责施工现场场容文明形象管理的总体策划和部署；各分包人应在承包人项目经理部的指导和协调下，按照分区划块原则，搞好分包人施工用地区域的场容文明形象管理规划，严格执行，并纳入承包人的现场管理范畴，接受监督、管理与协调。

项目经理部应在现场入口的醒目位置公示下列内容：

①工程概况牌。工程概况牌包括工程规模、性质、用途，发包人、设计人、承包人和监理单位的名称，施工起止年月等。

②安全纪律牌。

③防火须知牌。

④安全无重大事故计时牌。

⑤安全生产、文明施工牌。

⑥施工总平面图。

⑦项目经理部组织架构及主要管理人员名单图。

项目经理应把施工现场管理列入经常性的巡视检查内容，并与日常管理有机结合，认真听取邻近单位、社会公众的意见和反映，及时抓好整改。

2. 规范场容

施工现场场容规范化应建立在施工平面图设计的科学合理化和物料器具定位管理标准化的基础上。承包人应根据本企业的管理水平，建立和健全施工平面图管理和现场物料器具管理标准，为项目经理部提供场容管理策划的依据。

项目经理部必须结合施工条件，按照施工方案和施工进度计划的要求，认真进行施工平面图的规划、设计、布置、使用和管理。

施工平面图宜按指定的施工用地范围和布置的内容，分别进行布置和管理。单位工程施工平面图宜根据不同施工阶段的需要，分别设计成阶段性施工平面图，并在阶段性进度目标开始实施前，通过施工协调会议确认后实施。

项目经理部应严格按照已审批的施工总平面图或相关的单位工程施工平面图划定的位置，布置施工项目的主要机械设备、脚手架、密封式安全网和围挡、模具、施工临时道路、供水、供电、供气管道或线路、施工材料制品堆场及仓库、土方及建筑垃圾、变配电间、消火栓、警卫室、现场的办公、生产和生活临时设施等。

施工物料器具除应按施工平面图指定位置就位布置外，还应根据不同特点和性质，规范布置方式与要求，并执行码放整齐、限宽限高、上架入箱、规格分类、挂牌标识等管理标准。

在施工现场周边应设置临时围护设施。市区工地的周边围护设施高度不应低于1.8 m，临街脚手架、高压电缆、起重把杆回转半径伸至街道的，均应设置安全隔离棚。危险品库附近应有明显标志及围挡设施。

施工现场应设置畅通的排水沟渠系统，场地不积水、不积泥浆，保持道路干燥坚实，工地地面应做硬化处理。

3. 环境保护

项目经理部应根据环境管理系列标准建立项目环境监控体系，不断反馈监控信息，采取整改措施。

施工现场泥浆和污水未经处理不得直接排入城市排水设施和河流、湖泊、池塘。

除有符合规定的装置外，不得在施工现场熔化沥青和焚烧油毡、油漆，也不得焚烧其他可产生有毒有害烟尘和恶臭气味的废弃物，禁止将有毒有害废弃物当作土方回填。

建筑垃圾、渣土应在指定地点堆放，每日进行清理。高空施工的垃圾及废弃物应采用密闭式串筒或其他措施清理搬运。装载建筑材料、垃圾或渣土的车辆，应采取防止尘土飞扬、洒落或流溢的有效措施。施工现场应根据需要设置机动车辆冲洗设施，冲洗污水应进行处理。

在居民和单位密集区域进行爆破、打桩等施工作业前，项目经理部应按规定申请批准，还应将作业计划、影响范围、程度及有关措施等情况，向受影响范围的居民和单位通报说明，取得协作和配合；对施工机械的噪声与振动扰民，应采取相应措施予以控制。

经过施工现场的地下管线，应由发包人在施工前通知承包人，标出位置，加以保护。施工时发现文物、古迹、爆炸物、电缆等，应当停止施工，保护好现场，及时向有关部门报告，按照有关规定处理后方可继续施工。

施工中需要停水、停电、封路而影响环境时，必须经有关部门批准，事先告示。在行人、车辆通行的地方施工，应当设置沟、井、坎、穴覆盖物和标志。

温暖季节宜对施工现场进行绿化布置。

4. 防火保安

现场应设立门卫，根据需要设置警卫，负责施工现场保卫工作，并采取必要的防盗措施。施工现场的主要管理人员在施工现场应当佩戴证明其身份的证件，其他现场施工人员宜有标识。有条件时可对进出场人员使用磁卡管理。

承包人必须严格按照《中华人民共和国消防法》的规定，建立和执行防火管理制度。现场必须有满足消防车出入和行驶的道路，并设置符合要求的防火报警系统和固定式灭火系统，消防设施应保持完好的备用状态。在火灾易发地区施工或储存、使用易燃、易爆器材时，承包人应当采取特殊的消防安全措施。现场严禁吸烟，必要时可设吸烟室。

施工现场的通道、消防出入口、紧急疏散楼道等，均应有明显标志或指示牌。有高度限制的地点应有限高标志。

施工中需要进行爆破作业的，必须经政府主管部门审查批准，并提供爆破器材的品名、数量、用途、爆破地点、四邻距离等文件和安全操作规程，向所在地县、市（区）公安局申领“爆破物品使用许可证”，由具备爆破资质的专业队伍按有关规定施工。

5. 卫生防疫及其他事项

施工现场不宜设置职工宿舍，必须设置时应尽量和施工场地分开。现场应准备必要的医务设施。在办公室内显著位置应张贴急救车和有关医院电话号码。根据需要采取防暑降温和消毒、防毒措施。施工作业区与办公区应分区明确。

承包人应明确施工保险及第三者责任险的投保人和投保范围。项目经理部应对现场管理进行考评，考评办法应由企业按有关规定制定。项目经理部应进行现场节能管理。有条件的现场应下达能源使用指标。现场的食堂、厕所应符合卫生要求，现场应设置饮水设施。

第八章　工程项目收尾管理

第一节　工程项目竣工验收

一、概述

（一）项目收尾管理与竣工验收

项目收尾管理是项目收尾阶段各项管理工作的总称，主要包括项目竣工收尾、竣工验收、竣工结算、竣工决算、项目回访保养与项目考核评价等工作。项目收尾管理是建设工程项目管理全过程的最后阶段，没有这个阶段，建设工程项目就不能顺利交工、不能投入使用，就不能最终发挥投资效益。另外，在这个阶段还要熟悉工程项目保修的规定。

在项目竣工验收前，项目经理部应检查合同约定的哪些工作内容已经完成，或完成到什么程度，并将检查结果记录并形成文件；总分包之间还有哪些连带工作需要收尾接口、项目近外层和远外层关系还有什么工作需要沟通协调等，以保证竣工收尾顺利完成。

项目竣工验收是项目完成设计文件和图纸规定的工程内容，由项目业主组织项目参与各方进行的竣工验收。项目的交工主体应是合同当事人的承包主体，验收主体应是合同当事人的发包主体，其他项目参与人则是项目竣工验收的相关组织。

（二）意义与作用

工程项目竣工验收交付使用是项目周期的最后一个程序，它是检验项目管理好坏和项目目标实现程度的关键阶段，也是工程项目从实施到投入运行的衔接转换阶段。

从宏观上看，工程项目竣工验收是国家全面考核项目建设成果、检验项目决策、设计、施工、设备制造、管理水平、总结工程项目建设经验的重要环节。一个工程项目建成交付使用后，能否取得预定的宏观效益，需经过国家权威性的管理部门按照技术规范、技术标准组织验收确认。

从投资者角度看，工程项目竣工验收是投资者全面检验项目目标实现程度，并就工程投资、工程进度和工程质量进行审查认可的关键。它不仅关系到投资者在投资建设周期的经济利益，也关系到项目投产后的运营效果，因此，投资者应重视和集中力量组织好竣工验收，并督促承包者抓紧收尾工程，通过验收发现隐患、消除隐患，为项目正常生产，迅速达到设计能力创造良好的条件。

从承包者角度看，工程项目竣工验收是承包者对所承担的施工工程接受全面检验，按合同全面履行义务，按完成的工程量收取工程价款，积极主动配合接受投资者组织好试生产、办理竣工工程移交手续的重要阶段。

（三）组织与实施

工程项目竣工验收有大量检验、签证和协作配合，容易产生利益冲突，故应严格管理。国家规定，凡已具备验收和投产条件，3 个月内不办理验收投产和移交固定资产手续的，取消建设部门和主管部门（或地方）的基建试车收入分成，由银行监督全部上缴财政，并由银行冻结其基建贷款或停止贷款。3 个月内办理验收和移交固定资产手续确有困难、经验收部门批准，期限可适当延长，竣工验收对促进建设项目及时投入生产、发挥投资效益，总结建设经验，有着重要的作用。

建设项目的竣工验收主要由建设单位（或监理单位）负责组织和进行现场检查，收集与整理资料，设计、施工、设备制造单位有提供有关资料及竣工图纸的责任。在未办理竣工验收手续前，建设单位（或监理单位）对每一个单项工程要逐个组织检查，包括检查工程质量情况、隐蔽工程验收资料、关键部位施工记录、按图施工情况、有无漏项等，使工程达到竣工验收的条件。同时还要评定每个单位工程和整个工程项目质量的优劣、进度的快慢、投资的使用等情况以及尚需处理的问题和期限等。

大中型建设项目和指定由省、自治区、直辖市或国务院组织验收的，为使正式验收的准备工作做得充分，有必要组织一次验收，这对促进全面竣工、积极收尾和完善验收都有好处。预验收的范围和内容可参照正式验收进行。对于小型建设项目的竣工验收，根据国家有关规定，结合项目具体情况，适当简化验收手续。

主要收尾工作分解结构如图 8-1 所示。

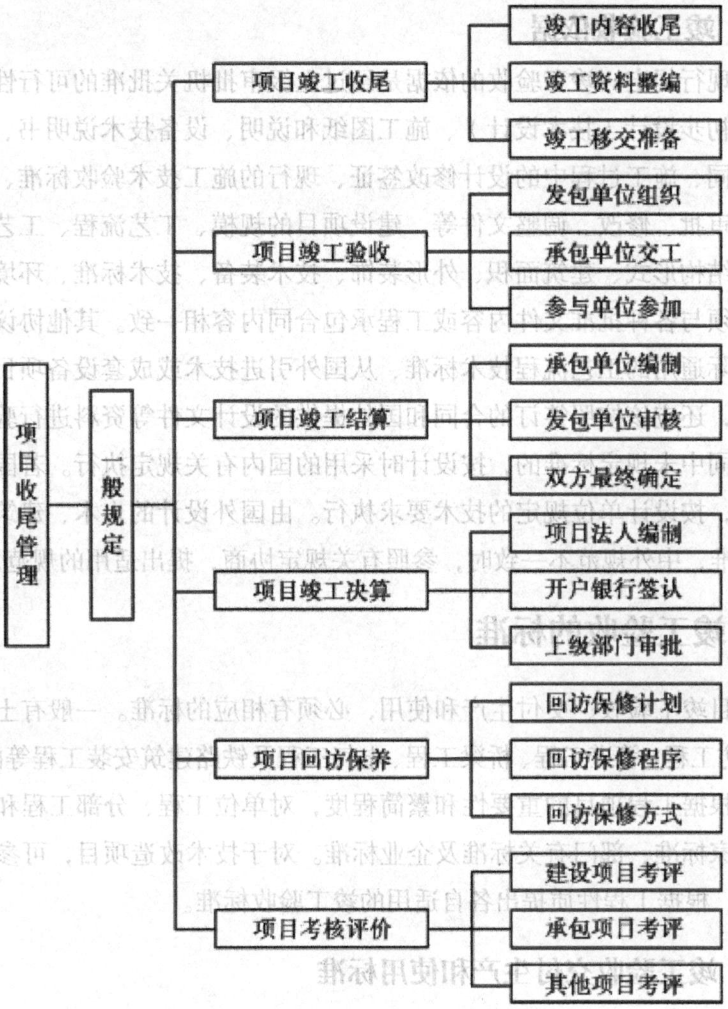

图 8–1　项目收尾工作分解结构图

二、竣工验收的范围和依据

（一）竣工验收范围

凡列人固定资产投资计划的建设项目或单项工程，按照上级批准的设计文件所规定的内容和施工图纸的要求全部建成，工业项目经符合试车考核或生产期能够正常生产合格产品，非工业项目符合设计要求，能够正常使用，不论新建、扩建、改造项目，都要及时组织验收，并办理固定资产交付事业的移交手续，事业技术改造资金进行的基本建设项目或技术改造项目，按现行的投资规模限额规定，亦应按国家关于竣工验收规定办理竣工验收手续。

（二）竣工验收依据

按国家现行规定，竣工验收的依据是经过上级审批机关批准的可行性研究报告、初步或扩大初步设计（技术设计）、施工图纸和说明、设备技术说明书、招标文件和过程承包合同、施工过程中的设计修改签证、现行的施工技术验收标准、规范以及主管部门有关审批、修改、调整文件等。建设项目的规模、工艺流程、工艺管线、土地使用、建筑结构形式、建筑面积、外形装饰、技术装备、技术标准、环境保护、单项工程等，必须与各种批准文件内容或工程承包合同内容相一致。其他协议规定的某一个国家或国际通用的工艺流程技术标准、从国外引进技术或成套设备项目及中外合资建设的项目，还应该按照签订的合同和国外提供的设计文件等资料进行验收。国外引进的项目合同中未规定标准的，按设计时采用的国内有关规定执行。若国内也无明确规定标准的，按设计单位规定的技术要求执行。由国外设计的土木、建筑、结构安装工程验收标准，中外规范不一致时，参照有关规定协商，提出适用的规范。

三、竣工验收的标准

建设项目竣工验收、交付生产和使用，必须有相应的标准。一般有土建工程、安装工程、人防工程、管道工程、桥梁工程、电气工程及铁路建筑安装工程等的验收标准。此外，还可根据工程项目的重要性和繁简程度，对单位工程、分部工程和分项工程，分别制定国家标准、部门有关标准及企业标准。对于技术改造项目，可参照国家或部门有关标准，根据工程性质提出各自适用的竣工验收标准。

（一）竣工验收交付生产和使用标准

①生产性工程和辅助公用设施，已按设计要求建完，能满足生产使用。

②主要工艺设备配套，设备经联动符合试车合格，形成生产能力，能够生产出设计文件所规定的产品。

③必要的生活设施已按设计要求建成。

④环境保护设施、劳动安全卫生设施、消防设施等已按设计要求与主体工程同时建成使用。

（二）土建安装、人防、大型管道必须达到竣工验收标准

1. 土建工程

凡是生产性工程、辅助公用设施及生活设施，按照设计图纸、技术说明书在工程内容上按规定全部施工完毕；室内工程全部做完室外的明沟勒角，踏步斜道全部做完，内外粉刷完毕；建筑物、构筑物周围 2 m 以内场地平整，障碍物清除，道路、给排水、用电、通信畅通，经验收组织单位按验收规范进行验收，使工程质量符合各项要求。

2. 安装工程

凡是生产性工程，其工艺、物料、热力等各种管道均已安装完，并已做好清洗、试压、吹扫、油漆、保温等工作，各种设备、电气、空调、仪表、通信等工程项目全部安装结束，经过单机、联机无负荷及投料试车，全部符合安装技术的质量要求，具备生产的条件，经验收组织单位按验收规范进行合格验收。

3. 人防工程

凡有人防工程或集合建设项目搞人防工程的工程竣工验收，必须符合人防工程的有关规定。应按工程登记，安装好防护密闭门。室外通道在人防防护密闭门外的部位，增设防雨便门、设排风孔口。设备安装完毕，应做好内部粉饰并防潮。内部照明设备完全通电，必要的通信设施安装通话，工程无漏水，做完回填土，使通道畅通无阻等。

4. 大型管道工程

大型管道工程（包括铸铁管、钢管、混凝土管和钢筋混凝土预应力管等）和各种泵类电动机按照设计内容、设计要求、施工规范全部（或分段）按质按量铺设和安装完毕，管道内部积存物要清除，输油管道、自来水管道、热力管道等还要经过清洗和消毒，输气管道还要经过赶气、换气。这些管道均应做打压实验。在施工前，要对管道材质及防腐层（内壁和外壁）根据规定标准进行验收，钢管要注意焊接质量，并进行质量评定和验收。对设计中选项的闸阀产品质量要慎重检验。地下管道施工后，回填土要按施工规范要求分层夯实。经验收组织单位按验收规范验收合格，方能办理竣工手续，交付使用。

四、竣工验收的程序和内容

（一）由施工单位做好竣工验收的准备

①做好施工项目的收尾工作。项目经理要组织有关人员逐层、逐段、逐房间进行查项，看有无丢项、漏项，一旦发现丢项、漏项，必须确定专人逐项解决并加强检查；对已经全部完成的部位或查项后修补完成的部位，要组织清理，保护好成品防止损坏和丢失，高标准装修的建筑工程（如高级宾馆、饭店、医院、使馆、公共建筑等），每个房间的装修和设备安装一旦完毕，立即加封，甚至派专人按层段加以看管；要有计划地拆除施工现场的各种临时设施、临时管线、清扫施工现场，组织清运垃圾和杂物，有步骤地组织材料、工具及各种物资回收退库、向其他施工现场转移和进行相应处理；做好电器线路和各种管道的交工前检查，进行电气工程的全负荷实验和管道的打压实验，有生产工艺设备的工程项目要进行设备的单体试车，无负荷联动试车和有负荷联动试车。

②竣工图与档案资料。组织工程技术人员绘制竣工图，清理和准备各项需向建设单位移交的工程档案资料，编制工程档案、资料移交清单。

③竣工结算表。组织预算人员（为主）、生产、管理、技术、财务、劳资等专职人员编制竣工结算表。

④竣工签署文件。准备工程竣工通知书、工程竣工报告、工程竣工验收说明书、工程保修证书。

⑤工程自检与报检。组织好工程自检，报请上级领导部门进行竣工验收检查，对检查出的问题及时进行处理和修补。

⑥准备好工程质量评定的各项资料。按结构性能、使用功能、处理效果等方面工程的地基基础、结构、装修及水、暖、电、卫、设备的安装等各个施工阶段所有质量检查资料，进行系统的整理，为评定工程质量提供依据，为技术档案移交归档做准备。

（二）进行工程初验

施工单位决定正式提请验收后，应向监理单位或建设单位送交验收申请报告，监理工程师或单位收到验收报告后，应根据工程承包合同、验收标准进行审查。若监理单位认为可以进行验收，则应组织验收班子对竣工的工程项目进行初验，在初验中发现质量问题后，监理人员应及时以书面通知或备忘录的形式告诉施工单位，并令施工单位按有关质量要求进行修理甚至返工。

（三）正式验收

规模较小或较简单的工程项目，可以一次进行全部项目的验收；规模较大或较复杂的工程项目，可分两个阶段验收。

1. 第一阶段验收

第一阶段验收是单项工程验收，又称交工验收，是指一个总体建设项目中，一个单项工程（或一个车间）已按设计规定的内容建成，能满足生产要求或具备使用条件，且已预验和初验，施工单位提出“验收交接申请报告”，说明工程完成情况、验收准备情况、设备试运转情况及申请办理交接日期，便可组织正式验收。

由几个建筑施工企业负责施工的单项工程，当其中某一个企业所负责的部分已按设计完成，也可组织正式验收，办理交工手续，但应请总包单位参加。

对于建成的住宅，可分幢进行正式验收；对于设备安装工程，要根据设备技术规范说明书的要求，逐项进行单体试车、无负荷联动试车、负荷联动试车。

验收合格后，双方要签订“交工验收证明”。如发现有需要返工、修补的工程，要明确规定完成期限，在全部验收时，原则上不再办理验收手续。

2. 第二阶段验收

第二阶段是全部验收。全部验收又称动用验收，是指整个建设项目按设计规定全部建成，达到竣工验收标准，可以使用（生产）时，由验收委员会（小组）组织进行的验收。

全部验收工作首先要由建设单位会同设计、施工单位或施工监理单位进行验收准备，其主要内容如下：

①财务决算分析凡决算超过概算的，要报主管财务部门批准。

②整理汇总技术资料（包括工程竣工图），装订成册，分类编目。

③核实未完工程。列出未完工程一览表，包括项目、工程量、预算造价、完成日期等内容。

④核实工程量并评定质量等级。

⑤编制固定资产构成分析表，列出各个竣工决算所占的百分比。

⑥总结试车考核情况。

（四）竣工验收证明文件

竣工验收的证明文件包括：建筑工程竣工验收证明文件；设备竣工验收证明书；建设项目交工、验收鉴定书；建设项目统计报告。

（五）验收支付

整个工程项目竣工验收，一般要经现场初验和正式验收两个阶段，即验收准备工作结束后，由上级主管部门组织现场初验，要对各项工程进行检验，进一步核实验收准备工作情况，在确认符合设计规定和工程配套的前提下，按有关标准对工作做出评价，对发现的问题提出处理意见，公正、合理地排除验收工作中的争议，协调内外有关方面的关系，如把铁路、公路、电力、电信等工程移交有关部门管理等。现场初验要草拟“竣工验收报告书”和“验收鉴定书”。对在现场初验中提出的问题处理完毕后，经竣工验收机构复验或抽查，确认对影响生产或使用的所有问题都已经解决，即可办理正式交接手续，竣工验收机构成员要审查竣工验收报告，并在验收鉴定书上签字，正式验收交接工作即告结束，迅速办理固定资产交付使用的转账手续。

五、竣工验收的组织

（一）验收组织的要求

国有资产投资的工程项目的竣工验收的组织，要根据建设项目的重要性、规模大小和隶属关系而定。大中型和限额以上基本建设和技术改造项目（工程），由国家发改委或由国家发改委委托项目主管部门、地方政府部门组织验收；小型和限额以下基本建设和技术改造项目（工程），由项目主管部门或地方政府部门组织验收。竣工验收要根据工程规模大小、复杂程度组织验收委员会或验收小组。验收委员会或验收小组应由银行、物资、环保、劳动、统计、消防及其他有关部门组成，建设单位、接管单位、施工单位、勘察设计的单位、施工监理单位参加验收工作。

（二）验收组织的职责

验收委员会或验收小组负责审查工程建设的各个环节，听取各有关单位的工作报告，审阅工程档案资料并实地检查建筑工程和设备安装情况，并对工程设计、施工和设备质量等方面做出全面评价。不合格的工程不予验收，对遗留问题提出具体解决意见，限期落实完成。其具体职责如下：

①制订竣工验收工作计划；

②审查各种交工技术资料；

③审查工程决算；

④按验收规范对工程质量进行鉴定；

⑤负责试生产的监督与效果评定；

⑥签发工程项目竣工验收证书；

⑦对遗留问题做出处理和决定；

⑧提出竣工验收总结报告。

六、竣工资料的移交

（一）一般规定

各有关单位（包括设计、施工、监理单位）应在工程准备开始就建立起工程技术档案，汇集整理有关资料。把这项工作贯穿到整个施工工程，直到工程竣工验收结束。这些资料由建设单位分类立卷，在竣工验收时移交给生产单位（或使用单位）统一保管，作为今后维护、改造、扩建、科研、生产组织的重要依据。

凡是列入技术档案的技术文件、资料，都必须经有关技术负责人正式审定。所有的资料、文件都必须如实反映情况，不得擅自修改、伪造或事后补作。工程技术档案必须严加管理，不得遗失损坏，人员调动要办理交接手续，重要资料（包括隐蔽工程照相）还应分别保送上级领导机关。

（二）竣工资料

竣工资料的主要内容包括土建方面、安装方面、建设与设计单位方面的技术资料等。

1. 土建方面

土建方面的技术资料包括：

①开工报告；

②永久性工程的坐标位置、建筑物和构筑物以及主要设备基础轴线定位、水平定位和复核记录；

③混凝土和砂浆试块的验收报告、砂垫层测试记录和防腐质量检验记录、混凝土抗渗实验资料；

④预制构件、加工件、预应力钢筋出厂的质量合格证明和张拉记录，原材料检验证明；

⑤隐蔽工程验收记录（包括打桩、试桩、吊装记录）；

⑥屋面工程施工记录、沥青玛蹄脂等防水材料试配记录；

⑦设计变更资料；

⑧工程质量的调查报告和处理记录；

⑨安全事故处理记录；

⑩施工期间建筑物、构筑物沉陷和变形测定记录；

⑪建筑物、构筑物使用要点；

⑫未完工程的中间交工验收记录；

⑬竣工验收证明；

⑭竣工图；

⑮其他有关该项工程的技术决定。

2. 安装方面

安装方面的技术资料包括：

①设备质量合格证明（包括出厂证明、质量保证书）；

②设备安装记录（包括组装）；

③设备单机运转记录和合格证；

④管道和设备等焊接记录；

⑤管道安装、清洗、吹扫、试漏、试压和检查记录；

⑥截门、安全阀试压记录；

⑦电器、仪表检验及电机绝缘、干燥等检查记录；

⑧照明、动力、电信线路检查记录；

⑨安全事故处理记录；

⑩隐蔽工程验收单；

⑪竣工图。

3. 建设与设计单位方面

建设与设计单位方面的技术资料包括：

①可行性研究报告及其批准文件；

②初步设计（扩大初步设计、技术设计）及其审批文件；

③地质勘探资料；

④设计变更及技术核定单；

⑤试桩记录；

⑥地下埋设管线的实际坐标、标高资料；

⑦征地报告及核定图纸、补偿拆迁协议书、征（借）土地协议书；

⑧施工合同；

⑨建设过程中有关请示报告和审批文件，往来文件、动用岸线及专业铁路线的申请报告和批复文件；

⑩单位工程图纸总目录及施工图（绘竣工图）；

⑪系统联动试车记录和合格证、设备联动运转记录；

⑫采用新结构、新技术、新材料的研究资料；

⑬技术及新建议的实验、采用、改进的记录；

⑭有关重要技术决定和技术管理的经验总结；

⑮建筑物、构筑物使用要点。

七、竣工图的绘制

（一）竣工图绘制程序

建设项目竣工图，是完整、真实地记录各种地下、地上建筑物、构筑物等详细情况的技术文件，是工程竣工验收、投产交付使用后的维修、扩建、改造的依据，是生产（使用）单位必须长期妥善保存的技术档案。按现行规定绘制好竣工图是竣工验收的条件之一，在竣工验收前不能完成的，应在验收时明确商定补交竣工图的期限。

建设单位（或施工监理单位）要组织、督促和协调各设计、施工单位检查自己负责的竣工图绘制工作情况，发现有拖期、不准确或短缺时，要及时采取措施解决。

（二）竣工图绘制要求

①按图施工没有变动的，可由施工单位（包括总包和分包）在原施工图上加盖“竣工图”标志，即作为竣工图；在施工中，虽有一般性设计变更，但能将原施工图加以修改补充作为竣工图的，可不再重新绘制，由施工单位负责在原施工图（必须是新蓝图）上注明修改的部分，并附以设计变更通知单和施工说明加盖“竣工图”标志后，即可作为竣工图。

②结构形式改变、工艺改变、平面布置改变、项目改变以及其他重大的改变，不宜在原施工图上修改、补充的，应重新绘制改变后的竣工图。由设计原因造成的，设

计单位负责重新绘制；由施工单位原因造成的由施工单位重新绘制，施工单位负责在新图上加盖“竣工图”标志，并附以有关记录和说明，作为竣工图。重大的改建、扩建工程涉及原有工程项目变更时，应将相关项目的竣工图资料统一整理归档，并在原因案卷内增补必要的说明。

③各项基本建设工程，在施工过程中就应着手准备，现场技术人员负责，在施工时做好隐蔽工程检验记录，整理好设计变更文件，确保竣工图质量。

④施工图一定要与实际情况相符，要保证图纸质量，做到规格统一、图面整洁、字迹清楚、不得用圆珠笔或其他容易褪色的墨水绘制，并要经过承担施工的技术负责人审核签字。大中型建设项目和城市住宅小区建设的竣工图，不能少于两套，其中一套移交生产使用单位保管，另一套交由基本建设工程，特别是基础、地下建（构）筑物、管线、结构、井巷、洞室、桥梁、隧道、港口、水坝以及设备安装等隐蔽部位都要绘制竣工图。各种竣工图的绘制主管部门或技术档案部门长期保存。关系到全国性特别重要的建设项目，应增设一套给国家档案馆保存。小型建设项目的竣工图至少具备一套，移交生产使用单位保管。

八、工程技术档案资料管理

做好建设项目的工程技术档案资料工作，对保证各项工程建成后顺利地交付生产、使用以及将来的维修、扩建、改建都有着十分重要的作用。各建设项目的管理、设计、施工、监理单位应对整个工程建设从建设项目的提出到竣工投产、交付使用的各个阶段所形成的文字资料、图纸、图表、计算材料、照片、录像、磁带进行归档，并努力保管好。

（一）技术档案管理资料内容

技术档案管理资料内容如下：

在建设项目的提出、调研、可行性研究、评估、决策、计划安排、勘测、设计、施工、生产准备、竣工投产交付使用的全过程中，有关的上级主管机关、建设单位、勘察设计单位、施工单位、设备制造单位、施工监理单位以及有关的环保、市政、银行、统计等部门，都应重视该建设项目文件资料的形成、积累、整理、归档和保管工作，尤其要管好建筑物、构筑物和各种管线、设备的档案资料。

（二）一般要求

①在工程建设过程中，现场的指挥管理机构要有一位负责人分管档案资料工作，并建立与档案资料工作相应的管理部门，配备能胜任工作的人员，制定管理制度，集中统一地管理好建设项目的档案资料。

②对于引进技术、引进设备的建设项目，应做好引进技术、设备的各种技术图纸、文件的收集工作。无论通过何种渠道得到的与引进技术、设备有关的档案资料都应交档案部门集中统一管理。

③竣工图是建设项目的实际反映，是工程的重要档案资料，施工单位在施工中要做好施工记录、检验记录、整理好变更文件，并及时做出竣工图，保证竣工图质量。

④各级建设主管部门以及档案部门，要负责检查和指导本专业、本地区建设项目的档案资料工作，档案管理部门参加工程竣工验收中档案资料验收工作。

第二节　工程项目考核评价与绩效管理

工程项目实施过程中，派出项目经理的单位即工程承包单位要制定制度对项目经理和项目经理部进行考核，工程完工后进行终结性考核评价，目的是规范项目管理行为，鉴定项目管理水平，确认项目管理成果，使工程项目管理活动在一定的约束机制下进行，以取得最大的经济效果。

一、工程项目管理全面分析

（一）工程项目管理分析的概念与作用

1. 工程项目管理分析的概念

工程项目管理分析是在综合考虑项目管理的内、外部因素的基础上，按照实事求是的原则对项目管理结果进行判别、验证，以便发现问题、肯定成绩，从而正确、客观地反映项目管理绩效的工作。根据工程项目管理分析范围的大小不同，工程项目管理分析可分为全面分析和单项分析两类。

2. 工程项目管理分析的作用

①明确工程项目管理目标的实现水平；

②确认工程项目管理目标实现的准确性、真实性；

③正确识别客观因素对项目管理目标实现的影响及其程度；

④为工程项目管理考核、审计及评价工作提供切实可靠的事实依据；

⑤准确反映工程项目管理工作的客观实际，避免考核评价工作的失真；

⑥通过分析，找出工程项目管理工作的成绩、问题及差距，以便在今后的项目管理工作中借鉴。

（二）工程项目管理全面分析

1. 全面分析

所谓全面分析，是指以工程项目管理实施目标为依据，对工程项目实施效果的各个方面做对比分析，从而综合评价施工项目的经济效益和管理效果。

2. 评价指标

①质量指标：分析单位工程的质量等级。

②工期指标：分析实际工期与合同工期及定额工期的差异。

③利润：分析承包价格与实际成本的差异。

④产值利润率：分析利润与承包价格的比值。

⑤劳动生产率：

劳动生产率 = 工程承包价格 / 工程实际耗用工日数

⑥劳动消耗指标：包括单方用工、劳动效率及节约工日。

单方用工 = 实际用工（工日）/ 建筑面积（m^2）

劳动效率 = 预算用工（工日）/ 实际用工（工日）× 100%

节约工日 = 预算用工 – 实际用工

⑦材料消耗指标：包括主要材料（钢材、木材、水泥等）的节约量及材料成本降低率。

主要材料节约量 = 预算用量 – 实际用量

材料成本降低率 =（承包价中的材料成本 – 实际材料成本）/ 承包价中的材料成本 × 100%

⑧机械消耗指标：包括某种主要机械利用率和机械成本降低率。

某种机械利用率 = 预算台班数 / 实际台班数 × 100%

机械成本降低率 =（预算机械成本 – 实际机械成本）/ 预算机械成本 × 100%

⑨成本指标：包括降低成本额和降低成本率。

降低成本额 = 承包成本 – 实际成本

降低成本率 =（承包成本 – 实际成本）/ 承包成本 × 100%

二、工程项目管理单项分析

工程项目管理单项分析是对项目管理的某项或某几项指标进行解剖性具体分析，从而准确地确定项目在某一方面的绩效，找出项目管理好与差的具体原因，提出应该如何加强和改善的具体内容。单项分析主要是对质量、工期、成本、安全四大基本目标进行分析。

1. 工程质量分析

工程质量分析是对照工程项目的设计文件和国家规定的工程质量检验评定标准，

分析工程项目是否达到了合同约定的质量等级。要具体分析地基基础工程、主体结构工程、装修工程、屋面工程及水、暖、电、卫等各分部分项工程的质量情况。分析施工中出现的质量问题、发生的重大质量事故，分析施工质量控制计划的执行情况、各项保证工程质量措施的实施情况、质量管理责任制的落实情况。

2. 工期分析

工期分析是将工程项目的实际工期与计划工期及合同工期进行对比分析，看实际工期是否符合计划工期的要求，如果实际工期超出计划工期的范围，则看是否在合同工期范围内。根据实际工期、计划工期、合同工期的对比情况，确定工期是提前了还是拖后了。进一步分析影响工期的原因：施工方案与施工方法是否先进合理，工期计划是否最优，劳动力的安排是否均衡，各种材料、半成品的供应能否保证，各项技术组织措施是否落实到位，施工中各有关单位是否协作配合等。

3. 工程成本分析

工程成本分析应在成本核算的基础上进行，主要是结合工程成本的形成过程和影响成本的因素，检查项目成本目标的完成情况，并做出实事求是的评价。成本分析可按成本项目的构成进行，如人工费收支分析、材料费收支分析、机械使用费收支分析、其他各种费用收支情况分析、总收入与总支出对比分析、计划成本与实际成本对比分析等。成本分析是对项目成本管理工作的一次总检验，也是对项目管理经济效益的提前考查。

4. 安全分析

安全工作贯穿施工生产的全过程，生产必须保证安全是任何一个建筑企业必须遵守的原则,安全是项目管理各项目标实现的根本保证。对项目管理的安全工作进行分析，就是针对项目实施过程中所发生的机械设备及人员的伤亡事故，检查项目安全生产责任制、安全教育、安全技术、安全检查等安全管理工作的执行情况，分析项目安全管理的效果。

三、工程项目管理考核与评价

（一）考核与评价的目的

项目管理考核与评价是项目管理活动中很重要的一个环节，它是规范项目管理行为、确认项目管理成果、鉴定项目管理水平及检验项目管理目标实现程度的基本工作，是公平、公正地反映项目管理工作的基础。通过考核评价工作，使得项目管理人员能够正确地认识自己的工作水平和业绩，能够进一步总结经验、找出差距、吸取教训，从而提高企业的项目管理水平和管理人员素质。

（二）项目管理考核评价的主体和对象

项目考核评价的主体是派出项目经理的单位。由于工程项目的责任主体是承包企业，项目经理是承包企业法定代表人在工程项目上的全权委托代理人，项目经理要对企业法定代表人负责，所以企业法定代表人有权利也有责任对项目经理的行为进行监督，并对项目经理的工作进行评价。

项目考核评价的对象是项目经理部，其中应突出对项目经理的管理工作进行考核评价。

（三）项目管理考核评价的依据

项目管理考核评价的依据是项目经理与承包人签订的“项目管理目标责任书”，内容应包括完成工程施工合同、经济效益、回收工程款、执行承包人各项管理制度、各种资料归档等情况，以及“项目管理目标责任书”中其他要求内容的完成情况。也就是说，“项目管理目标责任书”中的各项目标指标和目标规定即为考核评价工作的依据和标准。

（四）项目管理考核评价的方式

项目考核评价的方式很多，具体应根据项目的特征、项目管理的方式、队伍的素质等综合因素确定。一般分为年度考核评价、阶段考核评价和终结性考核评价3种方式。

工期超过两年的大型项目，可以实行年度考核。为了加强过程控制，避免考核期过长，应当在年度考核中加入阶段考核。阶段的划分可以按用网络计划表示的工程进度计划关键节点进行，也可以同时按照采自然时间划分阶段进行季度、年度考核。工程竣工验收后，应预留一段时间完成整理资料、疏散人员、退还机械、清理场地、结清账目等工作，然后再对项目管理进行全面的终结性考核。

项目终结性考核的内容应包括确认阶段性考核的结果，确认项目管理的最终结果，确认该项目经理部是否具备“解体”的条件等工作。经考核评价后，兑现“项目管理目标责任书”确定的奖励和处罚。终结性考核评价不仅要注重项目后期工作的情况，而且应该全面考虑到项目前期、中期的过程考核评价工作，应认真分析因果关系，使得考核评价工作形成一个完整的体系，从而对项目管理工作有一个整体性和全面性的结论。

（五）项目管理考核评价组织的建立

工程项目完成以后，企业应成立项目考核评价委员会。考核评价委员会应由企业主管领导和企业有关业务部门从事项目管理工作的人员组成，必要时也可聘请社团组织或大专院校的专家、学者参加，一般由5～7人组成，可以是企业的常设机构，也可以是一次性机构，由企业主管领导负责。在考核评价前，要明确组织分工，制定组织制度，熟悉考核评价工作标准，统一思想认识。

（六）项目管理考核评价程序

①制订考核评价方案，并报送企业法定代表人审核批准，然后才能执行。具体内容包括考核评价工作时间、具体要求、工作方法及结果处理。

②听取项目经理汇报。主要汇报项目管理工作的情况和项目目标实现的结果，并介绍所提供的资料。

③查看项目经理部的有关资料。对项目经理部提供的各种资料进行认真细致地审阅，分析其经验及问题。

④对项目管理层和劳务作业层进行调查。可采用交谈、座谈、约谈等方式，以便全面了解情况。

⑤考查已完工程。主要是考查工程质量和现场管理、进度与计划工期是否吻合、阶段性目标是否完成。

⑥对项目管理的实际运作水平进行考核评价。根据既定的评分方法和标准，依据调查了解的情况，对各定量指标进行评分，对定性指标确定评价结果，得出综合评分值和评价结论。

⑦提出考核评价报告。考核评价报告内容应全面、具体、实事求是，考核评价结论要明确，具有说服力，必要时对一些敏感性问题要进行补充说明。

⑧向被考核评价的项目经理部公布评价意见。

（七）项目管理考核评价资料

资料是进行项目考核评价的直接材料，为了使考核评价工作能够客观公正、顺利高效地进行，参与项目管理考核评价的双方都要积极配合、互相支持，及时主动地向考评对方提供必要的工作资料。

1. 项目经理部应向考核评价委员会提供的资料

①“项目管理实施规划”、各种计划、方案及其完成情况；

②项目实施过程中所发生的全部来往文件、函件、签证、记录、鉴定、证明；

③各项技术经济指标的完成情况及分析资料；

④项目管理的总结报告，包括技术、质量、成本、安全、分配、物资、设备、合同履约及思想政治工作等各项管理的总结；

⑤项目实施过程中使用的各种合同、管理制度及工资奖金的发放标准。

2. 项目考核评价委员会应向项目经理部提供的资料

①考核评价方案和程序。目的是让项目经理部对考核评价工作的总体安排做到胸中有数。

②考核评价指标、计分办法及有关说明。目的是让项目经理部清楚考核评价采用的定性与定量指标及评价方法，使考核评价工作公开透明。

③考核评价依据。说明考核评价工作所依据的规定、标准等。

④考核评价结果。考核评价结果应以结论报告的形式提供给项目经理部，为企业奖评或项目奖评提供依据，也为项目经理部今后的工作提供借鉴经验。

（八）项目管理考核评价指标

1. 考核评价的定量指标

考核评价的定量指标包括 4 项目标控制指标。

①工程质量指标。应按《建筑工程施工质量验收统一标准》（GB 50300—2013）和建筑工程施工质量验收相关规范的具体要求和规定，进行项目的检查验收，根据验收情况评定分数。

②工程成本指标。通常用成本降低额和成本降低率来表示。成本降低额是指工程实际成本比工程预算成本降低的绝对数额，是一个绝对评价指标；成本降低率是指工程成本降低额与工程预算成本的相对比率，是一个相对评价指标。这里的预算成本是指项目经理与承包人签订的责任成本。用成本降低率能够直观地反映成本降低的幅度，准确反映项目管理的实际效果。

③工期指标。通常用实际工期与工期提前率来表示。实际工期是指工程项目从开工至竣工验收交付使用所经历的日历天数；工期提前量是指实际工期比合同工期提前的绝对天数；工期提前率是工期提前量与合同工期的比率。

④安全指标。工程项目的安全问题是工程项目实施过程中的第一要务，在许多承包单位对工程项目效果的考核要求中，都有安全一票否决的内容。《建筑施工安全检查标准》（JGJ 59—2011）将工程安全标准分为优良、合格、不合格 3 个等级。具体等级是由评分计算的方式确定，评分涉及安全管理、文明工地、脚手架、基坑支护与模板工程、“三宝”“四口”防护、施工用电、物料提升机与外用电梯、塔吊、起重机吊装、施工机具等项目。具体方法可按《建筑施工安全检查标准》（JGJ 59—2011）执行。

2. 考核评价的定性指标

定性指标反映了项目管理的全面水平，虽然没有定量，但应该比定量指标占有较大权数，且必须有可靠的数据，有合理可行的办法并形成分数值，以便用数据说话。其主要包括下列内容：

①执行企业各项制度的情况。通过对项目经理部贯彻落实企业政策、制度、规定等方面的调查，评价项目经理部是否能够及时、准确、严格、持续地执行企业制度，是否有成效，能否做到令行禁止、积极配合。

②项目管理资料的收集、整理情况。项目管理资料是反映项目管理实施过程的基础性文件，通过考核项目管理资料的收集、整理情况，可以直观地看出工程项目管理日常工作的规范程度和完善程度。

③思想工作方法与效果。此项指标主要考查思想政治工作是否有成效、是否适应和促进企业领导体制建设、是否提高了职工素质。

④发包人及用户的评价。项目管理实施效果的最终评定人是发包人和用户，发包人及用户的评价是最有说服力的。发包人及用户对产品满意就是项目管理成功的表现。

⑤在项目管理中应用的新技术、新材料、新设备、新工艺的情况。在项目管理活动中，积极主动地应用新材料、新技术、新设备、新工艺是推动建筑业发展的基础，是每一个项目管理者的基本职责。

⑥在项目管理中采用的现代化管理方法和手段。新的管理方法与手段的应用可以极大地提高管理效率，是否采用现代化管理方法和手段是检验管理水平高低的尺度。

⑦环境保护。项目管理人员应提高环保意识，制定与落实有效的环保措施，减少甚至杜绝环境破坏和环境污染的发生，提高环境保护的效果。

四、施工项目绩效管理的规定

（一）一般规定

1. 项目管理绩效评价制度

组织应制定和实施项目管理绩效评价制度，规定相关职责和工作程序，吸收项目相关方的合理评价意见。项目管理绩效评价可在项目管理相关过程或项目完成后实施，评价过程应公开、公平、公正，评价结果应符合规定要求。项目管理绩效评价应采用适合工程项目特点的评价方法：过程评价与结果评价相配套、定性评价与定量评价相结合。项目管理绩效评价结果应与工程项目管理目标责任书相关内容进行对照，根据目标实现情况予以验证。项目管理绩效评价结果应作为持续改进的依据。组织可开展项目管理成熟度评价。

2. 项目考核评价

①目的与对象。项目考核评价的目的应是规范项目管理行为，鉴定项目管理水平，确认项目管理成果，对项目管理进行全面考核和评价。项目考核评价的主体应是派出项目经理的单位。项目考核评价的对象应是项目经理部，其中应突出对项目经理的管理工作进行考核评价。

②考核评价依据与方式。考核评价的依据应是施工项目经理与承包人签订的项目管理目标责任书，内容应包括完成工程施工合同、经济效益、回收工程款、执行承包人各项管理制度、各种资料归档等情况，以及项目管理目标责任书中其他要求内容的完成情况。

项目考核评价可按年度进行，也可按工程进度计划分阶段进行，还可综合以上两种方式，在按工程部位划分阶段进行考核中插入按自然时间划分阶段进行考核。工程完工后，必须对项目管理进行全面的终结性考核。

③项目终结性考核。工程竣工验收合格后，应预留一段时间整理资料、疏散人员、退还机械、清理场地、结清账目等，再进行终结性考核。项目终结性考核的内容应包括确认阶段性考核的结果、确认项目管理的最终结果、确认该项目经理部是否具备解体的条件。经考核评价后，兑现项目管理目标责任书确定的奖励和处罚。

3. 项目管理绩效评价的范围与内容

项目管理绩效评价应包括的范围：项目实施的基本情况；项目管理分析与策划；项目管理方法与创新；项目管理效果验证。

项目管理绩效评价应包括的内容：项目管理特点；项目管理理念、模式；主要管理对策、调整和改进；合同履行与相关方满意度；项目管理过程检查、考核、评价；项目管理实施成果。

（二）考核评价实务

施工项目完成以后，企业应组织项目考核评价委员会。项目考核评价委员会应由企业主管领导和企业有关业务部门从事项目管理工作的人员组成，必要时也可聘请社团组织或大专院校的专家、学者参加。

1. 考核评价程序与过程

①项目考核评价程序。项目考核评价可按下列程序进行：

a. 制订考核评价方案，经企业法定代表人审批后施行；

b. 听取项目经理部汇报，查看项目经理部的有关资料，对项目管理层和劳务作业层进行调查；

c. 考察已完工程；

d. 对项目管理的实际运作水平进行考核评价；

e. 提出考核评价报告；

f. 向被考核评价的项目经理部公布评价意见。

②项目绩效评价过程。项目管理绩效评价机构应在规定时间内完成项目管理绩效评价，保证项目管理绩效评价结果符合客观公正、科学合理、公开透明的要求。项目管理绩效评价应包括下列内容：

a. 成立绩效评价机构。

b. 确定绩效评价专家。项目管理绩效评价专家应具备相关资格和水平，具有项目管理的实践经验和能力，保持相对独立性。

c. 制定绩效评价标准。项目管理绩效评价标准应由项目管理绩效评价机构负责确定，评价标准应符合项目管理规律、实践经验和发展趋势。

d. 形成绩效评价结果。项目管理绩效评价机构应按项目管理绩效评价内容要求，依据评价标准，采用资料评价、成果发布、现场验证方法进行项目管理绩效评价。组织应采用透明公开的评价结果排序方法，以评价专家形成的评价结果为基础，确定不同等级的项目管理绩效评价结果。

2. 绩效考核资料

项目管理绩效考核资料主要包括项目部向考核评价委员会提供的考核证据资料与考核评价委员会向项目部提供的考核评价资料两部分。

①核证据资料。项目经理部应向考核评价委员会提供下列资料：

a. 项目管理实施规划、各种计划、方案及其完成情况；

b. 项目所发生的全部来往文件、函件、签证、记录、鉴定、证明；

c. 各项技术经济指标的完成情况及分析资料；

d. 项目管理的总结报告，包括技术、质量、成本、安全、分配、物资、设备、合同履约及思想工作等各项管理的总结；

e. 使用的各种合同、管理制度、工资发放标准。

②考核评价资料。项目考核评价委员会应向项目经理部提供项目考核评价资料。资料应包括下列内容：

a. 考核评价方案与程序；

b. 考核评价指标、计分办法及有关说明；

c. 考核评价依据；

d. 考核评价结果。

3. 考核评价指标

①定量指标。考核评价的定量指标包括下列内容：

a. 工程质量等级；

b. 工程成本降低率；

c. 工期及提前工期率；

d. 安全考核指标。

②定性指标。考核评价的定性指标包括下列内容：

a. 执行企业各项制度的情况；

b. 项目管理资料的收集、整理情况；

c. 思想工作方法与效果；

d. 发包人及用户的评价；

e. 在项目管理中应用的新技术、新材料、新设备、新工艺；

f. 在项目管理中采用的现代化管理方法和手段；

g. 环境保护。

③绩效评价指标。项目管理绩效评价应具有下列指标：

a. 项目质量、安全、环保、工期、成本目标完成情况；

b. 供方（供应商、分包商）管理的有效程度；

c. 合同履约率、相关方满意度；

d. 风险预防和持续改进能力；

e. 项目综合效益。

4. 项目管理绩效评价方法

项目管理绩效评价机构应在评价前根据评价需求确定评价方法。项目管理绩效评价机构宜以百分制形式对项目管理绩效进行打分，在合理确定各项评价指标权重的基础上，汇总得出项目管理绩效综合评分。组织应根据项目管理绩效评价需求规定适宜的评价结论等级，以百分制形式进行项目管理绩效评价的结论，可分为优秀、良好、合格、不合格 4 个等级。不同等级的项目管理绩效评价结果应分别与相关改进措施的制定相结合，管理绩效评价与项目改进提升同步，确保项目管理绩效的持续改进。项目管理绩效评价完成后，组织应总结评价经验，评估评价过程的改进需求，采取相应措施提升项目管理绩效评价水平。

第三节 工程项目产品回访与保修

一、工程项目的保修

工程竣工投产交付使用之后，建立保修制度，是施工单位对工程正常发挥工程项目功能负责的集中体现，通过保修可以听取和了解使用单位对工程施工质量的评价和改进意见，维护自己的信誉，提高企业的管理水平。

建设单位与施工单位应在签订工程施工承包合同中根据不同行业、不同的工程情况，协商制定“建筑安装工程保修证书”，对工程保修范围、保修时间、保修内容等做出具体规定。

（一）保修范围

以建筑安装工程而论，按制度要求，各种类型的工程及其各个部位，都应实行保修。保修的范围如下：

①屋面、地下室、外墙、阳台、厕所、浴室以及厨房、厕所等处渗水、漏水者。

②各种通水管道（包括自来水、热水、污水、雨水等）漏水者，各种气体管道漏气以及通气孔和烟道不通者。

③水泥路面有较大的空鼓、裂缝或起砂者。

④内墙抹灰有较大面积起泡，乃至空鼓脱落或墙面浆活起碱脱皮者，外墙粉刷自动脱落者。

⑤暖气管线安装不良、局部不热，管线接口处及洁具活接口处不严而造成漏水者。

⑥其他由于施工不良而造成的无法使用或使用功能不能正常发挥的工程部位。

凡是由于用户使用不当而造成建筑功能不良或损坏者，不属于保修范围；凡属工业产品项目发生问题，亦不属保修范围。以上两种情况由建设单位自行修理。

（二）保修时间

①民用与公用建筑、一般工业建筑、构筑物的土建工程为 1 年，其中屋面防水工程为 3 年。

②建筑物的电气管线、上下水管线安装工程为 6 个月。

③建筑物的供热及供冷为一个采暖期及供冷期。

④室外的上下水和小区道路等市政公用工程为 1 年。

⑤其他特殊要求的工程，其保修期限由建设单位和施工单位在合同中规定。

（三）保修做法

1. 发送保修证书

在工程竣工验收的同时（最迟不应超过 3 天到一周），由施工单位向建设单位发送建筑安装工程保修证书。保修证书目前在国内没有统一的格式或规定，应由施工单位拟定并同意印刷。保修证书一般包括以下内容：工程概况、房屋使用管理要求；保修范围和内容；保修时间；保修说明；保修情况记录。此外，保修证书还应附有保修单位（施工单位）的名称、详细地址、电话、联系接待部门（如科、室）和联系人，以便建设单位联系。

2. 要求检查和修理

在保修期内，建设单位或用户发现房屋的使用功能不良，又是由于施工质量而影响使用者，可以用口头或书面方式同施工单位的有关保修部门，说明情况，要求派人前往检查修理，施工单位自接到保修通知书日起，必须在两周内到达现场，与建设单位共同明确责任方，商议返修内容。属于施工单位责任的，如施工单位未能按期到达现场，建设单位应再次通知施工单位；施工单位自接到再次通知书起的一周内仍不能到达时，建设单位有权自行返修，所发生的费用由原施工单位承担。不属于施工单位责任的，建设单位应与施工单位联系，商议维修的具体期限。

3. 验收

在发生问题的部门或项目修理完毕以后，要在保修证书的“保修记录”栏内做好记录，并经建设单位验收签认，以表示修理工作完结。

（四）维修的经济责任处理

①施工单位未按国家有关规范、标准和设计要求施工，造成的质量缺陷，由施工单位负责返修并承担经济责任。

②由于设计方面造成的质量缺陷，由设计单位承担经济责任。由施工单位负责维修，其费用按有关规定通过建设单位向设计单位索赔，不足部分由建设单位负责。

③因建筑材料、构配件和设备质量不合格引起的质量缺陷，属于施工单位采购的或经其验收同意的，由施工单位承担经济责任；属于建设单位采购的，由建设单位承担经济责任。

④因使用单位使用不当造成的质量缺陷，由使用单位自行负责。

⑤因地震、洪水、台风等不可抗拒原因造成的质量问题，施工单位、设计单位不承担经济责任。

二、工程项目的回访

（一）回访的方式

回访的方式一般有三类：

1. 季节性回访

这类回访大多数是雨季回访屋面、墙面的防水情况，冬季回访锅炉房及采暖系统的情况；发现问题采取有效措施，及时加以解决。

2. 技术性的回访

这类回访主要了解在工程施工过程中采用的新材料、新技术、新工艺、新设备等的技术性能和使用后的效果，发现问题及时加以补救和解决；同时也便于总结经验，获取科学依据，不断改进与完善，并为进一步推广创造条件。这种回访既可定期进行，也可以不定期进行。

3. 保修期满前的回访

这类回访一般是在保修即将届满之前，进行回访，既可以解决出现的问题，又标志着保修期即将结束，使建设单位注意建筑物的维修和使用。

（二）回访的方法

回访应由施工单位的领导组织生产、技术、质量、水电（也可以包括合同、预算）等有关方面的人员进行，必要时还可以邀请科研方面的人员参加。回访时，由建设单位组织座谈会或意见听取会，并察看建筑物和设备的运转情况等。回访必须解决问题，并应做出回访记录，必要时应写出回访纪要。

三、项目回访保修管理的规定

（一）一般规定

回访保修的责任应由承包人承担，承包人应建立施工项目交工后的回访与保修制度，听取用户意见，提高服务质量，改进服务方式。

承包人应建立与发包人及用户的服务联系网络，及时取得信息，并按计划、实施、验证、报告的程序，搞好回访与保修工作。保修工作必须履行施工合同的约定和“工程质量保修书”中的承诺。

（二）回访

1. 回访工作计划的内容

回访应纳入承包人的工作计划、服务控制程序和质量体系文件。

承包人应编制回访工作计划。工作计划应包括下列内容：

①主管回访保修业务的部门。

②回访保修的执行单位。

③回访的对象（发包人或使用人）及其工程名称。

④回访时间安排和主要内容。

⑤回访工程的保修期限。

执行单位在每次回访结束后应填写回访记录；在全部回访后，应编写“回访服务报告”。主管部门应依据回访记录对回访服务的实施效果进行验证。

2. 回访的方式

回访可采取以下方式：

①电话询问、会议座谈、半年或一年的例行回访。

②夏季重点回访屋面及防水工程和空调工程、墙面防水，冬季重点回访采暖工程。

③对施工过程中采用的新材料、新技术、新工艺、新设备工程，回访使用效果或技术状态。

④特殊工程的专访。

（三）保修

“工程质量保修书”中应具体约定保修范围及内容、保修期、保修责任、保修费用等。

保修期为自竣工验收合格之日起计算，在正常使用条件下的最低保修期限。

在保修期内发生的非使用原因的质量问题，使用人填写“工程质量修理通知书”告知承包人，并注明质量问题及部位、联系维修方式。

承包人应按“工程质量保修书”的承诺向发包人或使用人提供服务。保修业务应列入施工生产计划，并按约定的内容承担保修责任。

保修经济责任应按下列方式处理：

①由于承包人未按照国家标准、规范和设计要求施工造成的质量缺陷，应由承包人负责修理并承担经济责任。

②由于设计人造成的质量缺陷，应由设计人承担经济责任。当由承包人修理时，费用数额应按合同约定支付，不足部分应由发包人补偿。

③由于发包人供应的材料、构配件或设备不合格造成的质量缺陷，应由发包人自行承担经济责任。

④由发包人指定的分包人造成的质量缺陷，应由发包人自行承担经济责任。

⑤因使用人未经许可自行改建造成的质量缺陷，应由使用人自行承担经济责任。

⑥因地震、洪水、台风等不可抗力原因造成损坏或非施工原因造成的事故，承包人不承担经济责任。

⑦当使用人需要责任以外的修理维护服务时，承包人应提供相应的服务，并在双方协议中明确服务的内容和质量要求，费用由使用人支付。

第四节　项目管理总结

在项目管理收尾阶段，项目管理机构应进行项目管理总结，编写项目管理总结报告，纳入项目管理档案。

一、编制依据

项目管理总结的编制依据一般包括下列内容：

①项目可行性研究报告；

②项目管理策划；

③项目管理目标；

④项目合同文件；

⑤项目管理规划；

⑥项目设计文件；

⑦项目合同收尾资料；

⑧项目工程收尾资料；

⑨项目有关管理标准。

二、编制内容

项目管理总结报告应包括下列内容：

①项目可行性研究报告的执行总结；

②项目管理策划总结；

③项目合同管理总结；

④项目管理规划总结；

⑤项目设计管理总结；

⑥项目施工管理总结；

⑦项目管理目标执行情况；

⑧项目管理经验与教训；

⑨项目管理绩效与创新评价。

三、发布与奖惩

项目管理总结完成后，组织应进行下列工作：

①在适当的范围内发布项目总结报告；

②兑现在项目管理目标责任书中对项目管理机构的承诺；

③根据岗位责任制和部门责任制对职能部门进行奖罚。

第九章　BIM 技术在建筑施工项目管理中的应用研究

第一节　施工阶段 BIM 应用概述

随着建设项目建造技术的复杂、建筑功能的日益完善，工程信息不断增多，项目施工参与主体间信息缺失严重，利用传统施工技术进行项目质量管理、安全管理、进度管理和成本管理易产生质量隐患、安全事故、工期延误和预算超支等问题，不利于建筑业效率的提升、建筑业向着绿色可持续方向发展和建筑信息化水平的提高。

要解决建设项目施工阶段的项目管理问题，实现施工企业的精细化管理，关键是把握和利用 BIM 技术的三维渲染，快速算量；精确计划，减少浪费；碰撞检查，减少返工；虚拟施工，有效协同等特点，对工程建设的施工阶段质量、安全、进度和成本的协同管理，提升企业施工管理水平，解决传统技术在施工阶段出现的问题，开展项目的全方位工作。

一、BIM 技术在施工阶段的应用现状

实际操作中，在施工阶段 BIM 技术的应用技术路线正发生着重要的变革。应用技术路线的选择是指确定具体使用哪些 BIM 软件来整合完成企业各岗位的工程工作。现阶段施工单位常用的 BIM 技术路线如图 9-1 所示。

施工专业选择 BIM 软件难度大：首先工种繁多，需要的软件类别也多；其次，不如设计领域的技术成熟。选择这个技术路线时，应从技术和商务两种角度出发，技术包含土建、安装等部门，商务包含成本、人力等部门。目前普遍采用的 BIM 技术路线如图 9-1 所示：两类部门各成一套体系，分别从不同角度出发选用不同软件进行适应自身需要的模型建设。之所以产生这样的情况是因为设计、施工、造价的 BIM 各自的规范不同，对模型要求也不一致。可以说，BIM 技术路线的改革应该是将各阶段各部门有机结合，为了更有效地建立基础 BIM，在设计 BIM 阶段考虑下游施工 BIM 和成本 BIM 的后期延伸，将真正有效实现项目全生命周期一体化 BIM 的应用。

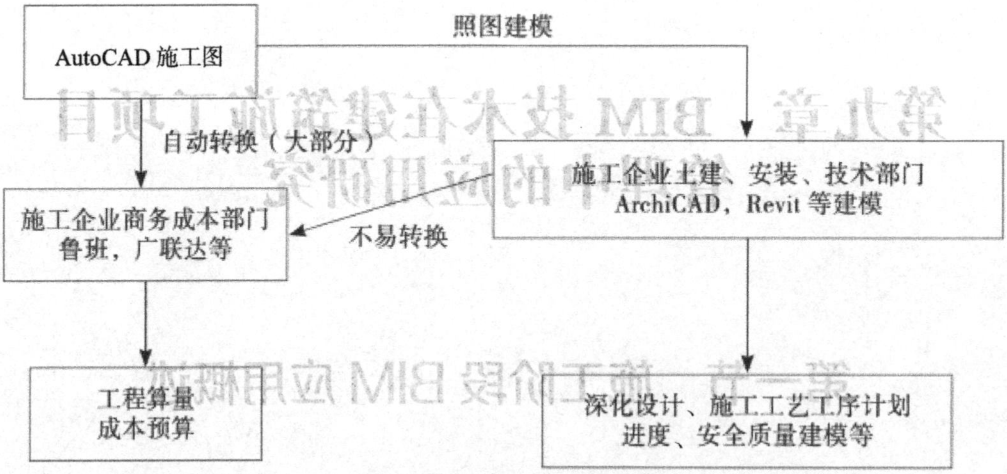

图 9–1 施工单位 BIM 技术路线

二、BIM 技术在施工阶段应用存在的问题及解决对策

（一）BIM 技术在施工阶段应用中存在的问题

1. 信息化意识有待提高，对 BIM 技术认识不够

尽管我国目前已经加快信息化建设的脚步，也已经足够重视信息化的发展，但是在建筑施工项目实际工作中，施工管理决策人员和技术人员对信息化的认识还是不够深入。BIM 技术在施工阶段的应用已经得到广泛推广，但是依然有很多的施工相关人员不能充分掌握 BIM 技术在施工阶段的实质优势，从而影响了 BIM 技术在施工中的深入发展。

2. 专业技术缺乏，不能充分利用 BIM 技术

在建筑施工企业，从事信息技术和管理的技术人员配备数量极少，对新技术的开发和利用能力跟不上建设的需要。BIM 技术是综合了技术和管理的综合应用技术，由于建筑专业技术和信息技术的综合型人才的缺乏，对 BIM 技术的研究深度不够，而且缺乏相应的适合我国国情规范的 BIM 应用软件，很难实现施工企业对 BIM 技术核心理念的把握和应用。

3. 缺少政府部门的支持

目前，建筑施工企业在信息化建设方面面临着严峻的发展形势，一是缺乏资金的支持，不能维持信息化建设维护和发展的巨大资金需求；二是政策支持缺失，我国行业主管部门和政府部门对信息化建设的发展扶持力度不够，尤其是在软件开发和规范制定方面投入较少，仅靠企业难以维持信息化的发展。

（二）BIM 技术应用问题的解决对策

1. 随着国家对信息化建设的重视，施工的管理决策者要跟上信息的发展变化，主动进行 BIM 技术的研究和应用。尤其是 BIM 技术对应用软件的要求很高，施工企业要加大对技术发展和研发的资金投入，保障企业对 BIM 技术应用软件的功能要求和配套服务。

2. 在施工过程中，BIM 技术的应用需要具有计算机和建筑两方面专业知识的复合型人才，要从以下两个方面提高施工相关人员的素质要求：第一，要对现有的技术人员加强信息技术的培训，定期对相关技术人员进行再教育活动，使施工管理和施工技术可以适时跟上时代的要求；第二，引进 BIM 技术的相关人员，进一步在施工阶段推广 BIM 技术和施工技术的结合。

3. 施工单位要培养属于自己的 BIM 团队。目前我国的施工单位还处在 BIM 技术的探索期，缺乏实际的经验，因此，施工单位需要组织 BIM 团队，可以从简单项目开始积累经验，逐步接触复杂项目，利用 BIM 技术解决各种挑战，提高团队工作能力。

在建筑施工项目管理中，充分利用 BIM 技术的管理理念和模式，是适应时代需求、促进建筑行业发展的必备条件。未来我国的信息化建设具有广阔的发展空间，现阶段的重要任务就是做好准备，主动将 BIM 技术应用到实际施工项目中，这样才可以在建筑市场中占据有利地位。

第二节　BIM 建模与深化设计

一、BIM 模型的建立及维护

在建设项目中，需要记录和处理大量的图形和文字信息。传统的数据集成是以二维图纸和书面文字进行记录的，但当引入 BIM 技术后，便将原本的二维图形和书面信息进行了集中收录与管理。在 BIM 中“I”为 BIM 的核心理念，也就是“Information”，它将工程中庞杂的数据进行了行之有效的分类与归总，使工程建设变得顺利，减少和消除了工程中出现的问题。但需要强调的是，在 BIM 的应用中，模型是信息的载体，没有模型的信息是不能反映工程项目内容的。所以在 BIM 中“M”（Modeling）也具有相当的价值，应受到相应的重视。BIM 的模型建立的优劣，将会对将要实施的项目在进度、质量上产生很大的影响。BIM 是贯穿整个建筑全生命周期的，在初始阶段的问题，将会被一直延续到工程的结束。同时，失去模型这个信息的载体，数据本身的实用性与可信度将会大打折扣。所以，在建立 BIM 模型之前一定得建立完备的流程，并在项目进行的过程中对模型进行相应的维护，以确保建设项目能安全、准确、高效地进行。

在工程开始阶段，由设计单位向总承包单位提供设计图纸、设备信息和BIM创建所需数据，总承包单位对图纸进行仔细核对和完善，并建立BIM模型。在完成根据图纸建立的初步BIM模型后，总承包单位组织设计和业主代表召开BIM模型及相关资料法人交接会，对设计提供的数据进行核对，并根据设计和业主的补充信息，完善BIM模型。在整个BIM模型创建及项目运行期间，总承包单位将严格遵循经建设单位批准的BIM文件命名规则。

在施工阶段，总承包单位负责对BIM模型进行维护、实时更新，确保BIM模型中的信息正确无误，保证施工顺利进行。模型的维护主要包括以下几个方面：根据施工过程中的设计变更及深化设计，及时修改、完善BIM模型；根据施工现场的实际进度，及时修改、更新BIM模型；根据业主对工期节点的要求，上报业主与施工进度和设计变更一致的BIM模型。在施工阶段，可以根据表9-1对BIM模型完善和维护相关资料。

表9–1　BIM模型管理协议和流程

序号	模型管理协议和流程	适用于本项目（是或否）	详细描述（是或否）
1	模型起源点坐标系统、精密、文件格式和单位	是/否	是/否
2	模型文件存储位置（年代）	是/否	是/否
3	流程传递和访问模型文件	是/否	是/否
4	命名约定	是/否	是/否
5	流程聚合模型文件从不同软件平台	是/否	是/否
6	模型访问权限	是/否	是/否
7	设计协调和冲突检测程序	是/否	是/否
8	模型安全需求	是/否	是/否

在BIM模型创建及维护的过程中，应保证BIM数据的安全性。建议采用以下数据安全管理措施：BIM小组采用独立的内部局域网，阻断与互联网的连接；局域网内部采用真实身份验证，非BIM工作组成员无法登录该局域网，进而无法访问网站数据；BIM小组进行严格分工，数据存储按照分工和不同用户等级设定访问和修改权限；全部BIM数据进行加密，设置内部交流平台，对平台数据进行加密，防止信息外漏；BIM工作组的电脑全部安装密码锁进行保护，BIM工作组单独安排办公室，无关人员不能入内。

二、深化设计

深化设计是指在业主或设计顾问提供的条件图或原理图的基础上，结合施工现场实际情况，对图纸进行细化、补充和完善。深化设计是为了将设计师的设计理念、设计意图在施工过程中得到充分体现；是为了在满足甲方需求的前提下，使施工图更加符合现场实际情况，是施工单位的施工理念在设计阶段的延伸；是为了更好地为甲方服务，满足现场不断变化的需求；是为了在满足功能的前提下降低成本，为企业创造更多利润。

深化设计管理是总承包管理的核心职责之一，也是难点之一。例如，机电安装专业的管线综合排布一直是困扰施工企业深化设计部门的一个难题。传统的二维 CAD 工具仍然停留在平面重复翻图的层面，深化设计人员的工作负担大、精度低，且效率低下。利用 BIM 技术可以大幅提升深化设计的准确性，并且可以三维直观反映深化设计的美观程度，实现 3D 漫游与可视化设计。

基于 BIM 的深化设计可以笼统地分为以下两类：

1. 专业性深化设计。专业深化设计的内容一般包括土建结构、钢结构、幕墙、电梯、机电各专业（暖通空调、给排水、消防、强电、弱电等）、冰蓄冷系统、机械停车库、精装修、景观绿化深化设计等。这种类型的深化设计应该在建设单位提供的专业 BIM 模型上进行。

2. 综合性深化设计。对各专业深化设计初步成果进行集成、协调、修订与校核，并形成综合平面图、综合管线图。这种类型的深化设计着重与各专业图纸协调一致，应该在建设单位提供的总体 BIM 模型上进行。

尽管不同类型的深化设计所需的 BIM 模型有所不同，但是从实际应用来讲，建设单位结合深化设计的类型，采用 BIM 技术进行深化设计应实现以下基本功能：

（1）能够反映深化设计特殊需求，包括进行深化设计复核、末端定位与预留，加强设计对施工的控制和指导。

（2）能够对施工工艺、进度、现场、施工重点、难点进行模拟。

（3）能够实现对施工过程的控制。

（4）能够由 BIM 模型自动计算工程量。

（5）实现深化设计各个层次的全程可视化交流。

（6）形成竣工模型，集成建筑设施、设备信息，为后期运营提供服务。

（一）深化设计主体职责

深化设计的最终成果是经过设计、施工与制作加工三者充分协调后形成的，需要得到建设方、设计方和总承包方的共同认可。因此，对深化设计的管理要根据我国建设项目管理体系的设置，具体界定参与主体的责任，使深化设计的管理有序进行。另外，在采用 BIM 技术进行深化设计时应着重指出，BIM 的使用不能免除总承包单位及其他承包单位的管理和技术协调责任。

深化设计各方职责如下：

1. 建设单位职责

负责 BIM 模型版本的管理与控制；督促总承包单位认真履行深化设计组织与管理

职责；督促各深化设计单位如期保质地完成深化设计；组织并督促设计单位及工程顾问单位认真履行深化设计成果审核与确认职责；汇总设计单位及 BIM 顾问单位的审核意见，组织设计单位、BIM 顾问单位与总承包单位沟通，协调解决相关问题；负责深化设计的审批与确认。

2. 设计单位职责

负责提供项目 BIM 模型；配合 BIM 顾问单位对 BIM 模型进行细化；负责向深化设计单位和人员设计交底；配合深化设计单位完成深化设计工作；负责深化设计成果的确认或审核。

3.BIM 顾问单位职责

在建模前准备阶段，BIM 顾问单位应先确保要建立 BIM 模型的各个专业应用统一且规范的建模流程，要确保 BIM 的使用方有一定的能力，这样才能确保建模过程的准确和高效。

在基础模型中建立精装、幕墙、钢结构等专业 BIM 模型，以及重点设备机房和关键区域机电专业深化设计模型，对这些设计内容在 BIM 中进行复核，并向建设单位提交相应的碰撞检查报告和优化建议报告；BIM 顾问单位根据业主确认的深化设计成果，及时在 BIM 模型中做同步更新，以保证 BIM 模型能够反映深化设计方案调整的结果，并向建设单位报告咨询意见。

4. 总承包单位职责

总承包单位应设置专职深化设计管理团队，负责全部深化设计的整体管理和统筹协调；负责制订深化设计实施方案，报建设单位审批后执行；根据深化设计实施方案的要求，在 BIM 模型中统一发布条件图；经建设单位签批的图纸，由总承包单位在 BIM 模型中进行统一发布；监督各深化设计单位如期保质地完成深化设计；在 BIM 模型的基础上负责项目综合性图纸的深化设计；负责本单位直营范围内的专业深化设计；在 BIM 模型的基础上，实现对负责总承包单位管理范围内各专业深化设计成果的集成与审核；负责定期组织召开深化设计协调会，协调解决深化设计过程存在的问题；总承包单位需指定一名专职 BIM 负责人、相关专业（建筑、结构、水、暖、电、预算、进度计划、现场施工等）工程师组成 BIM 联络小组，作为 BIM 服务过程中的具体执行者，负责将 BIM 成果应用到具体的施工工作中。

5. 机电主承包单位职责

负责机电主承包范围内各专业深化设计的协调管理；在 BIM 模型基础上进行机电综合性图纸（综合管线图和综合预留预埋图）的深化设计；负责本单位直营范围内的专业深化设计；负责机电主承包范围内各专业深化设计成果的审核与集成；配合与本专业相关的其他单位完成深化设计。

6. 分包单位职责

就深化设计而言，施工的分包单位对工程项目深化部分要承担相应的管理责任，总包单位应当编制工程总进度计划，分包单位依据总进度计划进行各单位工程的施工进度计划，总包单位应编制施工组织总设计、工程质量通病防治措施、各种安全专项施工方案，组织各分包单位定期参加工程例会，讨论深化设计的完成情况，负责各分包单位所承揽工程施工资料的收集与整理。分包单位负责承包范围内的深化设计服从总承包单位或机电主承包单位的管理，配合与本专业相关的其他单位完成深化设计。

（二）深化设计组织协调

深化设计涉及建设、设计、顾问及承包单位等诸多项目参与方，应结合 BIM 技术对深化设计的组织与协调进行研究。

深化设计的分工按“谁施工，谁深化”的原则进行。总承包单位就本项目全部深化设计工作对建设单位负责；总承包单位、机电主承包单位和各分包单位各自负责其所承包（直营施工）范围内的所有专业深化设计工作，并承担其全部技术责任，其专业技术责任不因审批与否而免除；总承包单位负责根据建筑、结构、装修等专业深化设计编制建筑综合平面图、模板图等综合性图纸；机电主承包单位根据机电类专业深化设计编制综合管线图和综合预留预埋图等机电类综合性图纸；合同有特殊约定的按合同执行。

总承包单位负责对深化设计的组织、计划、技术、组织界面等方面进行总体管理和统筹协调，其中应当加强对分包单位 BIM 访问权限的控制与管理，对下属施工单位和分包商的项目实行集中管理，确保深化设计在整个项目层次上的协调与一致。各专业承包单位均有义务无偿为其他相关单位提交最新版的 BIM 模型，特别是涉及不同专业的连接界面的深化设计时，其公共或交叉重叠部分的深化设计分工，应服从总承包单位的协调安排，并且按总承包单位提供的 BIM 模型进行深化设计。

机电主承包单位负责对机电类专业的深化设计进行技术统筹，应当注重采用 BIM 技术分析机电工程与其他专业工程是否存在碰撞和冲突。各机电专业分包单位应服从机电主承包单位的技术统筹管理。

（三）深化设计流程

基于 BIM 的深化设计流程不能完全脱离现有的管理流程，但是必须符合 BIM 技术的特征，特别是对流程中的每一个环节涉及 BIM 的数据都要尽可能详尽规定。深化设计管理流程如图 9-2 所示，BIM 深化设计工作流程如图 9-3 所示。

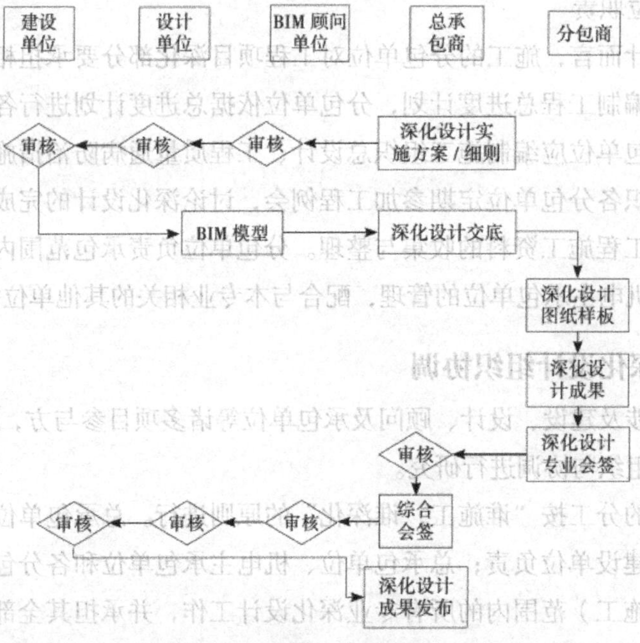

图 9–2　深化设计管理流程

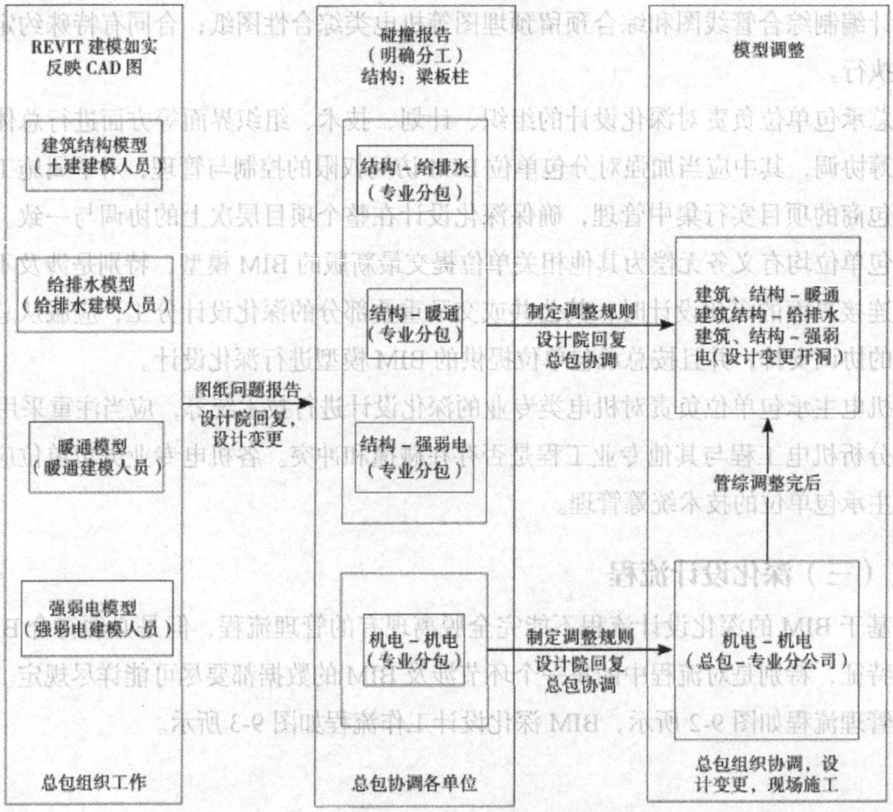

图 9–3　BIM 深化设计工作流程

管线综合深化设计及钢结构深化设计是工程施工中的重点及难点，下面将重点介绍管线综合深化设计及钢结构深化设计流程。

1. 管线深化设计流程

管线综合专业 BIM 设计空间关系复杂，内外装要求高，机电的管线综合布置系统多、智能化程度高、各工种专业性强、功能齐全。为使各系统的使用功能效果达到最佳、整体排布更美观，工程管线综合深化设计是重要一环。基于 BIM 的深化设计能够通过各专业工程师与设计公司的分工合作优化设计存在问题，迅速对接、核对、相互补位、提醒、反馈信息和整合到位。其深化设计流程为：制作专业精准模型—综合链接模型—碰撞检测—分析和修改碰撞点—数据集成—最终完成内装的 BIM 模型。利用该 BIM 模型虚拟结合现完成的真实空间，动态观察，综合业态要求，推敲空间结构和装饰效果，并依据管线综合施工工艺、质量验收标准编写的《管线综合避让原则》调整模型，将设备管道空间问题解决在施工前期，避免在施工阶段发生冲突而造成不必要的浪费，有效提高施工质量，加快施工进度，节约成本。项目的综合管线深化设计流程图如图 9-4 所示。

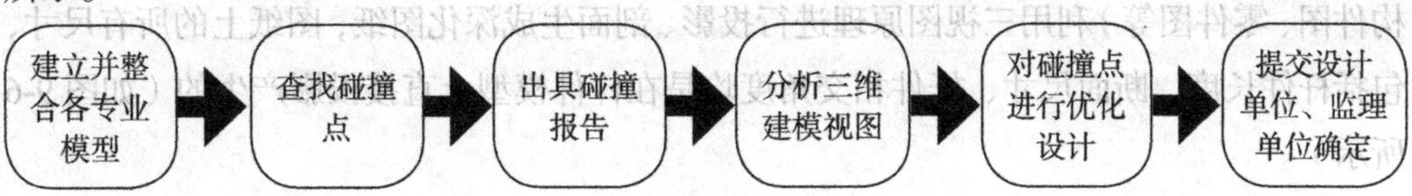

图 9–4　综合管线深化设计流程图

2. 钢结构深化设计流程

将三维钢筋节点布置软件与施工现场应用要求相结合，形成一种基于 BIM 技术的梁柱节点深化设计方法，具体流程如图 9-5 所示。

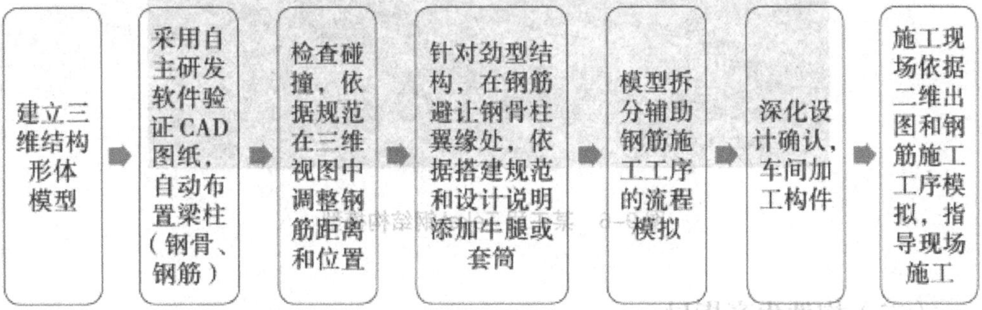

图 9–5　钢筋深化设计流程

第三节　BIM 技术在施工管理中的应用

一、预制加工管理

（一）构件加工详图

通过 BIM 模型对建筑构件的信息化表达，可在 BIM 模型上直接生成构件加工图，不仅能清楚地传达传统图纸的二维关系，而且对复杂的空间剖面关系也可以清楚地表达，同时还能够将离散的二维图纸信息集中到一个模型当中，这样的模型能够更加紧密地实现与预制工厂的协同和对接。

BIM 模型可以完成构件加工、制作图纸的深化设计。如利用 Tekla Structures 等深化设计软件真实模拟结构深化设计，通过软件自带功能将所有加工详图（包括布置图、构件图、零件图等）利用三视图原理进行投影、剖面生成深化图纸，图纸上的所有尺寸，包括杆件长度、断面尺寸、杆件相交角度均是在杆件模型上直接投影产生的（如图 9-6 所示）。

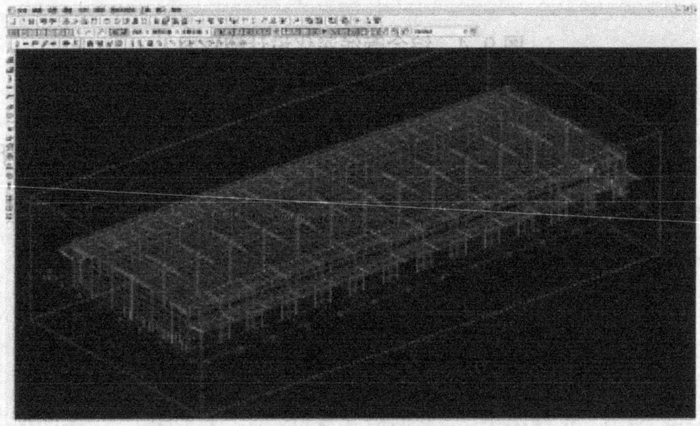

图 9–6　某工程 Tekal 钢结构模型

（二）构件生产指导

BIM 建模是对建筑的真实反映，在生产加工过程中，BIM 信息化技术可以直观地表达出配筋的空间关系（如图 9-7 所示）和各种下料参数情况，能自动生成构件下料单、派工单、模具规格参数等生产表单，并且能通过可视化的直观表达帮助工人更好地理解设计意图，可以形成 BIM 生产模拟动画、流程图、说明图等辅助培训的材料，有助于提高工人生产的准确性和质量效率。

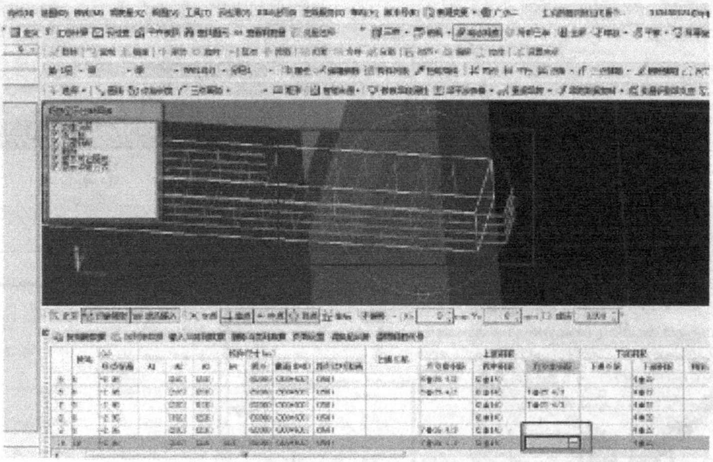

图 9–7　钢筋 BIM 模型

（三）通过 BIM 实现预制构件的数字化制造

借助工厂化、机械化的生产方式，采用集中、大型的生产设备，将 BIM 信息数据输入设备就可以实现机械的自动化生产，这种数字化建造的方式可以大大提高工作效率和生产质量。比如现在已经实现了钢筋网片的商品化生产，符合设计要求的钢筋在工厂自动下料、自动成形、自动焊接（绑扎），形成标准化的钢筋网片（如图 9-8 所示）。

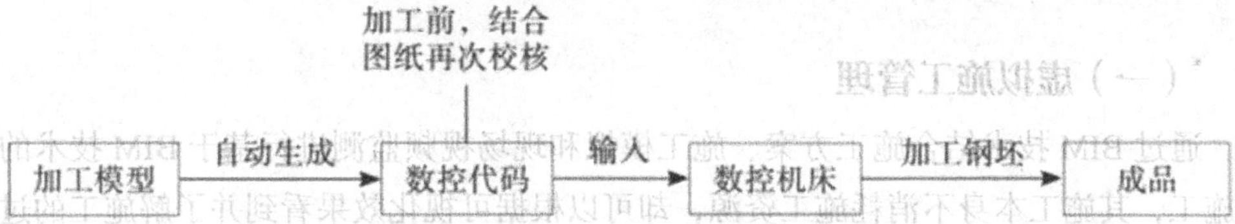

图 9–8　预制构件的数字化制造加工流程图

（四）构件详细信息全过程查询

作为施工过程中的重要信息，检查和验收信息将被完整地保存在 BIM 模型中，相关单位可快捷地对任意构件进行信息查询和统计分析，在保证施工质量的同时，使质量信息在运维期有据可循。某工程利用 BIM 模型查询构件详细信息如图 9-9 所示。

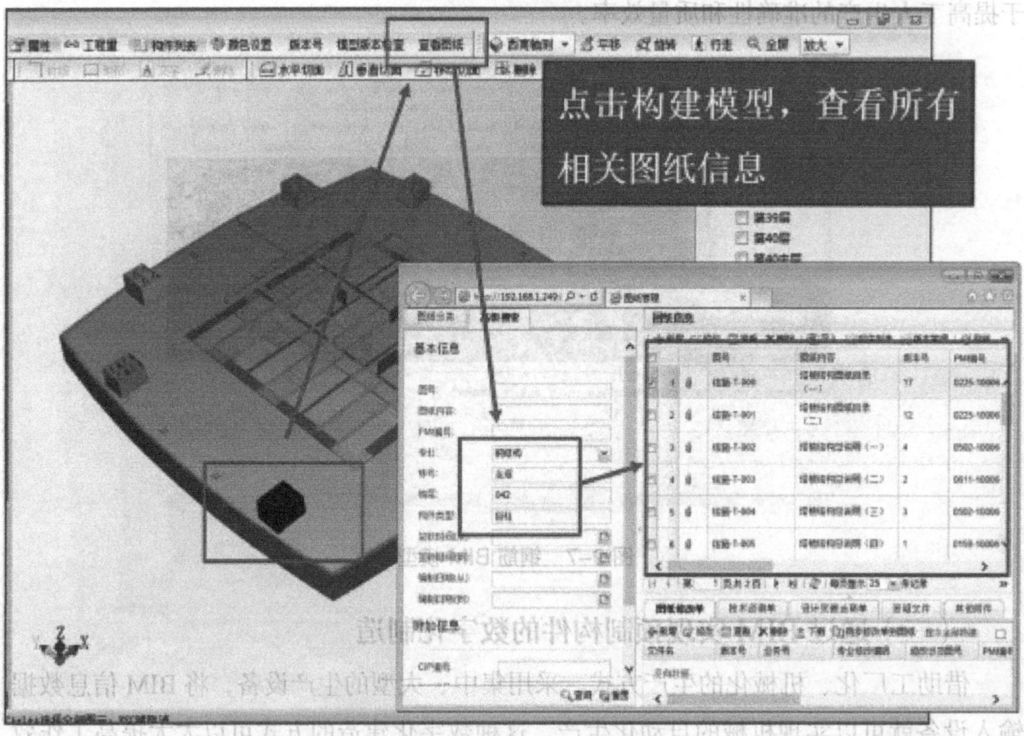

图 9–9　构件详细信息查询

二、虚拟施工与进度管理

（一）虚拟施工管理

通过 BIM 技术结合施工方案、施工模拟和现场视频监测进行基于 BIM 技术的虚拟施工，其施工本身不消耗施工资源，却可以根据可视化效果看到并了解施工的过程和结果，可以较大程度地降低返工成本和管理成本，降低风险，增强管理者对施工过程的控制能力。建模的过程就是虚拟施工的过程，是先试后建的过程。施工过程的顺利实施是在有效的施工方案指导下进行的，施工方案的制订主要是根据项目经理、项目总工程师及项目部的经验。施工方案的可行性一直受到业界的关注，由于建筑产品的单一性和不可重复性，施工方案具有不可重复性。一般情况下，当某个工程即将结束时，一套完整的施工方案才展现于面前。虚拟施工技术不仅可以检测和比较施工方案，还可以优化施工方案。

采用 BIM 进行虚拟施工，需要事先确定以下信息：设计和现场施工环境的五维模型；根据构件选择施工机械及机械的运行方式；确定施工的方式和顺序；确定所需临时设施及安装位置。BIM 在虚拟施工管理中的应用主要有场地布置方案、专项施工方案、关键工艺展示、施工模拟（土建主体及钢结构部分）、装修效果模拟等。

1. 场地布置方案

为使现场使用合理，施工平面布置应有条理，尽量减少占用施工用地，使平面布置紧凑合理，同时做到场容整齐清洁、道路畅通，符合防火安全及文明施工的要求，施工过程中应避免多个工种在同一场地、同一区域而相互牵制、相互干扰。施工现场应设专人负责管理，使各项材料、机具等按已审定的现场施工平面布置图的位置摆放。

基于建立的 BIM 三维模型及搭建的各种临时设施，可以对施工场地进行布置，合理安排塔吊、库房、加工厂地和生活区等的位置，解决现场施工场地划分问题；通过与业主的可视化沟通协调，对施工场地进行优化，选择最优施工路线。

2. 专项施工方案

通过 BIM 技术指导编制专项施工方案，可以直观地对复杂工序进行分析，将复杂部位简单化、透明化，提前模拟方案编制后的现场施工状态，对现场可能存在的危险源、安全隐患、消防隐患等进行提前排查，对专项方案的施工工序进行合理排布，有利于方案的专项性、合理性。

3. 关键工艺展示

对于工程施工的关键部位，如预应力钢结构的关键构件及部位，其安装相对复杂，因此合理的安装方案非常重要。正确的安装方法能够省时省费，传统方法只有工程实施时才能得到验证，这就可能造成二次返工等问题。同时，传统方法是施工人员在完全领会设计意图之后，再传达给建筑工人，相对专业性的术语及步骤对工人来说难以完全领会。基于 BIM 技术，能够提前对重要部位的安装进行动态展示，提供施工方案讨论和技术交流的虚拟现实信息。

4. 土建主体结构施工模拟

根据拟订的最优施工现场布置和最优施工方案，将由项目管理软件如 project 编制的施工进度计划与施工现场 3D 模型集成一体，引入时间维度，能够完成对工程主体结构施工过程的 4D 施工模拟。通过 4D 施工模拟，可以使设备材料进场、劳动力配置、机械排班等各项工作安排得更加经济合理，从而加强了对施工进度、施工质量的控制。针对主体结构施工过程，利用已完成的 BIM 模型进行动态施工方案模拟，展示重要施工环节动画，对比分析不同施工方案的可行性，能够对施工方案进行分析，并听从甲方指令对施工方案进行动态调整。

（二）进度管理

BIM 技术的引入，可以突破二维的限制，给项目进度控制带来不同的体验，主要体现如表 9-2 所示。

表 9-2　BIM 技术在进度管理中的优势表

序号	管理效果	具体内容	主要应用措施
1	加快招投标组织工作	利用基于 BIM 技术的算量软件系统，大大加快了计算速度和计算准确性，加快招标阶段的准备工作，同时提升了招标工程量清单的质量	1）BIM 施工进度模拟 2）BIM 施工安全与冲突分析系统 3）BIM 建筑施工优化系统 4）三维技术交底及安装指导 5）移动终端现场管理
2	碰撞检测、减少变更和返工进度损失	BIM 技术强大的碰撞检查功能，十分有利于减少进度浪费	
3	加快生产计划、采购计划编制	工程中经常因生产计划、采购计划编制缓慢损失了进度。急需的材料、设备不能按时进场，影响了工期，造成窝工损失很常见。BIM 改变了这一切，随时随地获取准确数据变得非常容易，生产计划、采购计划大大缩小了用时，加快了进度，同时提高了计划的准确性	
4	提升项目决策效率	传统管理中决策依据不足、数据不充分，导致领导难以决策，有时甚至导致多方谈判长时间僵持，延误工程进展。BIM 形成工程项目的多维度结构化数据库，整理分析数据几乎可以实时实现，有效地解决了以上问题	
5	提升全过程协同效率	基于 3D 的 BIM 沟通语言，简单易懂、可视化好、理解一致，大大加快了沟通效率，减少理解不一致的情况	
		基于互联网的 BIM 技术能够建立高效的协同平台，从而保障所有参建单位在授权的情况下，可随时随地获得项目最新、最准确、最完整的工程数据，从过去点对点传递信息转变为一对多传递信息，效率提升，图纸信息版本完全一致，从而减少传递时间的损失和版本不一致导致的施工失误	
		现场结合 BIM、移动智能终端拍照，大大提升了现场问题的沟通效率	
6	加快竣工交付资料准备	基于 BIM 的工程实施方法，过程中所有资料可方便地随时挂接到工程 BIM 数字模型中，竣工资料在竣工时即已形成。竣工 BIM 模型在运维阶段还将为业主方发挥巨大的作用	1）BIM 施工进度模拟 2）BIM 施工安全与冲突分析系统 3）BIM 建筑施工优化系统 4）三维技术交底及安装指导 5）移动终端现场管理
7	加快支付审核	业主方缓慢的支付审核往往引起承包商合作关系的恶化，甚至影响到承包商的积极性。业主方利用 BIM 技术的数据能力，加快校核反馈承包商的付款申请单，则可以大大加快期中付款反馈机制，提升双方战略合作成果	

工程建设项目的进度管理是指对工程项目各建设阶段的工作内容、工作程序、持续时间和逻辑关系制订计划，将该计划付诸实施。在实施过程中经常检查实际进度是否按计划要求进行，对出现的偏差分析原因，采取补救措施或调整、修改原计划，直至工程竣工，交付使用。进度控制的最终目标是确保进度目标的实现。工程建设监理所进行的进度控制是指为使项目按计划要求的时间使用而开展的有关监督管理活动。

在实际工程项目进度管理过程中，虽然有详细的进度计划及网络图、横道图等技术做支撑，但是“破网”事故仍时有发生，这样会对整个项目的经济效益产生直接的影响。通过对事故进行调查，主要的原因有建筑设计缺陷带来的进度管理问题、施工进度计划编制不合理造成的进度管理问题、现场人员的素质造成的进度管理问题、参与方沟通和衔接不畅导致进度管理问题和施工环境影响进度管理问题等。

BIM 在工程项目进度管理中的应用体现在项目进行过程中的方方面面，下面仅对其关键应用点进行具体介绍。

1.BIM 施工进度模拟

当前建筑工程项目管理中经常用于表示进度计划的甘特图，由于专业性强、可视化程度低、无法清晰描述施工进度以及各种复杂关系，难以准确表达工程施工的动态变化过程。通过将 BIM 与施工进度计划相链接，将空间信息与时间信息整合在一个可视的 4D（3D+Time）模型中，不仅可以直观、精确地反映整个建筑的施工过程，还能够实时追踪当前的进度状态，分析影响进度的因素，协调各专业，制定应对措施，以缩短工期、降低成本、提高质量。

目前常用的 4DBIM 施工管理系统或施工进度模拟软件很多，利用此类管理系统或软件进行施工进度模拟大致分为以下几个步骤：（1）将 BIM 模型进行材质赋予；（2）制订 Project 计划；（3）将 Project 文件与 BIM 模型链接；（4）制定构件运动路径，并与时间链接；（5）设置动画视点并输出施工模拟动画。通过 4D 施工进度模拟，能够完成以下内容：基于 BIM 施工组织，对工程重点和难点的部位进行分析，制定切实可行的对策；依据模型，确定方案、制订计划、划分流水段；BIM 施工进度利用季度卡来编制计划；将周和月结合在一起，假设后期需要任何时间段的计划，只需在这个计划中过滤一下即可自动生成；做到对现场的施工进度进行每日管理。

2.BIM 施工安全与冲突分析系统

（1）时变结构和支撑体系的安全分析通过模型数据转换机制，自动由 4D 施工信息模型生成结构分析模型，进行施工期时变结构与支撑体系任意时间点的力学分析计算和安全性能评估。

（2）施工过程进度 / 资源 / 成本的冲突分析通过动态展现各施工段的实际进度与计划的对比关系，实现进度偏差和冲突分析及预警；指定任意日期，自动计算所需人力、材料、机械、成本，进行资源对比分析和预算；根据清单计价和实际进度计算实际费用，动态分析任意时间点的成本及其影响关系。

（3）场地碰撞检测基于施工现场 4D 时间模型和碰撞检测算法，可对构件与管线、设施与结构进行动态碰撞检测和分析。

3.BIM 建筑施工优化系统

建立进度管理软件 P3/P6 数据模型与离散事件优化模型的数据交换，基于施工优化信息模型，实现基于 BIM 和离散事件模拟的施工进度、资源以及场地优化和过程的模拟。

（1）基于BIM和离散事件模拟的施工优化通过对各项工序的模拟计算，得出工序工期、人力、机械、场地等资源的占用情况，对施工工期、资源配置及场地布置进行优化，实现多个施工方案的比选。

（2）基于过程优化的4D施工过程模拟将4D施工管理与施工优化进行数据集成，实现了基于过程优化的4D施工可视化模拟。

4. 三维技术交底及安装指导

我国工人文化水平不高，在大型复杂工程施工技术交底时，往往难以理解技术要求。针对技术方案无法细化、不直观、交底不清晰的问题，其解决方案是，改变传统的思路与做法（通过纸介质表达），转由借助三维技术呈现技术方案，使施工重点、难点部位可视化，提前预见问题，确保工程质量，加快工程进度。三维技术交底即通过三维模型让工人更直观地了解自己的工作范围及技术要求，主要方法有两种：一种是虚拟施工和实际工程照片对比；另一种是将整个三维模型进行打印输出，用于指导现场的施工，方便现场的施工管理人员拿图纸进行施工指导和现场管理。

对钢结构而言，关键节点的安装质量至关重要。如果安装质量不合格，轻者将影响结构受力形式，重者将导致整个结构的破坏。三维BIM模型可以提供关键构件的空间关系及安装形式，方便技术交底与施工人员深入了解设计意图。

5. 移动终端现场管理

采用无线移动终端、Web及RFID等技术，全过程与BIM模型集成，实现数据库化、可视化管理，避免任何一个环节出现问题给施工和进度质量带来影响。

BIM是从美国发展起来的，之后逐渐扩展到日本、欧美、新加坡等发达国家，2002年之后国内开始逐渐接触BIM技术和理念。从应用领域来看，国外已将BIM技术应用在建筑工程的设计、施工以及建成后的运营维护阶段；国内应用BIM技术的项目较少，大多集中在设计阶段，缺乏施工阶段的应用。BIM技术发展缓慢直接影响其在进度管理中的应用，国内BIM技术在工程项目进度管理中的应用主要需要解决软件系统、应用标准和应用模式等方面的问题。目前，国内BIM应用软件多依靠国外引进，但类似软件不能满足国内的规范和标准要求，必须研发具有自主知识产权的相关软件或系统，如基于BIM的4D进度管理系统，才能更好地推动BIM技术在国内工程项目进度管理中的应用，提升进度管理效率和项目管理水平。BIM标准的缺乏是阻碍BIM技术功能发挥的主要原因之一，国内应该加大BIM技术在行业协会、大专院校和科研院所的研究力度，相关政府部门应给予更多的支持。另外，目前常用的项目管理模式阻碍了BIM技术效益的充分发挥，应该推动与BIM相适应的管理模式应用，如综合项目交付模式，把业主、设计方、总承包商和分包商集合在一起，充分发挥BIM技术在建筑工程全寿命周期内的效益。

三、安全与质量管理

（一）安全管理

安全管理（Safety Management）是管理科学的一个重要分支，它是为实现安全目标而进行的有关决策、计划、组织和控制等方面的活动；主要运用现代安全管理原理、方法和手段，分析和研究各种不安全因素，从技术上、组织上和管理上采取有力的措施，解决和消除各种不安全因素，防止事故的发生。

施工现场安全管理的内容，大体可归纳为安全组织管理、场地与设施管理、行为控制和安全技术管理四个方面，分别对生产中的人、物、环境的行为与状态进行具体的管理与控制。

基于 BIM 的管理模式是创建信息、管理信息、共享信息的数字化方式，在工程安全管理方面具有很多优势，如基于 BIM 的项目管理，工程基础数据如量、价等，数据准确、数据透明、数据共享，能完全实现短周期、全过程对资金安全的控制；基于 BIM 技术可以提供施工合同、支付凭证、施工变更等工程附件管理，并为成本测算、招投标、签证管理、支付等全过程造价进行管理；BIM 数据模型保证了各项目的数据动态调整，可以方便统计，追溯各个项目的现金流和资金状况；基于 BIM 的 4D 虚拟建造技术能提前发现在施工阶段可能出现的问题，并逐一修改，提前制定应对措施；采用 BIM 技术，可实现虚拟现实和资产、空间等管理、建筑系统分析等技术内容，从而便于运营维护阶段的管理应用；运用 BIM 技术可以对火灾等安全隐患进行及时处理，从而减少不必要的损失，对突发事件进行快速应变和处理，快速准确地掌握建筑物的运营情况。

采用 BIM 技术可使整个工程项目在设计、施工和运营维护等阶段都能够有效地控制资金风险，实现安全生产。下面将对 BIM 技术在工程项目安全管理中的具体应用进行介绍。

1. 施工准备阶段安全控制

在施工准备阶段，利用 BIM 进行与实践相关的安全分析，能够降低施工安全事故发生的可能性，如 4D 模拟与管理和安全表现参数的计算可以在施工准备阶段排除很多建筑安全风险；基于 BIM 虚拟环境能够划分施工空间，排除安全隐患；基于 BIM 及相关信息技术的安全规划可以在施工前的虚拟环境中发现潜在的安全隐患并予以排除；采用 BIM 模型结合有限元分析平台，进行力学计算，保障施工安全；通过模型发现施工过程中的重大危险源并实现水平洞口危险源自动识别等。

2. 施工过程仿真模拟

仿真分析技术能够模拟建筑结构在施工过程中不同时段的力学性能和变形状态，为结构安全施工提供保障。通常采用大型有限元软件来实现结构的仿真分析，但对于复杂建筑物的模型建立需要耗费较多时间。在 BIM 模型的基础上，开发相应的有限元软件接口，实现全部模型的传递，再附加材料属性、边界条件和荷载条件，结合先进的时变结构分析方法，便可以将 BIM、4D 技术和时变结构分析方法结合起来，实现基于 BIM 的施工过程结构安全分析，有效捕捉施工过程中可能存在的危险状态，指导安全维护措施的编制和执行，防止发生安全事故。

3. 模型试验

对于结构体系复杂、施工难度大的结构，结构施工方案的合理性与施工技术的安全可靠性都需要验证，为此可利用 BIM 技术建立试验模型，对施工方案进行动态展示，从而为试验提供模型基础信息。

4. 施工动态监测

长期以来，建筑工程中的事故时常发生。如何进行施工中的结构监测已成为国内外的前沿课题之一。对施工过程进行实时监测，特别是重要部位和关键工序，及时了解施工过程中结构的受力和运行状态。施工监测技术的先进与否，对施工控制起着至关重要的作用，这也是施工过程信息化的一个重要内容。为了及时了解结构的工作状态，发现结构未知的损伤，建立工程结构的三维可视化动态监测系统，就显得十分迫切。

三维可视化动态监测技术与传统的监测手段相比具有可视化的特点，可以人为操作在三维虚拟环境下漫游来直观、形象地提前发现现场的各类潜在危险源，提供更便捷的方式查看监测位置的应力应变状态。在某一监测点应力或应变超过拟定的范围时，系统将自动采取报警给予提醒。

使用自动化监测仪器进行基坑沉降观测，通过将感应元件监测的基坑位移数据自动汇总到基于 BIM 开发的安全监测软件上，通过对数据的分析，结合现场实际测量的基坑坡顶水平位移和竖向位移变化数据进行对比，形成动态的监测管理，确保基坑在土方回填之前的安全稳定性。

通过信息采集系统得到结构施工期间不同部位的监测值，根据施工工序判断每个时段的安全等级，并在终端上实时地显示现场的安全状态和存在的潜在威胁，给管理者以直观的指导。

5. 防坠落管理

坠落危险源包括尚未建造的楼梯井和天窗等。通过在 BIM 模型中的危险源存在部位建立坠落防护栏杆构件模型，研究人员能够清楚地识别多个坠落风险，并可以向承包商提供完整且详细的信息，包括安装或拆卸栏杆的地点和日期等。

6. 塔吊安全管理

大型工程施工现场需布置多个塔吊同时作业，因塔吊旋转半径不足而造成的施工碰撞屡屡发生。确定塔吊回转半径后，在整体 BIM 施工模型中布置不同型号的塔吊，能够确保其同电源线和附近建筑物的安全距离，确定哪些员工在哪些时候会使用塔吊。

在整体施工模型中，用不同颜色的色块来表明塔吊的回转半径和影响区域，并进行碰撞检测来生成塔吊回转半径计划内的任何非钢安装活动的安全分析报告。该报告可以用于项目定期安全会议中，减少由于施工人员和塔吊缺少交互而产生的意外风险。

7. 灾害应急管理

随着建筑设计的日新月异，常规建筑的防火规范已经无法满足超高型、超大型或异形建筑空间的消防设计。利用 BIM 及相应灾害分析模拟软件，可以在灾害发生前模拟灾害发生的过程，分析灾害发生的原因，制定避免灾害发生的措施，以及发生灾害后人员疏散、救援支持的应急预案，为发生意外时减少损失并赢得宝贵时间。BIM 能够模拟人员疏散时间、疏散距离、有毒气体扩散时间、建筑材料耐燃烧极限及消防作业面等，主要表现为 4D 模拟、3D 漫游和 3D 渲染能够标识各种危险，且 BIM 中生成的 3D 动画、渲染能够用来同工人沟通应急预案计划方案。应急预案包括五个子计划：施工人员的入口 / 出口、建筑设备和运送路线、临时设施和拖车位置、紧急车辆路线、恶劣天气的预防措施。利用 BIM 数字化模型进行物业沙盘模拟训练，训练保安人员对建筑的熟悉程度，在模拟灾害发生时，通过 BIM 数字模型指导大楼人员进行快速疏散；通过对事故现场人员感官的模拟，使疏散方案更合理；通过 BIM 模型判断监控摄像头布置是否合理，与 BIM 虚拟摄像头关联，可随意打开任意视角的摄像头，摆脱传统监控系统的弊端。

另外，当灾害发生后，BIM 模型可以提供救援人员紧急状况点的完整信息，配合温感探头和监控系统发现温度异常区，获取建筑物及设备的状态信息，通过 BIM 和楼宇自动化系统的结合，使得 BIM 模型能清晰地呈现出建筑物内部紧急状况的位置，甚至到紧急状况点最合适的路线，救援人员可以由此做出正确的现场处置，提高应急行动的成效。

安全管理是企业的命脉，安全管理秉承“安全第一，预防为主”的原则，需要在施工管理中编写相关安全措施，其主要目的是要抓住施工薄弱环节和关键部位。但传统施工管理中，往往只能根据经验和相关规范要求编写相关安全措施，针对性不强。在 BIM 的作用下，这种情况将会有所改善。

（二）质量管理

在工程建设中，无论是勘察、设计、施工还是机电设备的安装，影响工程质量的因素主要有“人、机、料、法、环”等五大方面，即人工、机械、材料、方法、环境。所以工程项目的质量管理主要是对这五个方面进行控制。工程实践表明，大部分传统管理方法在理论上的作用很难在工程实际中得到发挥。由于受实际条件和操作工具的限制，这些方法的理论作用只能得到部分发挥，甚至得不到发挥，影响了工程项目质量管理的工作效率，造成工程项目的质量目标最终不能完全实现。

工程施工过程中，施工人员专业技能不足、材料的使用不规范、不按设计或规范进行施工、不能准确预知完工后的质量效果、各个专业工种相互影响等问题对工程质量管理造成一定的影响。

BIM 技术的引入不仅提供一种“可视化”的管理模式，亦能够充分发掘传统技术的潜在能量，使其更充分、更有效地为工程项目质量管理工作服务。传统的二维管控质量的方法是将各专业平面图叠加，结合局部剖面图，设计审核校对人员凭经验发现错误，不够全面。而三维参数化的质量控制，是利用三维模型通过计算机自动实时检测管线碰撞，精确性高。二维质量控制与三维质量控制的优缺点对比见表 9-3。

表 9–3　传统二维质量控制与三维质量控制的优缺点分析

传统二维质量控制缺陷	三维质量控制优点
手工整合图纸、凭借经验判断，难以全面分析	电脑自动在各专业间进行全面检验，精确度高
均为局部调整，存在顾此失彼的情况	在任意位置剖切大样及轴测图大样，观察并调整该处管线标高关系
标高多为原则性确定相对位置，大量管线没有精确确定标高	轻松发现影响净高的瓶颈位置
通过“平面 + 局部剖面”的方式，对多管交叉的复制部位表达不够充分	在综合模型中进行直观的表达碰撞检测结果

基于 BIM 的工程项目质量管理包括产品质量管理及技术质量管理。产品质量管理：BIM 模型储存了大量的建筑构件和设备信息。通过软件平台，可快速查找所需的材料及构配件信息，如规格、材质、尺寸要求等，并可根据 BIM 设计模型，对现场施工作业产品进行追踪、记录、分析，掌握现场施工的不确定因素，避免不良后果出现，监控施工质量。技术质量管理：通过 BIM 软件平台动态模拟施工技术流程，再由施工人员按照仿真施工流程施工，确保施工技术信息的传递不会出现偏差，避免实际做法和计划做法出现偏差，减少不可预见情况的发生，监控施工质量。

下面仅对 BIM 在工程项目质量管理中的关键应用点进行具体介绍。

1. 建模前期协同设计。在建模前期，需要建筑专业和结构专业的设计人员大致确定吊顶高度及结构梁高度；对高要求严格的区域，提前告知机电专业；各专业针对空间狭小、管线复杂的区域，协调出二维局部剖面图。建模前期协同设计的目的是在建模前期就解决部分潜在的管线碰撞问题，预知潜在质量问题。

2. 碰撞检测。传统二维图纸设计中，在结构、水暖电等各专业设计图纸汇总后，由总工程师人工发现和协调问题。人为的失误在所难免，它会使施工中出现很多冲突，造成建设投资的巨大浪费，并且还会影响施工进度。另外，由于各专业承包单位实际施工过程中对其他专业或者工种、工序间的不了解，甚至是漠视，产生的冲突与碰撞也比比皆是。但施工过程中，这些碰撞的解决方案往往受限于现场已完成部分的局限，大多只能牺牲某部分利益、效能，而被动地变更。调查表明，施工过程中相关各方有时需要付出几十万、几百万，甚至上千万的代价来弥补由设备管线碰撞引起的拆装、返工和浪费。

目前，BIM 技术在三维碰撞检查中的应用已经比较成熟，依靠其特有的直观性及精确性，在设计建模阶段就可一目了然地发现各种冲突与碰撞。在水、暖、电建模阶段，利用 BIM 随时自动检测及解决管线设计初级碰撞，其效果相当于将校审部分工作提前进行，这样可大大提高成图质量。碰撞检测的实现主要依托于虚拟碰撞软件，其实质为 BIM 可视化技术，施工设计人员在建造之前就可以对项目进行碰撞检查，不但能够彻底消除碰撞，优化工程设计，减少在建筑施工阶段可能存在的错误损失和返工的可能性，而且能够优化净空和方案。最后施工人员可以利用碰撞优化后的三维方案，进行施工交底、施工模拟，这样不仅提高了施工质量，同时也提高了与业主沟通的主动权。

碰撞检测可以分为专业间碰撞检测及管线综合的碰撞检测。专业间碰撞检测主要包括土建专业之间（如检查标高、剪力墙、柱等位置是否一致，梁与门是否冲突）、土建专业与机电专业之间（如检查设备管道与梁柱是否发生冲突）、机电各专业间（如检查管线末端与室内吊顶是否冲突）的软、硬碰撞点检查；管线综合的碰撞检测主要包括管道专业、暖通专业、电气专业系统内部检查以及管道、暖通、电气、结构专业之间的碰撞检查等。另外，解决管线空间布局问题，如机房过道狭小等问题也是常见碰撞内容之一。

在对项目进行碰撞检测时，要遵循如下检测优先级顺序：第一，进行土建碰撞检测；第二，进行设备内部各专业碰撞检测；第三，进行结构与给排水、暖、电专业碰撞检测等；第四，解决各管线之间交叉问题。其中，全专业碰撞检测的方法如下：将完成各专业的精确三维模型建立后，选定一个主文件，以该文件轴网坐标为基准，将其他专业模型链接到该主模型中，最终得到一个包括土建、管线、工艺设备等全专业的综合模型。该综合模型为设计提供了模拟现场施工碰撞检查平台，在此平台上完成仿真模式现场碰撞检查，根据检测报告及修改意见对设计方案合理评估并做出设计优化决策，然后再次进行碰撞检测……如此循环，直至解决所有的硬碰撞、软碰撞。

碰撞检测完毕后，在计算机上以该命名规则出具碰撞检查报告，方便快速读出碰撞点的具体位置与碰撞信息。在读取并定位碰撞点后，为了更加快速地给出针对碰撞检测中出现的“软”“硬”碰撞点的解决方案，我们可以将碰撞问题划分为以下几类：

（1）重大问题，需要业主协调各方共同解决。

（2）由设计方解决的问题。

（3）由施工现场解决的问题。

（4）因未定因素（如设备）而遗留的问题。

（5）因需求变化而带来新的问题。

针对由设计方解决的问题，可以通过多次召集各专业主要骨干参加三维可视化协调会议的办法，把复杂的问题简单化，同时将责任明确到个人，从而顺利地完成管线综合设计、优化设计，得到业主的认可。针对其他问题，则可以通过三维模型截图、漫游文件等协助业主解决。另外，管线优化设计应遵循以下原则。

（1）在非管线穿梁、碰柱、穿吊顶等必要情况下，尽量不要改动。

（2）只需调整管线安装方向即可避免的碰撞，属于软碰撞，可以不修改，以减少设计人员的工作量。

（3）需满足建筑业主要求，对没有碰撞，但不满足净高要求的空间，也需要进行优化设计。

（4）管线优化设计时，应预留安装、检修空间。

（5）管线避让原则如下：有压管让无压管；小管线让大管线；施工简单管让施工复杂管；冷水管道避让热水管道；附件少的管道避让附件多的管道；临时管道避让永久管道。

3. 大体积混凝土测温。使用自动化监测管理软件进行大体积混凝土温度的监测，将测温数据无线传输汇总自动到分析平台上，通过对各个测温点的分析，形成动态监测管理。电子传感器按照测温点布置要求，直接自动将温度变化情况输出到计算机，形成温度变化曲线图，随时可以远程动态监测基础大体积混凝土的温度变化，根据温度变化情况，随时加强养护措施，确保大体积混凝土的施工质量，确保在工程基础筏板混凝土浇筑后不出现由于温度变化剧烈引起的温度裂缝。利用基于 BIM 的温度数据分析平台对大体积混凝土进行实时温度检测。

4. 施工工序中管理。工序质量控制就是对工序活动条件即工序活动投入的质量和工序活动效果的质量及分项工程质量的控制。在利用 BIM 技术进行工序质量控制时能够着重于以下几方面的工作：

（1）利用 BIM 技术能够更好地确定工序质量控制工作计划。一方面要求对不同工序活动制定专门的保证质量的技术措施，做出物料投入及活动顺序的专门规定；另一方面要规定质量控制工作流程、质量检验制度。

（2）利用 BIM 技术主动控制工序活动条件的质量。工序活动条件主要指影响质量的五大因素，即人、材料、机械设备、方法和环境等。

（3）能够及时检验工序活动效果的质量。主要是实行班组自检、互检、上下道工序交主检，特别是对隐蔽工程和分项（部）工程的质量检验。

（4）利用 BIM 技术设置工序质量控制点（工序管理点），实行重点控制。工序质量控制点是针对影像质量的关键部位或薄弱环节确定的重点控制对象。正确设置控制点并严格实施，这是进行工序质量控制的重点。

四、物料与成本管理

（一）物料管理

传统材料管理模式就是企业或者项目部根据施工现场实际情况制定相应的材料管理制度和流程，这个流程主要是依靠施工现场的材料员、保管员、施工员来完成。施工现场的多样性、固定性和庞大性，决定了施工现场材料管理具有周期长、种类繁多、保管方式复杂等特殊性。传统材料管理存在核算不准确、材料申报审核不严格、变更签证手续办理不及时等问题，造成大量材料现场积压、占用大量资金、停工待料、工程成本上涨。

基于 BIM 的物料管理通过建立安装材料 BIM 模型数据库，使项目部各岗位人员及企业不同部门都可以进行数据的查询和分析，为项目部材料管理和决策提供数据支撑。下面对其具体表现进行分析。

1. 安装材料 BIM 模型数据库。项目部拿到机电安装各专业施工蓝图后，由 BIM 项目经理组织各专业机电 BIM 工程师进行三维建模，并将各专业模型组合到一起，形成安装材料 BIM 模型数据库。该数据库是以创建的 BIM 机电模型和全过程造价数据为基础，把原来分散在安装各专业人员手中的工程信息模型汇总到一起，形成一个汇总的项目级基础数据库。

2. 安装材料分类控制。材料的合理分类是材料管理的一项重要基础工作，安装材料 BIM 模型数据库的最大优势是包含材料的全部属性信息。在进行数据建模时，各专业建模人员对施工所使用的各种材料属性，按其需用量的大小、占用资金多少及重要程度进行“星级”分类，星级越高代表该材料需用量越大、占用资金越多。根据安装工程材料的特点，安装材料属性分类及管理原则如表 9-4 所示。

表 9–4　安装材料属性及管理原则

等级	安装材料	管理原则
★★★	需用量大、占用资金多、专用或备料难度大的材料	严格按照设计施工图及 BIM 机电模型，逐项进行认真的审核，做到规格、塑号、数量完全准确
★★	管道、阀门等通用主材	根据 BIM 模型提供的数据、精确控制材料及使用数量
★	资金占用少、需用量小、比较次要的辅助材料	采用一般常规的计算公式及预算定额含量确定

3. 用料交底。BIM 与传统 CAD 相比，具有可视化的显著特点。设备、电气、管道、通风空调等安装专业三维建模并碰撞后，BIM 项目经理组织各专业 BIM 项目工程师进行综合优化，提前消除施工过程中各专业可能遇到的碰撞。项目核算员、材料员、施工员等管理人员应熟读施工图纸、透彻理解 BIM 三维模型、吃透设计思想，并按施工规范要求向施工班组进行技术交底，将 BIM 模型中用料意图传达给班组，用 BIM 三

维图、CAD图纸或者表格下料单等书面形式做好用料交底，防止班组“长料短用、整料零用”，做到物尽其用，减少浪费及边角料，把材料消耗降到最低限度。

4. 物资材料管理。施工现场材料的浪费、积压等现象司空见惯，安装材料的精细化管理一直是项目管理的难题。运用BIM模型，结合施工程序及工程形象进度周密安排材料采购计划，不仅能保证工期与施工的连续性，而且能用好用活流动资金、降低库存、减少材料二次搬运。同时，材料员根据工程实际进度，方便地提取施工各阶段材料用量，在下达施工任务书中，附上完成该项施工任务的限额领料单，作为发料部门的控制依据，实行对各班组限额发料，防止错发、多发、漏发等无计划用料，从源头上做到材料的有的放矢，减少施工班组对材料的浪费。

5. 材料变更清单。工程设计变更和增加签证在项目施工中会经常发生。项目经理部在接收工程变更通知书执行前，应有因变更造成材料积压的处理意见，原则上要由业主收购，否则，如果处理不当就会造成材料积压，无端地增加材料成本。BIM模型在动态维护工程中，可以及时将变更图纸进行三维建模，将变更发生的材料、人工等费用准确、及时地计算出来，便于办理变更签证手续，保证工程变更签证的有效性。

（二）成本管理

成本管理是指企业生产经营过程中各项成本核算、成本分析、成本决策和成本控制等一系列科学管理行为的总称。成本管理是企业管理的一个重要组成部分，它要求系统而全面、科学和合理，它对促进增产节支、加强经济核算、改进企业管理、提高企业整体管理水平具有重大意义。

施工阶段成本控制的主要内容为材料控制、人工控制、机械控制、分包工程控制。成本控制的主要方法有净值分析法、线性回归法、指数平滑法、净值分析法、灰色预测法。在施工过程中最常用的是净值分析法。而后面基于BIM的成本控制的方法也是净值法。净值分析法是一种分析目标成本及进度与目标期望之间差异的方法，是一种通过差值比较差异的方法。它的独特之处在于对项目分析十分准确，能够对项目施工情况进行有效的控制。通过收集并计算预计完成工作的预算费用、已完成工作的预算费用、已完成工作的实际费用的值，分析成本是否超支、进度是否滞后。基于BIM技术的成本控制具有快速、准确、分析能力强等很多优势，具体表现为：

（1）快速。建立基于BIM的5D实际成本数据库，汇总分析能力大大加强，速度快，周期成本分析不再困难，工作量小、效率高。

（2）准确。成本数据动态维护，准确性大为提高，通过总量统计的方法，消除累计误差，成本数据随进度进展准确度越来越高；数据粒度达到构件级，可以快速提供支撑项目各条线管理所需的数据信息，有效提升施工管理效率。

（3）精细。通过实际成本BIM模型，很容易检查出哪些项目还没有实际成本数据，监督各成本实时盘点，提供实际数据。

（4）分析能力强。可以多维度（时间、空间、WBS）汇总分析更多种类、更多统计分析条件的成本报表，直观地确定不同时间点的资金需求，模拟并优化资金筹措和使用分配，实现投资资金财务收益最大化。

（5）提升企业成本控制能力。

将实际成本BIM模型通过互联网集中在企业总部服务器，企业总部成本部门、财务部门就可共享每个工程项目的实际成本数据，实现了总部与项目部的信息对称。

如何提升成本控制能力？动态控制是项目管理中一种常见的管理方法，而动态控制其实就是按照一定的时间间隔将计划值和实际值进行对比，然后采取纠偏措施。而进行对比的这个过程中是需要大量的数据做支撑的，动态控制是否做得好，数据是关键，如何及时而准确地获得数据，如何凭借简单的操作就能进行数据对比呢？现在BIM技术可以高效地解决这个问题。基于BIM技术，建立成本的5D（3D实体、时间、工序）关系数据库，以各WBS单位工程量、人机料单价为主要数据进入成本BIM中，能够快速实行多维度（时间、空间、WBS）成本分析，从而对项目成本进行动态控制。其解决方案操作方法如下：

（1）创建基于BIM的实际成本数据库。建立成本的5D（3D实体、时间、工序）关系数据库，让实际成本数据及时进入5D关系数据库，成本汇总、统计、拆分对应瞬间可得。以各WBS单位工程量"人材机"单价为主要数据进入实际成本BIM中。未有合同确定单价的数据先进入。有实际成本数据后，及时按实际数据替换掉。

（2）实际成本数据及时进入数据库。初始实际成本BIM中成本数据以采取合同价和消耗量为依据。随着进度进展，实际消耗量与定额消耗量会有差异，要及时调整。并对实际消耗进行盘点，调整实际成本数据。化整为零，动态维护实际成本BIM，并有利于保证数据准确性。

（3）快速实行多维度（时间、空间、WBS）成本分析。建立实际成本BIM模型，周期性（月季）按时调整维护好该模型，统计分析工作就很轻松，软件强大的统计分析能力可轻松满足我们各种成本分析需求。

下面将对BIM技术在工程项目成本控制中的应用进行介绍。

1. 快速精确的成本核算

BIM是一个强大的工程信息数据库。进行BIM建模所完成的模型包含二维图纸中所有位置、长度等信息，并包含了二维图纸中不包含的材料等信息，而这背后是强大的数据库支撑。因此，计算机通过识别模型中的不同构件及模型的几何物理信息（时间维度、空间维度等），对各种构件的数量进行汇总统计。这种基于BIM的算量方法，将算量工作大幅度简化，减少了因为人为原因造成的计算错误，大量节约了人力的工作量和花费时间。有研究表明，工程量计算的时间在整个造价计算过程占到了

50% ~ 80%，而运用BIM算量方法会节约将近90%的时间，而误差也控制在1%的范围内。

2. 预算工程量动态查询与统计

工程预算存在定额计价和清单计价两种模式。自《建设工程工程量清单计价规范》发布以来，建设工程招投标过程中清单计价方法成为主流。在清单计价模式下，预算项目往往基于建筑构件进行资源的组织和计价，与建筑构件存在良好对应关系，满足BIM信息模型以三维数字技术为基础的特征，故而应用BIM技术进行预算工程量统计具有很大优势：使用BIM模型来取代图纸，直接生成所需材料的名称、数量和尺寸等信息，而且这些信息将始终与设计保持一致，在设计出现变更时，该变更将自动反映到所有相关的材料明细表中，造价工程师使用的所有构件信息也会随之变化。

在基本信息模型的基础上增加工程预算信息，即形成了具有资源和成本信息的预算信息模型。预算信息模型包括建筑构件的清单项目类型、工程量清单，人力、材料、机械定额和费率等信息。通过此模型，就能识别模型中的清单类型和工程量（如体积、面积、长度等）等信息，自动计算建筑构件的资源用量及成本，用以指导实际材料物资的采购。

系统根据计划进度和实际进度信息，可以动态计算任意WBS节点任意时间段内每日计划工程量、计划工程量累计、每日实际工程量、实际工程量累计，帮助施工管理者实时掌握工程量的计划完工和实际完工情况。在分期结算过程中，每期实际工程量累计数据是结算的重要参考，系统动态计算实际工程量可以为施工阶段工程款结算提供数据支持。

另外，从BIM预算模型中提取相应部位的理论工程量，从进度模型中提取现场实际的人工、材料、机械工程量，通过将模型工程量、实际消耗、合同工程量进行短周期三量对比分析，能够及时掌握项目进展，快速发现并解决问题。根据分析结果为施工企业制订精确的人、机、材计划，大大减少了资源、物流和仓储环节的浪费，及时掌握成本分布情况，进行动态成本管理。

3. 限额领料与进度款支付管理

限额领料制度一直很健全，但用于实际却难以实现，主要存在的问题有：材料采购计划数据无依据，采购计划由采购员决定，项目经理只能凭感觉签字；领取材料数量无依据，用量上限无法控制；限额领料假流程，施工过程工期紧、领取材料后再补单据。那么，如何对材料的计划用量与实际用量进行分析对比?

BIM的出现为限额领料提供了技术和数据支撑。基于BIM软件，在管理多专业和多系统数据时，能够采用系统分类和构件类型等方式对整个项目数据进行方便管理，为视图显示和材料统计提供规则。例如，给水排水、电气、暖通专业可以根据设备的型号、外观及各种参数分别显示设备，方便计算材料用量。传统模式下工程进度款申请和支付结算工作较为烦琐，基于BIM能够快速准确地统计出各类构件的数量，减少预算的工作量，且能形象、快速地完成工程量拆分和重新汇总，为工程进度款结算工作提供技术支持。

4. 以施工预算控制人力资源和物质资源的消耗

在进行施工开工以前，利用BIM软件进行模型的建立，通过模型计算工程量，并按照企业定额或上级统一规定的施工预算，结合BIM模型，编制整个工程项目的施工预算，作为指导和管理施工的依据。对生产班组的任务安排，必须签收施工任务单和限额领料单，并向生产班组进行技术交底。要求生产班组根据实际完成的工程量和实耗人工、实耗材料做好原始记录，作为施工任务单和限额领料单结算的依据。任务完成后，根据回收的施工任务单和限额领料进行结算，并按照结算内容支付报酬（包括奖金）。为了便于任务完成后进行施工任务单和限额领料单与施工预算的对比，要求在编制施工预算时对每一个分项工程工序名称进行编号，以便对号检索对比，分析节超。

5. 设计优化与变更成本管理、造价信息实施追踪

BIM模型依靠强大的工程信息数据库，实现了二维施工图与材料、造价等各模块的有效整合与关联变动，使得实际变更和材料价格变动可以在BIM模型中进行实时更新。变更各环节之间的时间被缩短，效率提高，更加及时准确地将数据提交给工程各参与方，以便各方做出有效的应对和调整。目前BIM的建造模拟智能已经发展到了5D维度。5D模型集三维建筑模型、施工组织方案、成本及造价等三部分于一体，能实现对成本费用的实时模拟和核算，并为后续建设阶段的管理工作所利用，解决了阶段割裂和专业割裂的问题。BIM通过信息化的终端和BIM数据后台将整个工程的造价相关信息顺畅地流通起来，从企业级的管理人员到每个数据的提供者都可以监测，保证了各种信息数据及时准确地调用、查询、核对。

五、绿色施工管理

绿色施工专项方案和目标值确定之后，进入项目的实施管理阶段，绿色施工应对整个过程实施动态管理，加强对施工策划、施工准备、现场施工、工程验收等各阶段的管理和监督。通俗地说就是为实现目的而进行的一系列施工活动。作为绿色施工工程，在其实施过程中，主要强调以下几点：

（1）建立完善的制度体系

"没有规矩，不成方圆"。绿色施工在开工前制订了详细的专项方案，确立了具体的各项目标，在实际施工过程中，主要采取一系列的措施和手段，确保按方案施工，最终满足目标要求。

绿色施工应建立整套完善的制度体系，通过制度管理，既约束不绿色的行为又指出应该采取的绿色措施，而且，制度也是绿色施工得以贯彻实施的保障体系。

（2）配备全套的管理表格

绿色施工的目标值大部分是量化指标，因此在实施过程中应该收集相应的数据，定期将实测数据与目标值进行比较，及时采取纠正措施或调整不合理目标值。

另外，施工管理是一个过程性活动，随着工程的竣工，很多施工措施将消失不见，为了考核绿色施工效果，见证绿色施工效益，及时发现存在的问题，要求针对每一个绿色施工管理行为制作相应的管理表格，并在施工中监督填制。

（3）营造绿色施工氛围

目前，绿色施工理念还没有深入人心，很多人并没有完全接受绿色施工概念，绿色施工实施管理，首先应该纠正职工的思想，努力让每一个职工把节约资源和保护环境放到一个重要的位置上，让绿色施工成为一种自觉行为。要达到这个目的，结合工程项目的特点，有针对性地对绿色施工做相应的宣传，通过宣传营造绿色施工的氛围非常重要。

绿色施工要求在现场施工标牌中增加环境保护的内容，在施工现场醒目位置设置环境保护标识。

（4）增强职工绿色施工意识

施工企业应重视企业内部的自身建设，使管理水平不断提高，不断趋于科学合理，并加强企业管理人员的培训，提高他人的素质和环境意识。具体应做到以下几个方面：加强管理人员的学习，然后由管理人员对操作层人员进行培训，增强员工的整体绿色意识，增加员工对绿色施工的承担与参与；在施工阶段，定期对操作人员进行宣传教育，如黑板报和绿色施工宣传小册子等，要求操作人员严格按已制定的绿色施工措施进行操作，鼓励操作人员节约水电、节约材料、注重机械设备的保养、注意施工现场的清洁，文明施工，不制造人为污染。

（5）借助信息化技术

绿色施工实施管理可以借助信息化技术作为协助实施手段，目前施工企业信息化建设越来越完善，不少企业已建立了进度控制、质量控制、材料消耗、成本管理等信息化模块，在企业信息化平台上开发绿色施工管理模块，对项目绿色施工实施情况进行监督、控制和评价等工作能起到积极的辅助作用。

建筑的全生命周期应当包括前期的规划、设计，建筑原材料的获取，建筑材料的制造、运输和安装，建筑系统的建造、运行、维护以及最后的拆除等全过程。所以，要在建筑的全生命周期内实行绿色理念，不仅要在规划设计阶段应用BIM技术，还要在节地、节水、节材、节能及施工管理、运营维护管理五个方面深入应用BIM，不断推进整体行业向绿色方向行进。下面将介绍以绿色为目的、以 BIM 技术为手段的施工阶段进行节地、节水、节材、节能的管理。

（一）节地与室外环境

节地不仅仅是施工用地的合理利用，建筑设计前期的场地分析、运营管理中的空间管理也同样包含在内。BIM 在施工节地中的主要应用内容有场地分析、土方量计算、施工用地管理及空间建设用地管理等，下面将分别进行介绍。

1. 场地分析

场地分析是研究影响建筑物定位的主要因素，是确定建筑物的空间方位和外观、建立建筑物与周围景观联系的过程。BIM 结合地理信息系统（GIS），对现场及拟建的建筑物空间数据进行建模分析，结合场地使用条件和特点，做出最理想的现场规划、交通流线组织关系，如图 9-10 所示。利用计算机可分析出不同坡度的分布及场地坡向、建设地域发生自然灾害的可能性，区分可适宜建设与不适宜建设区域，对前期场地设计可起到至关重要的作用。

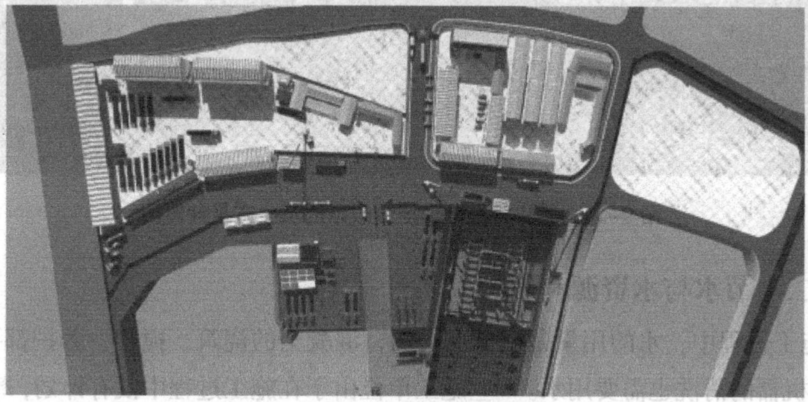

图 9–10　场地分析图

2. 土方量计算

利用场地合并模型，在三维中直观查看场地挖填方情况，对比原始地形图与规划地形图得出各区块原始平均高程、设计高程、平均开挖高程。然后计算出各区块挖、填方量。某工程土方量计算模型如图 9-11 所示。

3. 施工用地管理

建筑施工是一个高度动态的过程，随着建筑工程规模的不断扩大，复杂程度的不断提高，使得施工项目管理变得极为复杂。施工用地、材料加工区、堆场也随着工程进度的变换而调整。BIM 的 4D 施工模拟技术可以在项目建造过程中合理制订施工计划、精确掌握施工进度，优化使用施工资源以及科学地进行场地布置。

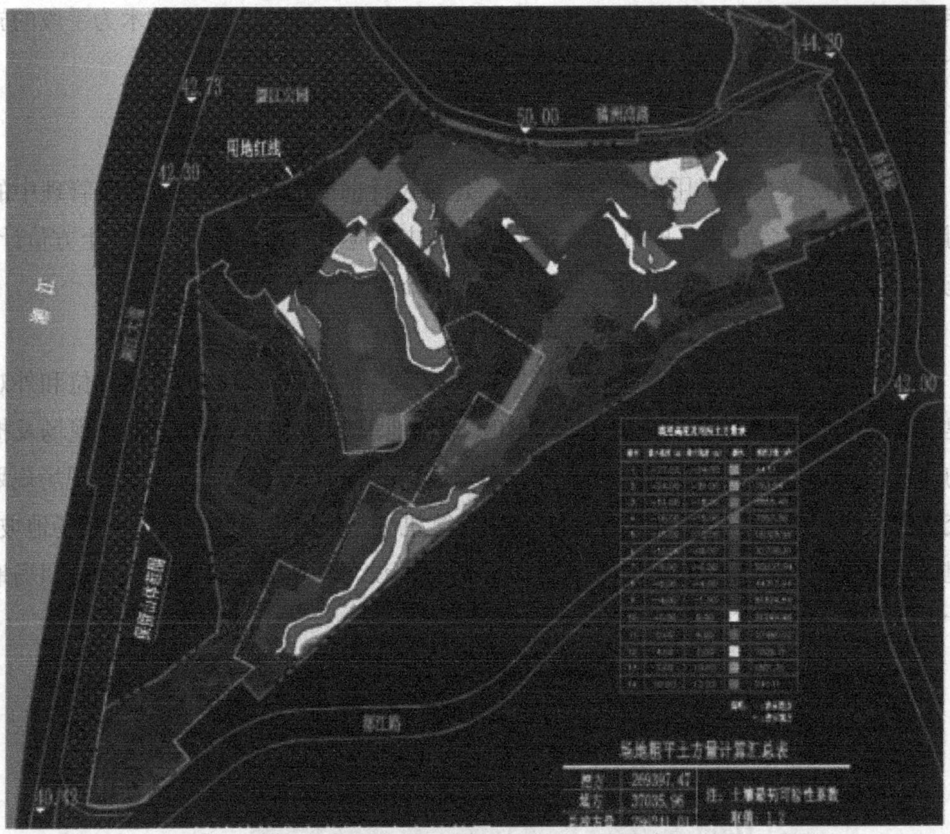

图 9–11　某工程场地填挖分布范围及土方量计算图

（二）节水与水资源利用

在施工过程中，水的用量是十分巨大的，混凝土的浇筑、搅拌、养护都要用到大量的水，机器的清洗也需要用水。一些施工单位由于在施工过程中没有计划，肆意用水，往往造成水资源的大量浪费，不仅浪费了资源，也会因此受到处罚。所以，在施工中节约用水是势在必行的。

BIM 技术在节水方面的应用体现在协助土方量的计算、模拟土地沉降、场地排水设计，以及分析建筑的消防作业面，设置最经济合理的消防器材。设计规划每层排水地漏位置雨水等非传统水源收集，循环利用。

利用 BIM 技术，可以对施工过程中用水过程进行模拟，比如处于基坑降水阶段、肥槽未回填时，采用地下水作为混凝土养护用水。使用地下水作为喷洒现场降尘和混凝土罐车冲洗用水。也可以模拟施工现场情况，根据施工现场情况，编制详细的施工现场临时用水方案，使施工现场供水管网根据用水量设计布置，采用合理的管径、简捷的管路，有效地减少管网和用水器具的漏损。

（三）节材与材料资源利用

基于 BIM 技术，重点从钢材、混凝土、木材、模板、围护材料、装饰装修材料及生活办公用品材料七个主要方面进行施工节材与材料资源利用控制。通过 5D-BIM 安排材料采购的合理化，建筑垃圾减量化，可循环材料的多次利用化，钢筋配料、钢构件下料以及安装工程的预留、预埋，管线路径的优化等措施；同时根据设计的要求，结合施工模拟，达到节约材料的目的。BIM 在施工节材中的主要应用内容有管线综合设计、复杂工程预加工预拼装、物料跟踪等，下面将分别进行介绍。

1. 管线综合

目前功能复杂、大体量的建筑、摩天大楼等机电管网错综复杂，在大量的设计面前很容易出现管网交错、相撞及施工不合理等问题，以往人工检查图纸比较单一，不能同时检测平面和剖面的位置。BIM 软件中的管网检测功能为工程师解决了这个问题。检测功能可生成管网三维模型，并基于建筑模型，系统可自动检查出“碰撞”部位并标注，这使得大量的检查工作变得简单。空间净高是与管线综合相关的一部分检测工作，基于 BIM 信息模型对建筑内不同功能区域的设计高度进行分析，查找不符合设计规划的缺失，将情况反馈给施工人员，以此提高工作效率，避免错、漏、碰、缺的出现，减少原材料的浪费。

2. 复杂工程预加工、预拼装

复杂的建筑形体如曲面幕墙及复杂钢结构的安装是难点，尤其是复杂曲面幕墙，由于组成幕墙的每一块玻璃面板形状都有差异，给幕墙的安装带来一定困难。BIM 技术最拿手的是复杂形体设计及建造应用，可针对复杂形体进行数据整合和验证，使得多维曲面的设计得以实现。工程师可利用计算机对复杂的建筑形体进行拆分，拆分后利用三维信息模型进行解析，在电脑中进行预拼装，分成网格块编号，进行模块设计，然后送至工厂按模块加工，再送到现场拼装即可。同时数字模型也可提供大量建筑信息，包括曲面面积统计、经济形体设计及成本估算等。

3. 基于物联网物资追溯管理

随着建筑行业标准化、工厂化、数字化水平的提升，以及建筑使用设备复杂性的提高，越来越多的建筑及设备构件通过工厂加工并运送到施工现场进行高效的组装。根据 BIM 得出的进度计划，提前计算出合理的物料进场数目。

（四）节能与能源利用

以 BIM 技术推进绿色施工，节约能源，降低资源消耗和浪费，减少污染是建筑发展的方向和目的。节能在绿色环保方面具体有两种体现。一是帮助建筑形成资源的循环使用，这包括水能循环、风能流动、自然光能的照射，科学地根据不同功能、朝向和位置选择最适合的构造形式。二是实现建筑自身的减排，构建时，以信息化手段减少工程建设周期，运营时，不仅能够满足使用需求，还能保证最低的资源消耗。

在方案论证阶段，项目投资方可以使用BIM来评估设计方案的布局、视野、照明、安全、人体工程学、声学、纹理、色彩及规范的执行情况。BIM甚至可以做到建筑局部的细节推敲，迅速分析设计和施工中可能需要应对的问题。BIM包含建筑几何形体的很多专业信息，其中也包括许多用于执行生态设计分析的信息，能够很好地将建筑设计和生态设计紧密联系在一起，设计将不单单是体量、材质、颜色等，也是动态的、有机的。相关软件提供了许多即时性分析功能，如光照、日光阴影、太阳辐射、遮阳、热舒适度、可视度分析等，而得到的分析结果往往是实时的、可视化的，很适合建筑师在设计前期把握建筑的各项性能。

建筑系统分析是对照业主使用需求及设计规定来衡量建筑物性能的过程，包括机械系统如何操作和建筑物能耗分析、内外部气流模拟、照明分析、人流分析等涉及建筑物性能的评估。BIM结合专业的建筑物系统分析软件避免了重复建立模型和采集系统参数。通过BIM可以验证建筑物是否按照特定的设计规定和可持续标准建造，通过这些分析模拟，最终确定、修改系统参数甚至系统改造计划，以提高整个建筑的性能。

（五）减排措施

利用BIM技术可以对施工场地废弃物的排放、放置进行模拟，以达到减排的目的，具体方法如下：

1. 用BIM模型编制专项方案，对工地的废水、废气、废渣的三废排放进行识别、评价和控制，安排专人、专项经费，制定专项措施，减少工地现场的三废排放。

2. 根据BIM模型对施工区域的施工废水设置沉淀池，进行沉淀处理后重复使用或合规排放，对泥浆及其他不能简单处理的废水集中交由专业单位处理。在生活区设置隔油池、化粪池，对生活区的废水进行收集和清理。

3. 禁止在施工现场焚烧垃圾，采取密目式安全网、定期浇水等措施减少施工现场的扬尘。

4. 利用BIM模型合理安排噪声源的放置位置及使用时间，采用有效的噪声防护措施，减少噪声排放，并满足施工场界环境噪声排放标准的限制要求。

5. 生活区垃圾按照有机、无机分类收集，与垃圾站签合同，按时收集垃圾。

参考文献

[1] 赵爱波 . 建筑工程与施工技术研究 [M]. 长春：吉林科学技术出版社， 2023.

[2] 朱江，王纪宝，詹然 . 建筑工程管理与施工技术研究 [M]. 长春：吉林科学技术出版社， 2022.

[3] 史华 . 建筑工程施工技术与项目管理 [M]. 武汉：华中科技大学出版社， 2022.

[4] 于飞，闫伟，亓领超 . 建筑工程施工管理与技术 [M]. 长春：吉林科学技术出版社， 2022

[5] 薛驹，徐刚 . 建筑施工技术与工程项目管理 [M]. 长春：吉林科学技术出版社， 2022.

[6] 黄海荣，袁炼 . 建筑装饰工程施工技术 [M]. 北京：北京航空航天大学出版社， 2022.

[7] 刘太阁，杨振甲，毛立飞 . 建筑工程施工管理与技术研究 [M]. 长春：吉林科学技术出版社， 2022.

[8] 毛同雷，孟庆华，郭宏杰 . 建筑工程绿色施工技术与安全管理 [M]. 长春：吉林科学技术出版社， 2022.

[9] 胡广田 . 智能化视域下建筑工程施工技术研究 [M]. 西安：西北工业大学出版社， 2022.

[10] 沈亚强，刘荣春，杨玉桐 . 建筑工程项目管理与成本核算 [M]. 哈尔滨：哈尔滨工程大学出版社， 2023.

[11] 徐芝森，张晓玉，王洪娟 . 建筑工程施工与项目管理 [M]. 汕头：汕头大学出版社， 2023.

[12] 袁晴华，李建英，张云英 . 建筑经济与建筑工程项目管理研究 [M]. 哈尔滨：哈尔滨出版社， 2023.

[13] 白鹏，许晓繁 . 建筑装饰工程项目管理与预算 [M]. 青岛：中国海洋大学出版社， 2022.

[14] 万连建 . 建筑工程项目管理 [M]. 天津：天津科学技术出版社， 2022.

[15] 王文超，王虎成，李锋 . 装配式建筑工程项目管理 [M]. 长春：吉林科学技术出版社， 2022.

[16] 吕珊淑，吴迪，孙县胜．建筑工程建设与项目造价管理 [M]. 长春：吉林科学技术出版社， 2022.

[17] 刘迪章．建筑工程经济与项目管理研究 [M]. 延吉：延边大学出版社， 2022.

[18] 陈立．建筑工程施工技术及项目管理研究 [J]. 建材与装饰，2023（8）：9-11.

[19] 汤磊．浅析新时期建筑工程施工技术和项目管理 [J]. 建筑与装饰，2023（5）：79-81.

[20] 张安娜．新时期建筑工程施工技术及项目管理工作探究 [J]. 中国房地产业，2021（17）.

[21] 王康健．建筑工程施工技术及项目管理实践 [J]. 城市住宅，2019（11）：201-202.

[22] 章卫义．建筑工程施工技术及项目管理的实践举措之研究 [J]. 中国房地产业，2021（5）：105.

[23] 王新．新背景下的建筑工程施工技术和项目管理探究 [J]. 商品与质量，2020（8）：282-283.

[24] 林炎龙．浅谈建筑工程施工技术与项目管理 [J]. 西部论丛，2017（2）.

[25] 矢海燕．建筑工程施工技术及项目管理路径的若干思考 [J]. 智能城市，2018（14）：124-125.

[26] 刘胜强．提升建筑工程施工技术管理水平的研究 [J]. 自动化应用，2023（S1）：195-197.

[27] 刘永福．建筑工程施工项目成本管理中存在的问题及优化措施 [J]. 住宅与房地产，2023（Z1）：147-149.

[28] 王伟．建筑工程施工管理中信息化技术的应用研究 [J]. 城市周刊，2023（39）：79-81.

[29] 王飞．试论建筑工程施工技术及其现场施工管理措施 [J]. 城市周刊，2023（39）：46-48.

[30] 胡远程，李钦，马明敏，等．基于 BIM 技术的数字工程项目管理研究 [J]. 城市周刊，2023（39）：110-112.

[31] 颜笑笑，陈伟勇．优化建筑施工技术及加强建筑工程管理 [J]. 幸福生活指南，2023（37）：112-114.

[32] 单艺玮．浅谈在建项目建筑工程管理的要点及创新措施研究 [J]. 幸福生活指南，2023（36）：102-104.

[33] 符亚月．智能化工程管理技术在建筑工程管理中的应用 [J]. 中国房地产业，2023（33）.

[34] 吴令 . 建筑工程项目管理中的合同管理策略 [J]. 建材与装饰，2023（33）.

[35] 叶飞 . 建筑工程施工中深基坑支护的施工技术管理研究 [J]. 城市周刊，2023（33）：68-70.